南京大学研究生"三个一百"优质课程项目
（优质前沿课程类）建设成果

区块链技术
基础教程

原理、方法及实践

聂长海 陆超逸 高维忠 郑志强 ◎编著

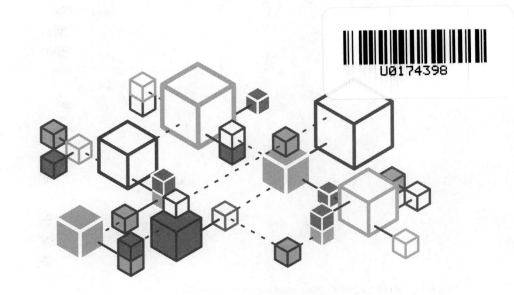

机械工业出版社
China Machine Press

图书在版编目（CIP）数据

区块链技术基础教程：原理、方法及实践 / 聂长海等编著 . -- 北京：机械工业出版社，2022.11
（区块链技术丛书）
ISBN 978-7-111-72001-0

Ⅰ. ①区… Ⅱ. ①聂… Ⅲ. ①区块链技术 - 教材 Ⅳ. ① TP311.135.9

中国版本图书馆 CIP 数据核字（2022）第 211817 号

本书首先介绍了区块链的起源、概念、技术和特征，并介绍了密码学原理和共识机制等基础理论，在比特币、以太坊和超级账本等典型实践的基础上介绍了一般的区块链技术架构，还专门介绍了公有链、区块链即服务（BaaS）等区块链技术，然后特别介绍了区块链安全与监管、区块链的测试与验证、区块链技术的一些应用及存在的问题，最后介绍了区块链的发展趋势。

本书适用于计算机相关专业的高校师生，其中一些内容（如加密学和区块链应用项目开发）涉及高等代数、计算机编程和软件工程开发等知识，因此更适合作为研究生课程的教材。

出版发行：机械工业出版社（北京市西城区百万庄大街 22 号　邮政编码：100037）

责任编辑：姚　蕾　　　　　　　　　　　　责任校对：张爱妮　　张　薇

印　　刷：保定市中画美凯印刷有限公司　　版　　次：2023 年 1 月第 1 版第 1 次印刷

开　　本：186mm×240mm　1/16　　　　　印　　张：18.75

书　　号：ISBN 978-7-111-72001-0　　　　定　　价：69.00 元

客服电话：（010）88361066　68326294

自从 2009 年比特币上线以来，区块链的概念逐渐进入社会公众的视线。经过十余年的发展，这项新技术越来越受到美国、日本、英国等各国的重视。2019 年，中央强调要把区块链作为核心技术自主创新的突破口，认准方向，加大投入，加快推动区块链技术和产业创新发展。区块链、5G（第五代移动通信技术）、人工智能、云计算和大数据等信息技术正在有机融合，共同构筑数字经济和智慧社会的基础设施，已成为我国"新基建"的重要内容。

2020 年 4 月 30 日，教育部印发了《高等学校区块链技术创新行动计划》，指出高等学校要响应政府号召，汇聚力量、统筹资源、强化协同，不断提升区块链技术创新能力，加快区块链技术的突破和有效转化，建设一批区块链技术创新基地，汇聚一批技术攻关团队，基本形成全面推进、重点布局、特色发展的总体格局，为我国区块链技术发展、应用和管理提供有力支撑。

作为教育部直属高校，南京大学一直关注区块链技术的发展，走在教学和科研的最前沿。南京大学早几年就已经为本科生开设区块链相关的课程，很多研究团队已经在这个领域开展了系统和深入的研究。目前，区块链技术正处于快速发展时期，还远未成熟，需要更多的研究、实践和总结，需要一代代人的不断努力。与此同时，已有大量的学术论文、论著和教材，以及大量的实践应用出现，这对区块链技术的发展无疑具有非常重要的推动作用。

聂长海教授一直从事软件工程领域的教学和科研工作，近几年来非常关注区块链技术的发展，并一直不断地学习、研究和宣传区块链技术。他除了指导学生做区块链测试与形式化验证方面的研究，还在南京大学商学院、连云港科协、南京大学河南省校友会、江宁开发区、苏州大学等多个单位进行科普区块链讲座。他在收集、学习和整理很多区块链相关教材和著作的基础上，编写了这本区块链教材，并将其作为我校本科生和研究生的课程讲义使用了两年。我相信教材的正式出版一定会对区块链技术的推广和进一步发展体现出重要的价值。

"众人拾柴火焰高"，区块链技术的发展和其他新技术的发展一样，需要学术界、产业界以及各行各业的共同参与、交流和协作。在这个过程中，互相学习、互相启发、互相帮助，每个人贡献一点点智慧和力量，汇聚到一起，就能形成一股推动技术革新和产业进步的洪流。这本教材很好地总结了区块链技术发展的最新成果，并对未来发展进行了系统的思考，必将对区块链领域的发展贡献重要的力量。因此，我很乐意向大家推荐这本教材。

仲　盛

江苏省计算机学会区块链专委会主任

南京大学计算机科学与技术系副主任

长江学者，国家杰出青年基金获得者

2022 年 10 月 30 日于南京大学仙林校区

Preface 前　言

背景与动机

　　具体哪一年第一次听说区块链这个词，我已经记不清了，但对当时那种新奇的感觉记忆犹新。在我每个学年开设的软件质量保证课程中，"软件新技术介绍"部分是从 2017 年开始引入区块链知识点的，因为有课件可查，所以我记得清楚。到 2019 年，随着中共中央政治局组织集体学习区块链，区块链技术的热度到达了顶峰，全国各地的各级政府都开始学习和了解这项新技术。凭着前面几年的学习和积累，在朋友和同事们的鼓励和支持下，我也应邀开始进行"区块链技术及应用"科普讲座，听众经常达 300 多人。

　　为了做好每场报告，我学习了很多相关材料，深切地感受到大家对区块链技术满怀期待，越来越觉得应该把区块链的知识系统梳理一下，形成一本讲义，并准备申请在南京大学计算机系给本科生和研究生开设一门课程。

　　恰逢 2020 年的全球新冠肺炎疫情，大家都居家办公，无人来访，我也不能访问别人，正好安心读书，安心著书立说。于是先做一本讲义，试用了三年时间，改进后再出版为教材。

　　其实，促成这本教材的关键是 2020 年年初我遇见了 30 年前的学长郑志强教授，他目前担任得克萨斯大学达拉斯分校 Ashbel Smith 讲席教授，是信息系统和金融学双聘教授，博士毕业于沃顿商学院信息系统专业，是信息系统领域国际知名学者，目前研究领域包括区块链、金融科技、智慧健康等。郑教授在区块链研究中专长于数据资产的通证化设计和管理，带领团队自主开发了多项区块链应用，包括水产品区块链溯源、数据算法交易等。他还为多家金融科技初创公司提供技术支持，包括资产通证化估值和管理、供应链金融区块链化等。他是在美国管理学院最早一批开设区块链课程的教授，从 2015 年开始就讲授区块链技术和应用。

　　我的博士生陆超逸从 2017 年开始，一直研究分布式系统的测试与形式化验证。2019 年年初，他响应政府号召，顺应时代发展潮流，开始转战区块链系统的测试和形式化验证。他对这个领域进行了系统的调研和深入的研究，并为本书的编写做了大量的工作。

高维忠是美国甲骨文公司的资深程序员，也是我在南京大学和园的邻居，一直对区块链怀有很高的兴趣。我们晚上一起在南京大学和园西边的九乡河公园散步时，经常讨论区块链的精髓和各种应用，探索下一个区块链的杀手级应用会出现在哪里，以及区块链如何像互联网那样深刻地改变人们的生活。

内容组织

市面上关于区块链的书有不少，但缺乏把区块链核心技术、工程开发及应用系统地讲述透彻且适合于中高级层次（如研究生）学习的教材。本书首先阐述区块链在数字经济中的意义；然后从区块链基础技术入手，系统地解释了加密算法、共识、分布式计算、通证、去中心化、智能合约等核心技术在区块链中如何实现；其后分别开单章全面介绍比特币、以太坊、超级账本三个目前最通用的区块链体系，涵盖公有链、联盟链和私有链的三大体系，总结了区块链的一般技术体系，并专门介绍了公有链技术架构和BaaS；之后，介绍了区块链工程开发，包括常用的以太坊体系的Solidity和超级账本体系的Fabric，以及区块链项目开发中的软件测试方法、区块链的安全与监控；再后，结合实例介绍了各种应用场景，如溯源、存证、票据、支付、供应链金融等，并着眼于未来，探讨了区块链的一些可能应用，如通证经济、去中心化金融、数据交易等；最后，本书以讨论区块链的未来发展收尾，探讨了新兴技术（如量子计算和零知识证明）对区块链的影响，以及未来区块链如何与大数据、物联网、人工智能相结合。

致谢

本书编写过程中得到了南京大学计算机系各位老师的帮助，这里特别感谢计算机系副主任仲盛教授，以及陈力军教授、申富饶教授和柏文阳副教授等给予的鼓励和支持。感谢江苏省计算机学会金莹秘书长的大力支持。

感谢2017～2022年这6年来选修我的区块链技术与应用课程的本科生和研究生，他们为我的讲义提出了很多有价值的意见和建议。

本书的编写得到国家自然科学项目"智能软件测试的若干关键问题研究"（项目编号：62072226）的资助。区块链技术已经成为信息技术的基础，将来也是智能化软件的基础，未来要做好这个关于智能化软件测试的研究项目，深入研究区块链技术与应用是必不可少的基础。同时，我们也得到了南京大学软件新技术国家重点实验室、南京大学计算机科学与技术系、华为科技有限公司等项目和单位的支持，在此一并表示感谢。

编者于南京大学仙林校区计算机科学与技术楼

2022 年 5 月 10 日

Contents 目　　录

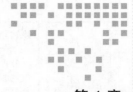

第 1 章 *Chapter 1*

区块链概述

当今世界正在进入以信息科技产业为主导的经济发展时期，数字信息已成为基础性的生产要素，数字经济日益成为经济发展的新模式和新趋势。区块链已成为数字经济的新型基础设施。2019 年 10 月 24 日，中央政治局就区块链技术发展现状和趋势进行第十八次集体学习。中共中央总书记习近平在主持学习时强调，区块链技术的集成应用在新的技术革新和产业变革中起着重要作用。区块链技术应用已延伸到数字金融、物联网、智能制造、供应链管理、数字资产交易等多个领域。我们要把区块链作为核心技术自主创新的重要突破口，明确主攻方向，加大投入力度，着力攻克一批核心技术，加快推动区块链技术和产业创新发展。

在之前，党的十九大对建设网络强国、数字中国、智慧社会等做出了战略部署。习近平总书记指出，新常态要有新动力，**数字经济**在这方面可以大有作为。2018 年 5 月 28 日，习近平总书记在中国科学院第十九次院士大会、中国工程院第十四次院士大会上的讲话表示：以人工智能、量子信息、移动通信、物联网、区块链为代表的新一代信息技术加速突破应用。世界正在进入以信息产业为主导的经济发展时期。

区块链技术很早就进入国家规划，多地地方政府采用多种方式引导和支持区块链技术和产业的发展（如图 1-1 所示）。比如 2019 年 7 月 25 日，北京市十五届人大常委会第十四次会议明确北京将实施加快应用场景建设工作方案，重点推动人工智能、区块链、前沿材料等新技术新产品新模式应用。2019 年 11 月 8 日，中国人民银行上海总部推进用金融支持长三角科创方案，依托先进制造业产业链核心企业，运用区块链技术开展仓单质押贷款、应收账款质押贷款、票据贴现、保理、国际国内信用证等供应链金融创新，提高整体融资效率。2019 年 8 月 18 日，中共中央、国务院关于支持深圳建设中国特色社会主义先行示范区的意见中明确支持在深圳开展数字货币研究与移动支付等创新应用。

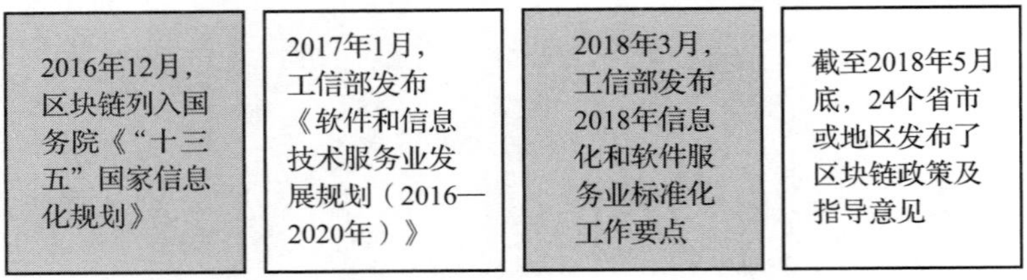

2016年12月，区块链列入国务院《"十三五"国家信息化规划》	2017年1月，工信部发布《软件和信息技术服务业发展规划（2016—2020年）》	2018年3月，工信部发布2018年信息化和软件服务业标准化工作要点	截至2018年5月底，24个省市或地区发布了区块链政策及指导意见

图 1-1 国家层面高度重视区块链技术

同时，世界各国政府也非常重视区块链技术。美国政府多次召开区块链听证会，政府、国会、海军部陆续推出区块链项目规划。在欧盟，22 个欧盟国家签署协议，建立欧洲区块链联盟。俄罗斯已启动开发基于区块链的国家加密货币"加密卢布 Crypto-rouble"。英国政府最早发布区块链官方白皮书，并设计出基于区块链的法定货币 RSCoin。

在过去三年，区块链技术一直位于 Gartner 十大科技趋势预测之中的新兴技术热点，并开始从技术膨胀期逐渐走向成熟。以下我们分别介绍区块链的发展历程、基本概念、技术架构、特点、分类、社会意义、存在问题和应用。

1.1 区块链技术缘起

1.1.1 从密码学历史与金融危机谈起

1976 年，Bailey W. Diffie、Martin E. Hellman 两位密码学大师发表了论文《密码学的新方向》，该论文涵盖了未来几十年密码学所有新的发展领域，包括非对称加密、椭圆曲线算法、哈希等，奠定了迄今为止整个密码学的发展方向，也对区块链的技术和比特币的诞生起到决定性作用。同年发生了另外一件看似完全不相关的事情，哈耶克出版了他人生中最后一本经济学方面的专著——《货币的非国家化》。对比特币有一定了解的人都知道，该专著中所提出的非主权货币、竞争发行货币等理念，可以说是去中心化货币的精神指南。因此，1976 年可以被称为区块链史前时代的元年，正式开启了整个密码学（包括密码学货币）的时代。

在 1977 年，著名的 RSA 算法诞生，这应该说是 1976 年的论文——《密码学的新方向》的自然延续。到了 1980 年，Merkle Ralf 提出了 Merkle-Tree 这种数据结构和相应的算法，后来的主要用途之一是分布式网络中数据同步正确性的校验，这也是比特币中用来做区块同步校验的重要手段。值得指出的是，在 1980 年，真正流行的哈希算法、分布式的网络都还没有出现，例如，我们熟知的 SHA-1、MD5 这些技术都是 20 世纪 90 年代诞生的。在那个年代，Merkle 发布的数据结构对密码学和分布式计算领域起到重要作用。

1982 年，Lamport 提出拜占庭将军问题，这标志着分布式计算的可靠性理论和实践进入实质性阶段。同年，大卫·乔姆提出了密码学支付系统 ECash，可以看出，随着密码学的进展，人们已经开始尝试将其运用到货币、支付相关领域了，应该说 ECash 是密码学货币的先驱之一。

1985 年，Koblitz 和 Miller 各自独立提出了著名的椭圆曲线加密（ECC）算法。由于此前发明的 RSA 算法计算量过大，很不实用，ECC 的提出才真正使得非对称加密体系具有了实用性。因此，可以说到 1985 年，也就是《密码学的新方向》发表后 10 年左右，现代密码学的理论和技术基础已经完全确立了。

1997 年，HashCash 方法，即第一代 PoW（Proof of Work）算法出现了，当时主要用于做反垃圾邮件。在随后发表的各种论文中，具体的算法设计和实现已经完全覆盖了后来比特币所使用的 PoW 机制。

到 1998 年，密码学货币的完整思想终于破茧而出，戴伟（Wei Dai）和尼克·萨博（Nick Szabo）同时提出密码学货币的概念。其中戴伟的 B-Money 被称为比特币的精神先驱，而尼克·萨博的 Bitgold 提纲与中本聪的比特币论文中列出的特性非常接近，以至于有人曾经怀疑萨博就是中本聪。有趣的是，这距离后来比特币的诞生又是整整 10 年的时间（见表 1-1）。

表 1-1　密码学货币的起源与发展

年份	重要里程碑
1976 年	Bailey W. Diffie 和 Martin E. Hellman 发表论文《密码学的新方向》
1977 年	RSA 算法正式诞生，三位发明人因此获得 2002 年图灵奖，不过他们申请的专利未获得承认，在 2000 年也提前失效了
1980 年	Merkle Ralf 正式提出后来被称为 Merkle-Tree 的数据结构
1982 年	Leslie Lamport 等人提出拜占庭将军问题，大卫·乔姆（David Chaum）提出密码学支付系统 ECash
1985 年	Koblitz 和 Miller 各自独立提出了椭圆曲线加密算法（ECC），在 2005 年左右开始大量应用
1997 年	Adam Back 提出 HashCash 算法，用于反垃圾邮件，是 PoW 的前身。相关概念在 1993 年最早出现，并且在 1999 年被正式称为 PoW
1998 年	密码学专家戴伟（Wei Dai）提出 B-Money，后人普遍认为这是比特币的精神先驱之一。尼克·萨博（Nick Szabo）提出 Bitgold 以及一系列密码学、去中心化货币的思路，被认为是比特币的另一个先驱，甚至曾有人因此认为他是中本聪
1999 年	P2P 网络资源共享先驱 Napster 上线，共享 MP3 席卷全美
2000 年	Jed McCaleb 和 Sam Yagan 发明了 EDonkey 2000 网络
2001 年	布法罗大学学生 Bram Cohen 发布了 BitTorrent 协议，并在 7 月给出了第一个实现；NSA 发布了 SHA-2 系列算法，其中包括迄今为止最常用的、比特币所采纳的 SHA256 算法
2002 年	Napster 在 2001 年因法院判决违法而关闭服务后，2002 年正式破产
2003 年	Handschuh 和 Gilbert 利用 Chabaud-Joux 攻击，理论上得到了 SHA256 的一个部分碰撞，并证明了 SHA256 可以抵御 Chabaud-Joux 攻击
2005 年	EDonkey 2000 网络公司网站关闭，但 EDonkey 网络仍然正常运行；王晓云等正式宣布 MD5、SHA-1 碰撞算法
2007 年	BitTorrent 正式超越 EDonkey 2000 网络，成为互联网最大的文件共享系统

在 21 世纪到来之际，区块链相关的领域又有了几次重大进展。首先是点对点分布式网络，1999 ～ 2001 年的三年内，Napster、EDonkey 2000 和 BitTorrent 先后出现，奠定了 P2P 网络计算的基础。2001 年另一件重要的事情是 NASA 发布了 SHA-2 系列算法，其中就包括目前应用最广泛的 SHA256 算法，这也是比特币最终采用的哈希算法。应该说到了 2001 年，比特币或者区块链技术诞生的所有的技术基础在理论和实践上都被解决了，比特币呼之欲出。

2008 年 9 月，以雷曼兄弟的倒闭为开端，金融危机在美国爆发并向全世界蔓延。为应对危机，各国央行采取了量化宽松等措施，并由政府动用天量的纳税人的金钱，救助由于自身过失而陷入危机的大型金融机构。于是大众对金融机构与金融行业高管的不满达到了顶点；也对央行与政府的这些大慷纳税人之慨的措施广泛质疑，并一度引发了"占领华尔街"运动。中本聪在 2008 年 11 月发表了著名的论文《比特币：一种点对点的电子现金系统》，2009 年 1 月紧接着用他第一版的软件挖掘出了创世区块，像魔咒一样开启了比特币的时代。

中本聪结合以前的多个数字货币发明，如 B-Money 和 HashCash，创建了一个完全去中心化的电子现金系统，不依赖于通货保障或结算交易验证保障的中央权威。关键的创新是利用分布式计算系统（称为"工作量证明"算法）每隔 10 分钟进行一次全网"选拔"，能够使去中心化的网络同步交易记录。这个系统能优雅地解决双重支付问题，即一个单一的货币单位可以使用两次。此前，双重支付问题是数字货币的一个弱点，一般通过一个中央结算机构清除所有交易来处理。

1.1.2　金融交易的管理与信任危机

传统模式下，为了解决信用问题，金融中介出现了，金融中介的存在确实曾经在一定程度上解决了信任问题，并且有力地推进了商业交易的发展，但是因为金融中介本身也基于信用，只是将交易双方的信用转嫁到对双方都认可的第三方而已，所以金融中介本身也是存在信用风险的。

互联网的快速普及以及金融中介本身的信任危机，导致金融中介的生产关系模式本身的弊端开始出现。例如，贸易两国可能缺乏足够的外汇储备、网络上的匿名双方直接进行买卖、交易的两个机构互不信任、汇率的变化、可能无法连接到第三方的系统、第三方的系统可能会出现故障。

中本聪在介绍他的创新时说道："传统货币最根本的问题在于信任。中央银行必须让人信任它不会让货币贬值，但历史上这种可信度从来都不存在。银行必须让人信任它能管理好钱财，并让这些财富以电子货币的形式流通，但银行却用货币来制造信贷泡沫，使私人财富缩水。"

去中心化的比特币从根本上解决了商业贸易过程中的信用问题，它不是改变了基于信用的模式，而是将信用通过系统代码写入的方式实现了计算可信（Computational Trust），从而极大限度地降低了信用风险，金融中介除了信用风险问题之外，同时由于第三方机构的存在，提高了交易成本，降低了交易效率。

由于社会迅速发展，贸易全球化已经成为不可逆转的趋势，而高额的交易成本已经成为制约全球化贸易的阻碍，说明现在的金融中介模式的生产关系已经制约了生产力。

有数据统计，用传统方式转账一亿美元，需要的费用大概为几万美元，而通过比特币来实现只需要 0.1 美元。当然，比特币的交易费用在不同的时间是波动的，但是不管怎样都远低于传统转账汇款费用。传统跨国支付结算通常是基于 SWIFT 体系的 T + 3 支付（交易 3 日后结算），比特币支付平均能实现 10 分钟内结算，大大提高了结算效率，降低了汇兑风险。

所以，比特币让人们在未来的贸易过程中不再担心信用风险，极大地提高了交易效率并降低了交易成本。中本聪发明比特币，要解决的哲学问题是贸易核心：信用问题。然而，去中心化设计真的不容易，有很多问题需要解决，例如，货币防伪问题，即谁来负责验证货币；货币交易问题，即如何确定货币从一方转移到另外一方；双重支付问题，即如何避免出现双重支付。

1.1.3 比特币与中本聪的初心

2008 年，美国次贷危机引爆了席卷全球的金融危机，因次级抵押贷款机构破产、投资基金被迫关闭、股市剧烈震荡引起的风暴导致全球主要金融市场出现流动性不足。此次经济危机对世界经济产生了深远的影响。就在当年 10 月 31 日，一位或一群名叫中本聪（Satoshi Nakamoto）的作者在 metzdowd.com 的密码学邮件列表中上传了一篇题为《比特币：一种点对点的电子现金系统》的论文，论文中详细描述了如何构建一种去中心化的电子交易体系，这种体系不需要建立在双方相互信任的基础之上。两个月之后的 2009 年 1 月 3 日，论文内容变成了现实，中本聪开发出了能够实现比特币算法的客户端程序，并用自己的计算机首次通过"挖矿"得到创世区块，并获得 50 个 BTC 的奖励，同时在这个创世区块上留下了被后人称作唯一可以验证中本聪真实身份的创世签名" The Times 03/Jan/2009 Chancellor on brink of second bailout for banks"（如图 1-2 所示），这是比特币上线当天《泰晤士报》的头版文章标题（如图 1-3 所示）⊖。中本聪写入这句话既是对创世区块产生时间的说明，也是对金融危机巨大压力下旧有的脆弱银行系统的嘲讽。创世区块是比特币系统中所有区块的共同祖先，从任意高度的区块回溯，最终都将到达该创世区块。

通过创世签名的选择显示出中本聪创建比特币的初衷：诞生于金融危机背景下的比特币是不受银行或者第三方中心机构控制的、为点对点商业交易提供中介作用、完全去中心化的电子加密货币，从而避免了由美国所主导的全球金融体系下，周期性出现的金融危机。传统中心化的法币（Fiat Money）由政府及相关机构提供信任保证，而在政府或者相关机构在特定时期由于特定原因出现信任问题时，就会引发相关法币的危机，继而导致金融或社会危

⊖ 来源：https://en.bitcoin.it/wiki/Genesis_block。

机。关于比特币的大部分信任来自一个事实：它根本不需要任何信任。比特币是完全开源和去中心化的，这意味着任何人在任何时间都可以查看整个源代码。所以世界上任何一个开发人员都可以精确验证比特币的工作原理。任何人都可以实时地、一目了然地查询现存的所有的比特币交易和已发行的比特币。所有的付款不依赖于第三方，整个系统由大量专家审查过的密码学算法保护，比如那些用于网上银行的算法。没有组织或个人可以控制比特币，而且即使并非所有的用户都值得信任，比特币网络仍然是安全的。

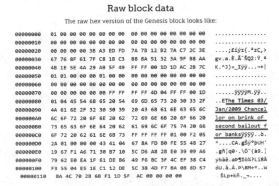

图 1-2　创世区块原始数据

图 1-3　2009 年 1 月 3 日《泰晤士报》头版

由此，比特币有如下特点：

- **去中心化**：比特币是第一种分布式的虚拟货币，整个网络由用户构成，没有中央银行。去中心化是比特币安全与自由的保证。
- **全世界流通**：比特币可以在任意一台接入互联网的计算机上管理。不管身处何方，任何人都可以挖掘、购买、出售或收取比特币。
- **专属所有权**：操控比特币需要私钥，它可以被隔离保存在任何存储介质。除了用户自己之外无人可以获取。
- **低交易费用**：可以免费汇出比特币，但最终对每笔交易将收取约 1 比特分的交易费以确保交易更快执行。
- **无隐藏成本**：作为由 A 到 B 的支付手段，比特币没有烦琐的额度与手续限制。知道对方的比特币地址就可以进行支付。
- **跨平台应用**：用户可以在众多平台上使用不同硬件的计算能力。

比特币技术实现的特点也导致了如下缺点：

- 交易平台的脆弱性。比特币网络很健壮，但比特币交易平台很脆弱。交易平台通常是一个网站，而网站会遭到黑客攻击或者被主管部门关闭。
- 交易确认时间长。比特币钱包初次安装时，会消耗大量时间下载历史交易数据块。而比特币交易时，为了确认数据准确性，会消耗一些时间，与 P2P 网络进行交互，得到全网确认后，交易才算完成。

- 价格波动极大。大量炒家介入导致比特币兑换现金的价格如过山车一般起伏，这使得比特币更适合投机，而不是匿名交易。
- 大众对原理不理解，以及传统金融从业人员的抵制。

1.1.4 区块链技术的起源

区块链的概念由中本聪在 2009 年比特币开源实现的源代码的注释中第一次出现，如图 1-4 所示（https://github.com/trottier/original-bitcoin/blob/master/src/main.h）。

```
594
595    //
596    // A transaction with a merkle branch linking it to the block chain
597    //
598    class CMerkleTx : public CTransaction
599    {
600    public:
601        uint256 hashBlock;
602        vector<uint256> vMerkleBranch;
603        int nIndex;
604
605        // memory only
606        mutable bool fMerkleVerified;
607
608
609        CMerkleTx()
610        {
611            Init();
612        }
613
614        CMerkleTx(const CTransaction& txIn) : CTransaction(txIn)
615        {
616            Init();
617        }
618
```

图 1-4 中本聪在 2009 年比特币开源实现的源代码

区块链概念的源头可以追溯到中本聪白皮书中引用次数最多的两位密码学家斯图亚特·哈伯和斯科特·斯特内塔在 1991 年所提出的"时间戳链"概念。哈伯和斯特内塔将这项技术设想为一种利用时间戳数字文档来验证其真实性的方法。他们在"How to Time-Stamp a Digital Document"文章中提到了时间戳哈希值（time-stamping hash value）、分布式信任（distributed-trust）以及时间戳链（chain of time-stamps）的基本概念。可见中本聪在提出区块链技术并创造比特币系统时，这三个基本概念给了他莫大的启发。

区块链技术是一项革新技术，是一项伟大的创造。比特币作为区块链技术的第一个重大应用，无疑给金融行业带来了革新性的理念和巨大的变化。中本聪创造的区块链技术和比特币被誉为 21 世纪最伟大的发明之一，中本聪曾在 2015 年获得诺贝尔经济学奖提名。

区块链的四项核心技术包括分布式账本、密码学、共识机制以及智能合约。此外，这四项技术在很多区块链应用中都通过加密货币来激励实现。这些概念和技术却都是在区块链技术出现之前就已经存在的。区块链技术本质上实现了一种分布式账本（Distributed Ledger）。

分布式账本指的是交易记账由分布在不同地方的多个节点共同完成，而且一般情况下每一个节点记录的是完整的账目。目前很多新区块链系统（如 Hashgraph）中每个节点可以保存不一样的账目，因此它们都可以参与交易合法性的监督，同时也可以共同为其作证。与传统的分布式存储有所不同，区块链的分布式存储的独特性主要体现在两个方面：一是区块链每个节点都按照块链式结构存储完整的数据，传统分布式存储一般是将数据按照一定的规则分成多份进行存储；二是区块链每个节点存储都是独立的、地位等同的，依靠共识机制保证存储的一致性，而传统分布式存储一般是通过中心节点向其他备份节点同步数据。没有任何一个节点可以单独记录账本数据，从而避免了单一记账人被控制或者被贿赂而记假账的可能性。同时由于记账节点足够多，理论上讲除非所有的节点被破坏，否则账目就不会丢失，从而保证了账目数据的安全性。

非对称加密技术也被称为公钥密码技术（PKI）。它使用 2 个成对的密钥：公钥对外公开，私钥必须严格保密，保管好不能丢失。密钥本质上是一个数值，通过数学算法产生。可以用公钥加密消息，使用私钥解密；反过来也可以使用私钥加密，用公钥解密。这也被称为签名，相当于用私章盖印，对方就可以使用你的公钥来验证签名的真伪。非对称加密技术主要有 2 个作用：身份验证和消息加密。存储在区块链上的交易信息是公开的，但是账户身份信息是高度加密的，只有在数据拥有者授权的情况下才能访问，从而保证了数据的安全和个人的隐私。

共识机制就是所有记账节点之间如何达成共识去认定一个记录的有效性，这既是认定的手段，也是防止篡改的手段。区块链提出了四种不同的共识机制，适用于不同的应用场景，在效率和安全性之间取得平衡。区块链的共识机制具备"少数服从多数"以及"人人平等"的特点，其中"少数服从多数"并不完全指节点个数，也可以是计算能力、股权数或者其他的计算机可以比较的特征量。"人人平等"是指当节点满足条件时，所有节点都有权优先提出共识结果、直接被其他节点认同后并最后有可能成为最终共识结果。以比特币为例，采用的是工作量证明，只有在控制了全网超过 51% 记账节点的情况下，才有可能伪造出一条不存在的记录。当加入区块链的节点足够多时，这基本上不可能，从而杜绝了造假的可能性。

智能合约是基于这些可信的不可篡改的数据，可以自动化地执行一些预先定义好的规则和条款。以保险为例，如果说每个人的信息（包括医疗信息和风险发生的信息）都是真实可信的，那么就很容易在一些标准化的保险产品中进行自动化的理赔。在保险公司的日常业务中，虽然交易不像银行和证券行业那样频繁，但是对可信数据的依赖却是有增无减。因此，利用区块链技术，从数据管理的角度切入，能够有效地帮助保险公司增强风险管理能力。

区块链是目前比较热门的新概念，蕴含了技术与金融两层概念。从技术角度来看，这是一个牺牲一致性效率且保证最终一致性的分布式数据库，当然这是比较片面的。从经济学的角度来看，这种容错能力很强的点对点网络，恰恰满足了共享经济的一个必需要求——低成本的可信环境。

1.2　什么是区块链

区块链是一个简单的概念，每个人都能理解，并都可以对此有所认识，以至于"每个人心中都有自己的区块链"。同时，区块链也是一个复杂的概念，它集成了密码学、计算机网络、数据库和各种领域知识，是一个典型的跨学科应用的概念，很难给出一个完整系统的定义。下面我们从身边的区块链、区块链的几个典型定义和比特币中的区块链等几个方面来介绍区块链的概念。

1.2.1　身边的区块链

区块链不是天上掉下来的，它来源于我们的日常生活，可以说，在人们的日常生活中，区块链的影子无处不在。

例 1　小虎队的歌曲《爱》："向天空大声地呼唤说声我爱你，向那流浪的白云说声我想你，让那天空听得见，让那白云看得见，谁也擦不掉我们许下的诺言。"这里天空、白云都是分布式记账节点，分别记录了"A 爱 B"这个信息，从而让这个表白不可反悔、不能否认、无法篡改。这就是一个分布式账本：一笔数据，多人记录，保持同步，对账本的信任。

例 2　一个家庭里面，假如女儿负责记账，爸爸跟女儿共谋，私底下拿零花钱。如何解决该问题呢？每个人都进行记账。

例 3　村民张三把 100 元借给了李四，为了确保借出的安全，张三通过广播把借钱的事情告诉了全村村民，村民们点对点核实以后，把这次借钱记在了自己的账本上。

通过这 3 个简单比喻，可以看到以单点发起、全网广播、交叉验证、共同记账为主要特征的区块链，全程可回溯、不可篡改。张三不怕李四赖账，因为李四不可能去更改全村的账本。所以，狭义上可以将区块链理解为一个分布式加密记账系统。

1.2.2　区块链的定义

区块链还没有一个统一的、大家都认可的定义，以下列出几个主要的定义，这些定义从不同角度给出了区块链的概念。

定义一：区块链是分布式数据存储、点对点传输、共识机制、加密算法等计算机技术的集成应用的新型模式。

定义二：从狭义上来讲，区块链是一种按照时间顺序将数据区块以顺序相连的方式组合成的一种链式数据结构，并以密码学方式保证的不可篡改和不可伪造的分布式账本。从广义上来讲，区块链技术是利用块链式数据结构来验证和存储数据、利用分布式节点共识算法来生成和更新数据、利用密码学的方式保证数据传输和访问的安全、利用由自动化脚本代码组成的智能合约来编程和操作数据的一种全新的分布式基础架构与计算方式。

定义三：区块链是一种由多方共同维护，使用密码学保证传输和访问安全，能够实现数据一致存储、难以篡改、防止抵赖的记账技术，也称为分布式账本技术。典型的区块链以块 - 链结构存储数据。作为一种在不可信的竞争环境中低成本建立信任的新型计算范式和协作模式，区块链凭借其独有的信任建立机制，正在改变诸多行业的应用场景和运行规则，是未来发展数字经济、构建新型信任体系不可或缺的技术之一。（中国信通院发布的《区块链白皮书》）

"区块是账页，链是把账页连接成册的装订线，然后加上骑缝章，使之不能篡改。"区块链的实质是一个由人来制定协议规则，由分布式的网络中各个节点来执行规则，共同维护网络状态的档案库。

区块链是一种软件，其本质是由数据结构 + 算法构成，这里应用了区块 + 链的数据结构（包括哈希函数、Merkle 树、非对称加密、时间戳、链式结构、数据区块等），并且设计了各种算法（包括共识算法、加密算法、智能合约、激励算法、验证算法等）；作为软件，它又是知识 + 应用的产物，它采取了一揽子技术方案，包括 P2P 网络、分布式账本、隐私保护和安全技术等；区块链软件针对特定的应用场景（数字货币、可编程金融和可编程社会）需求提供服务。

区块链技术正在研究和发展中，人们对区块链技术的认识和应用还在不断提高，区块链的定义还会不断演化和改进，将来会不断涌现更多、更好的定义。

区块链是一门交叉学科，结合了 P2P 网络技术、非对称加密技术、宏观经济学、博弈论等知识，构建了一个新领域——针对价值互联网的探索。

1.2.3　比特币与区块链

随着比特币网络系统日渐成熟，人们越来越关注其基础技术区块链技术（如图 1-5 所示）。作为一种在点对点网络上的分布式数据系统，区块链在许多应用场景下都大有可为。

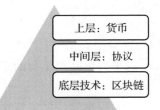

· 上层是货币：比特币
· 中间层是协议：基于区块链的资金转账系统
· 底层技术是区块链：区块链是去中心化的、公开透明的交易记录总账——其数据库由所有网络的节点共享，由矿工更新，由全民监督，但没有人真正拥有和控制这个数据库

图 1-5　比特币与区块链

区块链是一种由参与者共同维护，通过密码学保证数据安全，实现各个参与方数据一致存储、难以篡改、防止抵赖的块 – 链结构式分布式账本技术。每个数据区块都包含上一个区块的哈希散列值，通过这个散列值在网络上形成一条从第一个数据区块（创世区块）开始到最新区块的数据链条，其结构如图 1-6 所示。

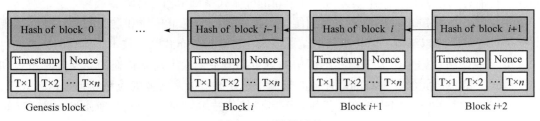

图 1-6　区块链结构

区块链最大的特点是去中心化，依赖中心化的权威机构或中心化的服务中介，形成一个记录数据的账本很简单，但对于一个去中心化的账本，就涉及两个基本问题：如何新增数据、新增数据如何确认、谁来确认、怎样确认（用什么标准）；已有数据即存量数据如何保管、谁来保管、怎么保管。

所以，区块链实现技术增信的独特之处在于：记录行为的多方参与，即各方参与记录；数据存储的多方参与、共同维护，即各方都参与数据的存储和维护；通过链式存储数据与合约，并且只能读取和写入，不可更改；分布式账本中的每条记录都有一个时间戳和唯一的密码签名，这使得账本成为网络中所有交易的可审计历史记录。

1.3　区块链技术的组成架构

区块链技术从下向上分为 6 层，分别是数据层、网络层、共识层、激励层、合约层及应用层（如图 1-7 所示）。

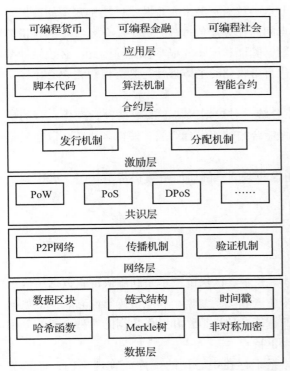

图 1-7　区块链技术的组成架构

数据层通过链式结构使用密码学方法加密了底层数据区块，保证了数据的不可篡改。数据层的主要功能包括数据存储、哈希算法、Merkle 树、非对称加密、时间戳以及数据区块的链式结构生成。在进行数据存储时，需要考虑数据存储的性能和稳定性，比特币和以太坊中使用的是谷歌的 LevelDB 数据库。数据层的工作流程为：从网络层获取最新的交易信息，把交易数据打包到数据区块中，使用哈希函数、Merkle 树等技术对数据区块进行加密处理，通过共识层的共识机制后，将该数据区块发送给网络上其他节点进行验证，验证通过后将数据区块加入区块链。

网络层包括分布式组网机制、数据传播机制和数据验证机制等，主要负责数据在网络上的传输。网络层使用 P2P 网络进行组网，有以下特点：节点同时作为客户端与服务器；没有中心服务器；没有中心路由器。在区块链技术中，P2P 网络的作用就是让网络中所有节点能够平等维护区块链这个分布式账本，但是由于在 P2P 网络上各个节点地位相同，因此为了能够在节点间达成一致的账本，共识层提供了一些共识算法使得各个节点对区块链数据达成一致。

共识层主要封装网络节点的各类共识算法，保证数据的一致性，其中较为常用的共识算法有工作量证明（PoW）、权益证明（PoS）、股权授权证明（DPoS）等。

激励层将经济因素集成到区块链技术体系中，主要包括经济激励的发行机制和分配机制等。区块链共识过程通过汇聚大规模共识节点的算力资源来实现共享区块链账本的数据验证和记账工作，因而其本质上是一种共识节点间的任务众包过程。去中心化系统中的共识节点本身是自利的，最大化自身收益是其参与数据验证和记账的根本目标。因此，必须设计激励相容的合理众包机制，使得共识节点最大化自身收益的个体理性行为与保障去中心化区块链系统的安全和有效性的整体目标相吻合。

合约层主要封装各类脚本、算法和智能合约，对数据区块上的数据进行操作，合约层是区块链可编程特性的基础。在以太坊中，智能合约被加入合约层，使得区块链可以在满足特定条件后自动触发相应的操作。

应用层指基于区块链技术的各种应用场景和案例，例如加密数字货币钱包、去中心化应用、数字货币交易所等。

1.4　区块链的特点与分类

区块链是去中心化的分布式数据库（账本）技术。区块链技术是利用块链式数据结构来验证和存储数据、利用分布式节点共识算法来生成和更新数据、利用密码学的方式保证数据传输和访问的安全、利用由自动化脚本组成的智能合约来编程和操作数据的一种全新的分布式基础架构和计算范式。因此，区块链具有以下特点。

去中心化。使用分布式计算和存储，体系不存在中心化的硬件或管理机构，任意节点的权利和义务都是均等的，系统中的数据区块由整个系统中具有维护功能的节点来共同维护。

开放性。公有链系统是开放的，除了交易各方的私有信息被加密外，区块链的数据对所有人公开，任何人都可以通过公开的接口查询区块链数据和开发相关应用，因此整个系统信息高度透明。

自治性。区块链采用基于协商一致的规范和协议（比如一套公开透明的算法）使得整个系统中的所有节点都能够在去信任的环境中自由、安全地交换数据，这使得对"人"的信任改成了对机器的信任，任何人为的干预都不起作用。

信息不可篡改。一旦信息经过验证并添加至区块链，就会被永久地存储起来，除非能够同时控制系统中大部分节点（如比特币系统中超过 51% 的节点，哈希图系统中超过 67% 的节点），否则单个节点上对数据库的修改是无效的，因此区块链的数据稳定性和可靠性极高。

去信任性。区块链中的数据是公开透明的，交易数据通过加密技术进行验证和记录，无须第三方信任机构的参与。

匿名性。每个用户仅通过一串数字字符串来代表对应的比特币地址，不使用真正的身份，通过数字签名进行身份认证，具有匿名的特点，可以很好地保护个人隐私。

随着区块链技术的不断发展，基于不同的参与方以及应用场景，可以将区块链分成不同的类型。

公有链是一种完全去中心化的、对互联网上所有用户都开放的区块链，任何互联网用户都可以参与数据记录、共识达成、访问数据等操作。每个用户的接入与离开都不需要得到许可，每一个公有链的用户都会维护一个区块链账本记录，通过共识过程将新的交易记录上链，并根据其使用的共识机制 PoW 或 PoS 贡献获得相应的经济激励。比特币是公有链的典型代表。

联盟链是部分去中心化（或称多中心化）的区块链，仅限于联盟成员使用，在该网络中，用户的接入需要得到联盟内某些团体的许可，其读写权限以及记账规则等都按照联盟规则来控制。超级账本（Hyperledger）是联盟链的代表。我国目前大部分应用都采用了联盟链形式。

私有链仅供在私有组织（例如公司、企业）内部使用，是完全中心化的区块链，用户接入网络完全由私有组织控制。私有链上的读写权限、参与记账的权限都由私有组织来决定。

这三种类型区块链的对比如表 1-2 所示。

表 1-2 区块链类型比较

	公有链	联盟链	私有链
参与方	任何人	联盟成员	组织内部人员
共识机制	PoW/PoS/DPoS	PBFT 等	分布式一致算法
激励机制	需要	协商	不需要
中心化程度	去中心化	多中心化	中心化
应用场景	数字货币	供应链金融、物流	大型组织、机构
代表项目	比特币、以太坊	超级账本	内部数据管理审计
突出的优势	信用的自建立	效率和成本优化	透明和可追溯
记账人	所有参与者	参与者协商决定	自定
性能	弱（如比特币每秒 7 笔交易）	较强	强

1.5 区块链的发展阶段和社会意义

1. 区块链的发展阶段

区块链的发展存在不同的层次，每个层次的特点与作用各不相同，其中，一些层次已经付诸实践，而一些层次可以在现有的技术上进行演变，作为未来的发展趋势。到目前为止，区块链的发展经历三个阶段。

区块链 1.0：可编程货币

区块链 1.0 是随着比特币的发明而诞生的，基本用于加密数字货币，比特币是第一个加密货币的实现，所以所有的可替代加密数字货币和比特币都属于区块链 1.0 的应用，其核心内容为支付与转账。区块链 1.0 也称为可编程货币，即以比特币为代表的数字货币，但它并不是任何国家和地区的法定货币，也没有政府当局为它提供担保。

区块链 2.0：可编程金融

区块链 2.0 的应用范围不再局限于加密数字货币，而是用于金融服务行业，在这一阶段引入了合同的概念，提出了智能合约。在区块链 2.0 阶段，可以在区块链的基础上基于智能合约开发去中心化的应用（DApp），此阶段已经在以太坊上实现。区块链 2.0 也称为可编程金融，加入了"智能合约"（利用程序算法替代人执行合同）的概念。这使得区块链从最初的货币体系，拓展到股权、债权和产权的登记、转让，证券和金融合约的交易、执行，甚至博彩和防伪等金融领域。

区块链 3.0：可编程社会

在区块链 2.0 阶段，由于智能合约的出现，区块链技术的功能更加强大，但是其应用范围依旧比较局限，在 3.0 阶段，区块链除了应用在金融服务行业外，还能广泛地应用于政府、卫生、媒体、艺术、司法等综合行业。区块链 3.0 也称为可编程社会，区块链是价值互联网的内核，能够对每一个互联网中代表价值的信息和字节进行产权确认、计量和存储。它不仅能够记录金融业的交易，而且几乎可以记录任何有价值的、能以代码形式进行表达的事物。其应用能够扩展到任何有需求的领域，进而扩展到整个社会。

最近有学者提出区块链 4.0 的概念，把"可编程治理"作为其关键特征，其实区块链 3.0 时代就被称为区块链治理时代，是区块链技术和实体经济、实体产业相结合的时代，区块链 3.0 将链式记账、智能合约和实体领域结合起来，实现去中心化的自治，发挥区块链的价值。

2. 区块链的社会意义

区块链是一个价值传输网络，将人对人的信任转变成人对机器的信任，是一种能取代中介机构的技术协议，同时也是一个能解决信任问题的安全可靠的网络。区块链通过取代中介推动新型组织形式的出现。从大数据技术到云计算到人工智能再到区块链，人们的生活发生了巨大的变化，可以说大数据提供了生产资料，云计算提供了无限可能的计算能力，人工智能解放了生产力，而区块链改变了生产关系。

在无信任的环境中，区块链技术在整个网络中所有节点间建立起共识机制，通过密码学原理保证数据无法伪造、无法篡改，将人们原有对第三方权威机构的信任转变成对机器的信任。

基于创建的信任机器，可以促进并加快价值的全球流动。由于区块链的去信任中心，全球贸易结算的时间大大减少，同时降低了交易进行时第三方收取的高额手续费。使用区块链技术能对供应链进行追踪，提高供应链的透明度，打通各个环节的信息孤岛。在医疗行业，区块链技术可以提供对电子病历健康数据的保存以及对药品的防伪，能够保护敏感数据，维护和共享医疗记录。同时，区块链能够在版权交易中，为原创作品登记"电子标识"，便于创作者与消费者之间联系并交易。在保险领域，区块链技术可以提供智能投保，改变保险的风险建模，减少欺诈索赔。在众筹领域，可以使用区块链进行股权众筹、股权登记，降低了众筹门槛，易于发起众筹并对其进行管理。

麦肯锡公司评价区块链是继蒸汽机、电力、信息和互联网科技后，目前最有潜力触发第五轮颠覆性革命浪潮的核心技术。

美国区块链科学研究所梅兰妮·斯万评价区块链是人类信用进化史上继血亲信用、贵金属信用、央行纸币信用之后的第四个里程碑，同时是继大型机、个人计算机、互联网、移动/社交网络后，计算范式的第五次颠覆式创新。

区块链作为一种新兴技术，价值固然存在，但也显现出一些劣势。

第一是效率低，数据写入区块链在比特币系统中最少要等待十分钟，所有节点都同步数据，则需要更多的时间。以比特币为例，当前产生的交易有效性受网络传输影响，比特币交易每次打包成区块并上链的时间大约为 10 分钟，一笔交易需要等 6 个区块上链才会被确认，所以交易确认的时间需要一个小时。因此区块链的交易数据是有延迟的。比特币每秒能承载的交易量（TPS）约为 7 笔，稍快些的以太坊约为 20 笔。相比之下，2019 年的双 11 交易量峰值达到每秒 30 万笔。央行前行长周小川在 2016 年初接受专访时说，目前为止，区块链占用资源还是太多，不管是计算资源还是存储资源，应对不了现在的交易规模。

第二是能耗问题，区块的生成需要矿工进行无数无意义的计算，这是非常耗费能源的。英国一家电力信息网 POWER-COMPARE 提供的预测数据显示，2019 年比特币耗电量已经超过了新西兰全年的耗电量[⊖]。

第三是隐私保护，在区块链公有链中，每一个参与者都能够获得完整的数据备份，所有交易数据都是公开和透明的。如果知道一些商业机构的账户和交易信息，就能知道它们的所有财富以及重要资产和商业机密等，隐私保障难。

第四是博弈问题，区块链的去中心、自治化的特点淡化了国家监管的概念。在监管无法触达的情况下，一些市场的逐利等特性会导致区块链技术应用于非法领域，为黑色产业提

⊖ 见 https://en.cryptonomist.ch/2020/02/05/bitcoin-energy-consumption-exceeds-new-zealand/。

供了庇护所。

区块链本质上是一个分布式的公共账本，将各个区块连成一个链条。我们可以将其定义为一个系统，该系统让一组互联的计算机安全地共同维护一份账本，每台计算机就是一个数据库（服务器），中间无需第三方服务器。所以，区块链不是一个特定的软件，就像"数据库"这个三个字表达的意思一样，它是一种特定技术的设计思想，就像 TCP/IP 协议和普通人之间的关系，普通人完全不需要知道什么是互联网底层的 TCP/IP 协议，就能受互联网提供的服务。普通人和区块链基本上没什么关系，除非准备在这方面进行创业。

与传统的中心化方案相比，区块链技术主要有以下三个特征。

第一，区块链的核心思想是去中心化，在区块链系统中，任意节点之间的权利和义务都是均等的，所有的节点都有能力去用计算能力投票，从而保证了得到承认的结果是过半数节点公认的结果。即使遭受严重的黑客攻击，只要黑客控制节点数不超过全球节点总数的一半，系统就能正常运行，数据也不会被篡改。

第二，区块链最大的颠覆性在于信用的建立，理论上说，区块链技术可以让微信支付和支付宝不再有价值。《经济学人》对区块链做了一个形象的比喻：简单地说，它是"一台创造信任的机器"。区块链让人们在互不信任并没有中立中央机构的情况下，能够做到互相协作。未来都不需要打击假币和金融诈骗了。

第三，区块链的集体维护可以降低成本，在中心化网络体系下，系统的维护和经营依赖于数据中心等平台的运维和经营，成本不可省略。区块链的节点是任何人都可以参与的，每一个节点在参与记录的同时也来验证其他节点记录结果的正确性，维护效率提高，成本降低。

总之，区块链触动的是钱、信任和权力这些人类赖以生存的根基。

1.6 区块链技术面临的挑战与不足

随着区块链技术的应用越来越广泛，区块链技术在不断完善与发展，但是仍然存在一些需要考虑的挑战与不足。

- 开销

区块链中去中心化的治理和运营会产生三种形式的开销：在状态更新之前需要运行共识协议；需要存储完整的系统 UTXO；每个矿工都需要完整地存储分布式账本。此外，当今大多数开放式治理区块链系统都基于工作量证明，这带来了更多挑战。用户必须购买专用挖矿硬件（如 ASIC 芯片）并耗电才能参与共识，而这在现实世界中可能会花费巨大。例如，据估计，截至 2018 年 4 月，仅比特币矿工所消耗的能源就相当于近 550 万美国家庭的用电量。

- 链上正确性

所有可执行代码都存在错误，智能合约也不例外。区块链分布式账本的不变性，例如阻止状态更改的回滚，加剧了这一问题，即使状态更改显然是恶意的。不采取行动可能会造成巨大的损失（例如，DAO 攻击），但是撤销交易也可能会造成很大的损失。如果矿工决定回滚总账以清除错误的交易，则可能会失去对区块链系统的信心。回滚系统必须仔细设计，否则可能会被进一步利用。另外，如果矿工无法就错误交易达成共识，则可能导致分歧：创建两个相互竞争的区块链系统。

- 链下资产管理

许多区块链系统通过使用数字标识符或令牌在链上表示资产来管理链外资产。这些应用程序的主要挑战是确保链上状态与其代表的链外状态之间的一致性。处理数字资产时，可以通过代码维护一致性，例如，智能合约可以跟踪数字媒体许可证的所有权转让。对于实物资产，必须采用实际流程来确保一致性。这些过程显然是失败点，因为它们依赖于受信任方的正确执行（通常部署区块链系统以将其删除）。最终用户还必须受到信任，因为他们可以分离令牌并在保留资产的同时出售令牌，从而导致令牌被附加到无效资产（例如，奢侈品市场中的假货）。当区块链系统必须跟踪现实世界的事件和信息（例如体育比分、Web 请求）时，也会遇到类似的挑战。尽管此类信息可以由链外 Oracle 提供，但它们是难以审核的受信任实体。

- 安全性

由于其分布式的性质，区块链系统可能容易受到多种安全威胁的攻击。绝大多数（甚至常常是很小的一部分）矿工的协同攻击可以重新排序、删除和更改分类账上的交易。此外，区块链系统还容易遭受传统网络攻击，例如拒绝服务或分区。此类攻击旨在减少参与的矿工的数量或破坏矿工的网络，以防止达成共识、降低攻击门槛或创建不一致的状态。

- 隐私和匿名

为了启用验证过程，区块链分布式账本中的数据是公开的，这意味着敏感数据本来就是非私有的。可以使用参考监视器来提供机密性，该参考监视器基于账本中存储的访问控制列表来限制非矿工的访问（针对非矿工），但这会引入受信任的实体（参考监视器）。另外，可以使用高级加密技术对数据进行加密，该技术允许矿工验证加密交易的正确性（例如，零知识证明、安全的多方计算和功能加密），尽管加密数据会限制可审核性和进行有意义的共享治理的能力。尝试构建匿名区块链系统时必须格外小心。虽然许多现有的区块链系统提供了一种假名的概念，其中用户通过密码密钥而不是真实世界的名称来标识，但这不能提供真正的匿名性，因为攻击会将同一假名的交易与外部的其他数据关联起来。

- 可用性

用户友好的开发工具的可用性根据区块链平台的成熟度而有很大差异。以太坊等一些项目拥有成熟的工具，而其他项目则几乎没有工具支持。许多区块链平台都是面向专家用户的，缺乏非专家容易使用的工具。一个相关的挑战是，某些区块链系统要求用户存储、管理和保护加密密钥。众所周知，此要求对大多数用户来说是一个重大障碍。

- 合法性和法规

区块链系统声称的某些好处不能归因于基础技术，而在于规避使现有系统变缓慢的监督管理（例如，国际支付或通过向投资者出售虚拟资产筹集资金）。随着监管机构的赶超，合规性被优先考虑。区块链技术不受任何机构的直接监管；使用区块链的公司根据其使用方式受到监管。讨论最多的法规领域是税收、经审计的财务报表、交易报告（了解您的客户／反洗钱／反恐融资）、证券法、银行业和托管权。监管的极端情况是禁止加密货币或区块链资产。禁止比特币的最大的国家是巴基斯坦，禁止广泛使用加密货币的最大的国家是中国。

- 三元悖论：在去中心化、安全性和可扩展性三个方面取得平衡

根据应用场景以及用户需求，区块链有公有链、联盟链、私有链三种。要争取我国在区块链技术发展上的主动权，就要大力发展国产自主可控的区块链技术平台，包括对联盟链和公有链核心技术的研究，积极参与国际竞争。

推动区块链与实体经济深度融合，让"区块链+"服务于各行各业，发展联盟链有着极强的现实意义。当前的联盟链在四个方面有需要继续突破的核心技术。

一是高性能关键技术。目前区块链在大规模应用或者出现大量数据节点时，性能会急剧下降。国内领衔的联盟链技术，目前每秒可以处理上万笔交易，但在双十一高峰时期，阿里云处理交易速度峰值达到每秒30多万笔。两者的数量级还存在鸿沟，需要高性能的关键技术加以解决。浙江大学教授、趣链董事长陈纯表示，希望通过高性能的共识算法、高效智能合约引擎，提高共识效率与安全性。

二是安全隐私关键技术。在我国，首先要全面支持我国的加密算法和标准。商业应用需要平台支持对业务数据的隐私保护，比如通过命名空间隔离的方式在物理层面对业务数据进行分离，还有更细粒度的隐私交易机制，实现交易可验证但是不可见。还可以基于可信执行环境等技术实现节点密钥管理和数据加密存储，防止文件被篡改。

三是高可用性的关键技术。这方面包括区块链治理技术，如动态成员的准入机制以及节点失效后的快速恢复机制，不能整个系统停下来添加节点，应该实时动态地进行。另外，联盟自治管理机制和高效的热备切换机制，也是联盟链以后的关键技术。

四是高可扩展的关键技术。联盟链要适用于各场景，必然支持多种编程语言的使用。同时，还需要支持多类型、多组织形式的数据可信存储及支持跨链协同等。

1.7　区块链的应用和监管

1. 区块链的应用

区块链技术已经在生活的各个方面得到广泛应用。

- 金融货币

众所周知，区块链技术可用于构建加密货币。比特币就是一个可行的例子。区块链技术使电子交易具有弹性，即使在涉及大量资金时也是如此。比特币具有明显的缺点，包括低可伸缩性、高能耗以及仅适度的隐私保护。

- 资产交易

金融市场允许资产交易。这往往涉及中介机构，例如交易所、经纪人和交易商、托存人和保管人以及清算和结算实体。基于区块链的具有内在价值的资产或者是对脱链资产（物质或数字资产）的债权，可以在参与者之间直接进行交易，由可以提供保管权且需要较少金融市场基础设施的智能合约来管理。两个主要挑战是：整合代表链外事物的代币（例如，公司的股权或债务工具），以及政府的监督和合规性。

- 市场和拍卖

资产交易的核心组成部分是市场本身，即买卖双方相互查找、交换资产并向观察员提供价格信息的协调点。拍卖是设定公平价格的常见机制。

- 保险和期货

可以安排视未来时间或事件而定的交易。例如，在将来的某个时间以固定价格购买资产，为火灾支付保险金或针对贷款违约行为采取行动。关键挑战包括：确定可信赖的预言以报告相关的链下事件，例如火灾和汇率；或者将合同限制为链上事件；或者在精简的设计中，对手方承诺履行其义务，但存在对手方可能不履行义务的风险。

- 处罚、补救措施和法律制裁

法律合同预期未来可能发生的违规行为，并规定一系列的处罚或补救措施。借助区块链技术，可以对可能的结果进行编程（以后可以通过传统诉讼推翻）。与保险和期货一样，预言和交易对手风险是主要挑战。

- 数据存储和共享与跟踪

区块链技术可用于跟踪在全球范围内分布并具有价值的、备受关注的物质资产。其中包括艺术品和钻石等独立物品、食品和奢侈品等经认证的物品、车队等分散的物品以及长途运输的包裹，在此过程中，它们将被易手多次。还包括复杂组装设备中的各个组件，其中的零件来自不同的公司。对于航空业等受到严格管制的行业，以及在军事／情报应用中，重要的是要确定已使用过的每个零件的来源以及维修历史。区块链技术提供了一个通用的环境，在该环境中，没有任何一家公司拥有控制权来运行跟踪此信息的数据库。

- 身份和密钥管理

身份以及有关这些身份的属性的加密证明（例如，年龄超过 18 岁、拥有驾驶执照、拥有特定的加密密钥），可以在区块链系统上维护。

- 防篡改记录存储

区块链系统仅追加分布式账本，不能更改或删除已存在的记录，可用于存储文档，包括这些文档的更改历史记录。最适合于有价值的记录（例如证书和政府许可证），以及数据量较小且可公开获得的记录。如果需要存储大量和／或机密文件，则区块链系统可能会存储文档的安全指针（即绑定／隐藏承诺），而文档本身存储在不同的系统中。

- 博彩和游戏

博彩在比特币和以太坊上已经非常流行。玩家可以审核合同代码以确保执行公正，并且合同可以使用加密货币来处理财务。

对于"区块链＋"在大规模应用方面的问题，最重要的是解决链上链下的问题。

所谓的链上就是区块链，链下就是所有传统的可信信息系统。如何把区块链系统嵌入现在传统的可信信息系统里来解决它的一些问题，或者用区块链系统把传统的可信信息系统放出来呢？链上链下数据协同需求可能会特别重要，要求链上链下数据能够有效协同，以确保链上链下数据的关联性和一致性。

"区块链＋"赋能民生大有可为，对于区块链的应用场景，中西方选择了截然不同的两种思路。西方区块链的发展基本上是基于金融创新带动其他行业创新，而我国除金融创新外，更重要的是在各个行业中的应用。我国正在加快支持区块链技术在金融、民生、政务、工业制造等领域的应用落地，重点分析区块链技术能够解决的业务痛点以及在不同场景下的适用度，共同建设更加完善的产业应用生态，努力使区块链成为数字经济发展的新动能和社会信用体系的重要支撑技术。

公积金中心在我国是城市隶属的机构，我国不存在全国性的公积金管理机构。如果要统合这些方面的数据，用传统的方法只能是物理归拢，不但时间成本高，而且很难很快解决相应问题。而区块链的应用，让存储在各地的数据能够轻松跨地流转，为政务民生服务。

住建部通过区块链把全国的491个公积金中心连在了一起，不必集中统一数据的存储，就可以很方便地异地操作。"从技术上讲如果没有区块链，杭州的公积金中心想要调取北京的数据非常麻烦。但是有了区块链，通过数据协同，就可以轻松且可信地调取一个人在北京交的公积金。"

让数据多跑腿是当下政务服务改革的一个重要方向。而随着区块链技术的使用，数据也不用跑腿。这是因为智能合约的存在，区块链可以让数据留在各个城市，实现数据跨城市共享，并通过同步到相应节点省去大量数据跑腿的"烦恼"。

为什么中国的银行做中小企业贷款很难，不是没有钱，而是因为要提供资产担保或者股票担保，或者是有别的企业提供担保。所有担保、签合同、协调都需要时间，时间就是效率。如果所有的这些信息都在链上，可以看得清清楚楚，银行可以自己判断是否直接给贷款，那么中小企业办理贷款的效率就提高了。浙商银行"应收款链平台"目前使用了区块链技术，已经节省了80%的审核时间，成本也降低了50%。

据了解，浙江大学区块链研究中心基本上可以提供国产、自主、可控、完善的中国国密算法支持，提供系统的链上链下协同服务技术栈，已上线服务包括：大规模可信存储、集群节点数量可达数万个。另外，支持智能合约跨链互操作的通用跨链服务、"数据可用不可见"的数据共享都已经初步实现。

2. 区块链的监管

区块链技术正在爬坡，不论是每个单点技术还是整个系统技术都远远不够，中国的区块链研究还有很长的路要走。"没有监管的区块链，就像路上没有红绿灯。"每个司机的理想就是路上没有红绿灯，以为这样车子就可以跑得快，但事实并非如此。这就如同公有链中，去中心化、不可篡改、不可删去、低成本的特点，已经成为一种新传播媒体，但也可能成为传播有害信息、网络谣言的温床。

任何一个好的技术或者工具都需要被正确使用，才能发挥最大价值。"我们认为，区块链作为重要的底层基础设施，在其快速发展过程中，需要高度重视监管的安全问题。"

要在技术上为监管提供支持，就要强化对区块链平台及应用的安全评估，提升区块链技术及应用的合规性和规范性，协助建立健全区块链监管体系，强化区块链监管能力建设，共同探索区块链监管新模式，实现监管技术的升级和提效，并降低监管成本，确保产业发展与监管并行，为区块链技术的健康发展创造环境。

尽管监管的道路还很长，但正因为有效的监管，国内才可能通过大规模应用区块链赋能经济社会发展。

1.8　我国对虚拟货币和"挖矿"的相关规定

作为典型的分布式系统，区块链的稳定运行得益于节点间的紧密合作。在系统规则的约束和激励下，系统中的节点共同维护一个分布式账本，使价值可以直接在两个互不信任的个体之间可靠地转移，而不需要任何可信第三方。然而与此同时，竞争也在时刻发生，参与者总是在尝试使用各种策略来最大化自己的收益，这使区块链系统中出现了各种各样的攻击行为。以比特币为代表的虚拟货币通过"挖矿"等机制很好地解决了这些问题，但这也带来很多社会问题，因此我国政府和行业主管部门对此一直持非常谨慎的态度，先后出台了一系列相关政策和文件。

- 2013 年 12 月 5 日，中国人民银行、工业和信息化部、中国银行业监督管理委员会、中国证券监督管理委员会、中国保险监督管理委员会联合印发《关于防范比特币风险的通知》。
- 2017 年 9 月，中国人民银行等 7 部门发布《关于防范代币发行融资风险的公告》。
- 虚拟货币也被写入 2021 年 5 月 1 日起施行的《防范和处置非法集资条例》——第十九条："对本行政区域内的下列行为，涉嫌非法集资的，处置非法集资牵头部门应当及时组织有关行业主管部门、监管部门以及国务院金融管理部门分支机构、派出机构进行调查认定……（二）以发行或者转让股权、债权，募集基金，销售保险产品，或者以从事各类资产管理、虚拟货币、融资租赁业务等名义吸收资金……"
- 2021 年 5 月 18 日，中国互联网金融协会、中国银行业协会、中国支付清算协会发布《关于防范虚拟货币交易炒作风险的公告》。
- 2021 年 5 月 21 日，国务院金融稳定发展委员会召开第五十一次会议指出，打击比特币"挖矿"和交易行为，坚决防范个体风险向社会领域传递。
- 2021 年 9 月 3 日，国家发改委发布《关于整治虚拟货币"挖矿"活动的通知》，要求加强虚拟货币"挖矿"活动上下游全产业链监管，严禁新增虚拟货币"挖矿"项目，加快存量项目有序退出，促进产业结构优化和助力碳达峰、碳中和目标如期实现。

- 2021 年 9 月 24 日，中国人民银行等 10 部门发布《关于进一步防范和处置虚拟货币交易炒作风险的通知》，规定虚拟货币不能作为货币在市场上流通。

- 2021 年 11 月，国家发改委新闻发言人在例行发布会上表示，将以产业式集中式"挖矿"、国有单位涉及"挖矿"和比特币"挖矿"为重点，全面整治虚拟货币"挖矿"活动。监管部门再次将虚拟货币交易的前置环节"挖矿"作为监管重点，表达了从源头上打击虚拟货币交易的态度和决心。

- 2022 年，国家发改委发布《关于修改〈产业结构调整指导目录（2019 年本）〉的决定》，在《产业结构调整指导目录（2019 年本）》淘汰类"一、落后生产工艺装备"中的"（十八）其他"中增加第 7 项，内容为"虚拟货币'挖矿'活动"。虚拟货币"挖矿"属于落后工艺，能源消耗和碳排放量大，对产业发展、科技进步没有积极带动作用，显然与我国力争 2030 年前实现碳达峰、2060 年前实现碳中和的目标任务相违背。

近年来，我国为了防止扰乱金融秩序，保护投资者利益，以及节能，不仅出台了相应的措施和政策，各地警方也联合各部门打击和整治了虚拟货币"挖矿"活动。2022 年 8 月，中央网信办集中整治了虚拟货币炒作乱象。

本书只是从技术角度来介绍相关原理，广大读者应主动防止各种扰乱金融秩序的行为，远离"挖矿"等非法行为，积极维护金融安全。

第 2 章 Chapter 2

区块链的密码学原理

密码学因应用需求而产生，因应用需求而发展，如何正确地应用密码学仍然需要下功夫。区块链是密码学应用的必然产物，隐私保护永远在路上。

2.1 对称加密与非对称加密

网络上的双方进行通信，要想通信内容不被其他人获取，通常的做法就是对内容进行加密处理。在密码学中，加密的方法分为两种，即对称加密和非对称加密。

2.1.1 对称加密

对称加密是指加密数据的密钥和解密数据的密钥是相同的加密类型，故也被称为共享密钥加密。在双方进行数据交换之前，必须先共享加解密的密钥。对称加密过程如图 2-1 所示。

常见的对称加密算法有 DES、3DES、Blowfish、IDEA、RC4、RC5、RC6 和 AES。对称加密算法存在以下几个问题：

1）要求提供一条安全的渠道使通信双方在首次通信时协商一个共同的密钥。直接的面对面协商可能是不现实的而且难于实施，双方可能需要借助于邮件和电话等其他相对不够安全的手段来进行协商。

2）密钥的数目难于管理。因为对于每一个合作者都需要使用不同的密钥，所以很难适应开放社会中大量的信息交流。

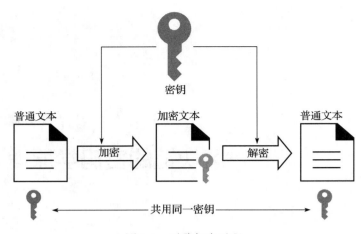

图 2-1 对称加密过程

3）对称加密算法一般不能提供信息完整性的鉴别。它无法验证发送者和接收者的身份。

4）对称密钥的管理和分发工作是一个具有潜在危险和烦琐的过程。对称加密是基于共同保守秘密来实现的，采用对称加密技术的贸易双方必须保证采用的是相同的密钥，保证彼此密钥的交换是安全可靠的，同时还要设定防止密钥泄密和更改密钥的程序。

5）如果一方的密钥被泄露，那么加密信息也就不安全了。

2.1.2 非对称加密

非对称加密是指加密数据的密钥和解密数据的密钥是不同的加密类型，非对称加密算法需要两个密钥：公钥（public key）和私钥（private key）。采用公钥和私钥分别对数据进行加密和解密。

公钥与私钥是一对，如果用公钥对数据进行加密，只有用对应的私钥才能解密；如果用私钥对数据进行加密，那么只有用对应的公钥才能解密（数字签名）。公钥可向其他人公开，私钥则保密，其他人无法通过公钥推算出相应的私钥。

非对称加密算法实现机密信息交换的基本过程是：甲方生成一对密钥并将其中的一把作为公钥向其他方公开；得到该公钥的乙方使用该密钥对机密信息进行加密后再将其发送给甲方；甲方再用自己保存的另一把私钥对加密后的信息进行解密。甲方只能用其私钥解密由其公钥加密后的任何信息。常见的非对称加密算法有：RSA、ECC、Diffie-Hellman、El Gamal、DSA。非对称加密技术在区块链中的应用场景主要包括信息加密、数字签名和登录认证等。具体的加解密算法与过程请参见 2.2 节及其后面的内容。非对称加密过程如图 2-2 所示。

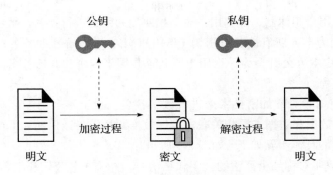

公钥　　　　　　　私钥

明文　　加密过程　　密文　　解密过程　　明文

图 2-2　非对称加密过程

2.1.3　对称加密与非对称加密的对比

非对称加密与对称加密在原理上存在差异，两种方法都有各自的优点与缺点，所以它们适用于不同的场景，表 2-1 展示了对称加密与非对称加密的对比。

表 2-1　对称加密与非对称加密的对比

	对称加密	非对称加密
特点	使用相同的密钥，密钥非公开，保证安全性就是保证密钥的安全	需要两个密钥，一个公钥，一个私钥；一个用于加密，另一个用于解密
优点	算法公开、计算量小、加密速度快、加密效率高	与对称加密算法相比，其安全性更高。公钥是公开的，私钥是自己保管的。不需要像对称加密算法那样在通信前先同步密钥
缺点	需要提前共享密钥；密钥泄露，加密信息就会被破解	算法复杂，加密和解密花费时间长、速度慢

非对称加密体系不要求通信双方事先传递密钥或有任何约定就能完成保密通信，并且密钥管理方便，可防止假冒和抵赖，因此，更适合网络通信中的保密通信要求。在现有的主流区块链系统（比特币、以太坊）中，通常使用非对称加密作为加密算法。

2.2　数字签名

数字证书是互联网通信中标志通信各方身份信息的一串数字，提供了一种在 Internet 上验证通信实体身份的方式，数字证书不是数字身份证，而是身份认证机构盖在数字身份证上的一个章或印（或者说加在数字身份证上的一个签名）。

数字证书绑定了公钥及其持有者的真实身份，它类似于现实生活中的居民身份证，不同的是数字证书不是纸质的证照，而是一段含有证书持有者身份信息的电子数据，广泛用于电子商务和移动互联网。

数字证书必须具有唯一性和可靠性。为了达到这一目的，需要采用很多技术来实现。

通常，数字证书采用公钥体制，即利用一对互相匹配的密钥进行加密、解密。每个用户自己设定一把特定的仅为本人所有的私有密钥（私钥），用它进行解密和签名；同时设定一把公共密钥（公钥）并由本人公开，为一组用户所共享，用于加密和验证签名。数字证书颁发过程即为数字签名过程。

在区块链中使用非对称加密技术来进行数字签名。数字签名用于证实某项数字内容的完整性和来源，将数据和数据来源相关联，实现数据源身份验证保证和不可抵赖性。

数字签名操作的具体步骤如下（如图 2-3 所示）：

1）发送方生成非对称加密算法的公钥和私钥对，并公布其公钥和签名算法；

2）发送方对发送的消息先计算其数字摘要，然后使用私钥对摘要进行加密，生成数字签名；

3）接收方在接收到声称来自发送方的消息时，先去查询发送方公布的公钥和签名算法；

4）接收方使用公钥对数字签名解密并与计算出的数字摘要进行对比，如果对比一致，那么消息来自 A 并且未被篡改。

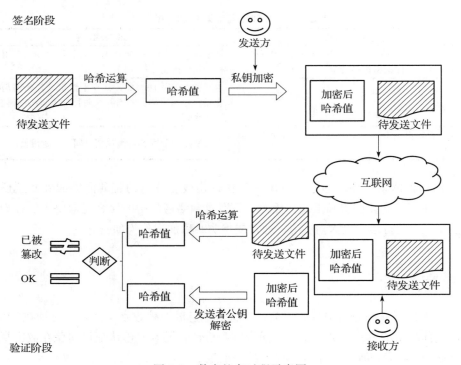

图 2-3　数字签名过程示意图

数字签名具有如下属性：

- 真实性：数字签名是由接收方验证的，传输的内容是真实的、未被修改的。
- 不可伪造性：任何人都无法通过获得发送者的私钥，来假冒发送者的身份。

- 不可重用性：数字签名不能与数据分离并再次用于另一份数据。

在比特币区块链网络中，使用基于椭圆曲线加密技术的椭圆曲线数字签名算法（Elliptic Carve Digital Signature Algorithm，ECDSA）。

多重签名

多重签名是数字签名技术的重要应用模式，是指多个用户对同一个消息进行数字签名，可以简单地理解为一个数字资产的多个签名。签名标定的是数字资产所属及权限，多重签名表示该数字资产可由多人支配与管理。在加密货币领域，如果要动用一个加密货币地址下的资金，通常需要该地址的所有人使用他的私钥（由用户专属保护）进行签名。因此，动用这笔资金需要多个私钥签名，通常这笔资金或数字资产会保存在一个多重签名的地址或账号里。

多重签名场景通常需要 N 个参与者之间有至少 M 个参与者联合签名，其中 $N \geq M \geq 1$。当 $N = M = 1$ 时，多重签名退化为传统的单人签名。多重签名可以根据签名过程分为有序多重签名和广播多重签名。有序多重签名是指签名者之间的签名次序是一种串行的顺序；广播多重签名是指签名者之间的签名次序是一种并行的顺序。

从原理上讲，多重签名本身并不复杂，用一句话就可以说明：用 N 把钥匙生成一个多重签名的地址，需要其中的 M 把钥匙才能花费这个地址上的比特币，$N \geq M$，这就是重签名。

多重签名不仅可以大幅提升比特币的安全性，同时也衍生出许多新型的商业模式。多重签名依托于 P2SH（Pay to Script Hash）协议，一般采用 N 选 M 的形式，即多重签名的地址中有 N 个私钥，至少需要 M 个私钥共同签名才能从这个地址转账，常见的形式有 3 选 1、3 选 2、3 选 3，需要在建立多重签名地址的时候确定好 N 选 M 的具体模式，多重签名使得同一笔交易在多方共同签署之后才能得到验证并记录到区块链中。恶意的攻击者需要同时获取所有签名方的私钥才能盗用这个账户上的金额，这增加了攻击成本，同时也降低了用户因无意间泄露私钥而带来的风险和损失。

多重签名实现了第三方的适当介入保障，也增加了数字货币的信任度，多重签名地址允许多个用户使用一个公钥单独发送部分地址。当一些人想要使用账户资金时，他们需要除本人以外其他人的签名，且签名用户的数量在最初创建地址的时候就已经商定。使用资金前需要的多个签名，除了本人签名以外，其他的签名可以是你的商业伙伴或与你关系密切的人，甚至是你所拥有的另一个设备，以此来为你成功使用比特币增加一个可控因素，使比特币交易过程接近绝对安全。

多重签名为加密货币提供了腾飞的翅膀，让它的支付能力更具吸引力，让加密货币技术应用到各行各业成为可能。这里简单地列出几个应用场景，供大家探索和思考：

- 电子商务。比较常见的是 3 选 2 的模式。这类应用在本质上就是中介，所以还可用于各类中介机构性质的服务。

- 财产分割。比如夫妻双方共有财产，可以使用 2 选 1 的模式，一个账户谁都可以使用，与各自拥有账号一样，好处是系统如实记录了每个人的花销。扩展到合伙经营公司，可以使用 N 选 1 模式，N 个人合伙人都可以直接支配共有资金，具体清算时，账户一目了然。
- 资金监管。其实，这是多重签名最直接的作用，一笔钱需要多个人签名才能使用，任何一个人都无法直接动用资金，这在生活中十分常见，只要灵活设置多重签名的比重模式，就能解决生活中很多问题。比如，上面所述的夫妻共同使用财产的例子，夫妻要储备一笔资金，供孩子上大学使用，在这之前谁都不能动，那么把模式改为 2 选 2，就限制了夫妻双方私自动用资金的能力。

多重签名的作用意义重大，如果采用单独的私钥，尽管以目前的密码学可以保证无法被暴力破解，但是这个私钥不保证会以其他方式（如黑客通过木马、自己不小心暴露等）暴露出去，那么对应的数字资产也同时暴露无遗。此时如果公钥由多重签名方式生成，那么即便被盗取了其中一个私钥，盗取者也无法转移对应的数字资产。多重签名使对资产的管理更加多样化，使资产更加安全，尤其是在需要暴露私钥的交易过程中。同时，多重签名的设计让各种业务去中心化充满无限可能。

2.3 RSA 简介

RSA 是目前使用最广泛的公钥密码体制之一。它是 1977 年由罗纳德·李维斯特（Ron Rivest）、阿迪·萨莫尔（Adi Shamir）和伦纳德·阿德曼（Leonard Adleman）一起提出的。当时这三人都在麻省理工学院工作。RSA 就是以他们名字的首字母拼在一起组成的。

RSA 算法的安全性基于 RSA 问题的困难性，也就是基于大整数因子分解的困难性。但是 RSA 问题不会比因子分解问题更加困难，也就是说，在没有解决因子分解问题的情况下可能解决 RSA 问题，因此 RSA 算法并不是完全基于大整数因子分解的困难性上的。

1. RSA 生成公私钥对

以下步骤具体讲解如何生成密钥对。

1）随机选择两个不相等的质数 p 和 q。例如，张三选择了 61 和 53。（实际应用中，这两个质数越大，就越难破解。）

2）计算 p 和 q 的乘积 n。$n = 61 \times 53 = 3233$，n 的长度就是密钥长度。3233 写成二进制是 110010100001，共有 12 位，所以这个密钥就是 12 位。在实际应用中，RSA 密钥一般是 1024 位，重要场合则为 2048 位。

3）计算 n 的欧拉函数 $\phi(n)$，称作 L，根据公式 $\phi(n) = (p-1)(q-1)$，张三算出 $\phi(3233)$ 等于 60×52，即 3120。

4）随机选择一个整数 e，也就是公钥中用来加密的那个数字，条件是 $1 < e < \phi(n)$ 且 e

与 $\phi(n)$ 互质。张三就在 1 到 3120 之间，随机选择了 17。（实际应用中，常常选择 65537。）

5）计算 e 对于 $\phi(n)$ 的模反元素 d。也就是密钥中用来解密的那个数字，所谓"模反元素"是指有一个整数 d，可以使得 ed 被 $\phi(n)$ 除的余数为 1。$ed \equiv 1 \pmod{\phi(n)}$，张三找到了 2753，即 $17 \times 2753 \bmod 3120 = 1$。

6）将 n 和 e 封装成公钥，将 n 和 d 封装成私钥。在张三的例子中，$n = 3233$、$e = 17$、$d = 2753$，所以公钥就是（3233, 17），私钥就是（3233, 2753）。

2. RSA 加密

首先对明文进行比特串分组，使得每个分组对应的十进制数小于 n，然后依次对每个分组 m 做一次加密，所有分组的密文构成的序列就是原始消息的加密结果，即 m 满足 $0 \le m < n$，则加密算法为：$c \equiv m^e \bmod n$；c 为密文，且 $0 \le c < n$。

3. RSA 解密

对于密文 $0 \le c < n$，解密算法为：$m \equiv c^d \bmod n$。

4. RSA 签名验证

RSA 密码体制既可以用于加密又可以用于数字签名。下面介绍 RSA 数字签名的功能。

已知公钥 (e, n)，私钥 (d, n)，则：

1）对于消息 m 签名为：$\mathrm{sign} \equiv m^d \bmod n$。

2）验证：对于消息签名对 (m, sign)，如果 $m \equiv \mathrm{sign}^e \bmod n$，则 sign 是 m 的有效签名。

2.4　哈希算法

2.4.1　什么是哈希算法

区块链技术中使用了很多密码学算法，哈希算法是区块链加密技术的基础算法，哈希算法通过工作量证明提供了对区块中数据的不可篡改性的保护，同时将一个个数据区块以哈希值的形式连成一条长的链条。

哈希算法是一种密码学算法，可以将任意长的字符串作为输入，将其转化成一个固定长度的输出摘要，摘要又被称为哈希值。哈希算法的公式如下：

$$h = \mathrm{hash}(x)$$

其中 x 表示任意长度字符串的二进制表示，hash 表示哈希函数，h 表示输出的固定长度的摘要。

哈希算法有许多实际应用，包括加密协议和简单文件完整性检查以及密码存储，常见于哈希表、Bloom 过滤器、P2P 文件共享等多种应用程序。目前常用的哈希函数主要有 MD 和 SHA 系列。

MD（Message Digest）主要有 MD4 和 MD5 两种算法。MD4 是 1990 年提出的，输出

为 128 位的函数，但现在已经被证明是不够安全的。MD5 是在 MD4 的基础上改进的版本，输出也是 128 位，因为引入了更加复杂的计算过程，所以 MD5 比 MD4 更加安全，但计算速度要慢。目前 MD5 也被证明是不够安全的。

SHA（Secure Hash Algorithm）包括 SHA1 和 SHA2（SHA224、SHA256、SHA512 等），其中 SHA224、SHA256、SHA512 对应输出摘要的长度。目前在大多数应用场景下都推荐使用更加安全的 SHA2 系列的算法，SHA256 应用最为广泛，SHA256 是美国国家安全局研发的，任何一串数据通过计算都得到一个 256 位的摘要值。

2.4.2 哈希算法的特点

典型的哈希算法有如下特点。

- **易于计算**

哈希函数是高效且快速的单向函数，故无论输入大小如何，哈希函数均可实现快速计算。

- **抗原像性**

考虑下面的方程：

$$y = \text{hash}(x)$$

抗原像性也称为单向性，即对于给定的输出 y，不能逆向地计算得出输入 x。x 则被视为 y 的原像，因此命名为抗原像性。

- **抗第二原像性**

该属性要求：给定一个输入 x，无法找出一个不同的输入 x'，使得两者的哈希值相等，即 $\text{hash}(x) = \text{hash}(x')$。

- **强抗碰撞性**

该属性要求：在计算上无法找出两个不同的输入 x 与 x'，使得两者的哈希散列值相同，即 $\text{hash}(x) = \text{hash}(x')$。

- **雪崩效应**

该属性要求：对输入做微小的更改，其哈希散列值会发生明显的变化。例如，对 abc 与 abC 分别使用 MD5 计算，其输出会发生巨大的变化：

$$\text{MD5(abc)} = 0bee89b07a248e27c83fc3d5951213c1$$
$$\text{MD5(abC)} = 2217c53a2f88ebadd9b3c1a79cde2638$$

2.4.3 SHA256 简介

在比特币区块链网络中通常使用 SHA256 算法来完成哈希运算，本节详细介绍 SHA256 的工作原理。

1. 常量初始化

SHA256 算法中用到了 8 个哈希初值以及 64 个哈希常量。其中，SHA256 算法的 8 个哈希初值如图 2-4 所示。

这些初值是对自然数中前 8 个质数（2, 3, 5, 7, 11, 13, 17, 19）的平方根的小数部分取前 32 位得来的。例如，$\sqrt{2}$ 的小数部分约为 0.414213562373095048，而小数部分前 32 位用十六进制表示为 0x6a09e667，所以 h_0 = 0x6a09e667。在 SHA256 算法中，还用到了 64 个哈希常量，如图 2-5 所示。

```
h0 := 0x6a09e667
h1 := 0xbb67ae85
h2 := 0x3c6ef372
h3 := 0xa54ff53a
h4 := 0x510e527f
h5 := 0x9b05688c
h6 := 0x1f83d9ab
h7 := 0x5be0cd19
```

图 2-4　SHA256 算法的 8 个哈希初值

```
428a2f98 71374491 b5c0fbcf e9b5dba5
3956c25b 59f111f1 923f82a4 ab1c5ed5
d807aa98 12835b01 243185be 550c7dc3
72be5d74 80deb1fe 9bdc06a7 c19bf174
e49b69c1 efbe4786 0fc19dc6 240ca1cc
2de92c6f 4a7484aa 5cb0a9dc 76f988da
983e5152 a831c66d b00327c8 bf597fc7
c6e00bf3 d5a79147 06ca6351 14292967
27b70a85 2e1b2138 4d2c6dfc 53380d13
650a7354 766a0abb 81c2c92e 92722c85
a2bfe8a1 a81a664b c24b8b70 c76c51a3
d192e819 d6990624 f40e3585 106aa070
19a4c116 1e376c08 2748774c 34b0bcb5
391c0cb3 4ed8aa4a 5b9cca4f 682e6ff3
748f82ee 78a5636f 84c87814 8cc70208
90befffa a4506ceb bef9a3f7 c67178f2
```

图 2-5　SHA256 算法的 64 个哈希常量

与上面介绍的 8 个哈希初值类似，这 64 个哈希常量是对自然数中前 64 个质数（2, 3, 5, 7, 11, 13, 17, 19, 23, 29, 31, 37, 41, 43, 47, 53, 59, 61, 67, 71, 73, 79, 83, 89, 97…）的立方根的小数部分取前 32 位得来的。

2. 信息预处理

在 SHA256 算法中，需要对输入的内容进行预处理，在原内容后面补充需要的信息，使其满足指定的结构。预处理过程分为两个步骤：附加填充比特和附加长度值。

（1）附加填充比特

在输入原内容末尾进行填充，使其长度在对 512 取模后的余数是 448。填充是这样进行的：先补第一个比特为 1，然后都补 0，直到长度满足对 512 取模后余数是 448。需要注意的是，信息必须进行填充，也就是说，即使长度已经满足对 512 取模后余数是 448，也必须要进行补位，这时要填充 512 个比特。因此，填充时至少补一位，最多补 512 位。

（2）附加长度值

附加长度值就是将原始数据（第一步填充前的消息）的长度信息补到已经进行填充操作的消息后面。SHA256 用一个 64 位的数据来表示原始消息的长度。因此，通过 SHA256 计算的消息长度必须要小于 2^{64}。

3. 逻辑运算

SHA256 哈希函数中涉及的操作全部是逻辑的位运算，包括如下的逻辑函数：

$$Ch(x, y, z) = (x \wedge y) \oplus (\neg x \wedge z)$$
$$Ma(x, y, z) = (x \wedge y) \oplus (x \wedge z) \oplus (y \wedge z)$$
$$\sum\nolimits_0(x) = S^2(x) \oplus S^{13}(x) \oplus S^{22}(x)$$
$$\sum\nolimits_1(x) = S^6(x) \oplus S^{11}(x) \oplus S^{25}(x)$$
$$\sigma_0(x) = S^7(x) \oplus S^{18}(x) \oplus R^3(x)$$
$$\sigma_1(x) = S^{17}(x) \oplus S^{19}(x) \oplus R^{10}(x)$$

其中逻辑运算符的含义如表 2-2 所示。

表 2-2　逻辑运算符

逻辑运算符	含义
$\wedge$	按位"与"
$\neg$	按位"补"
$\oplus$	按位"异或"
S^n	循环右移 n 个 bit
R^n	右移 n 个 bit

4. 计算摘要

下面介绍如何通过 SHA256 来得出最终的 256 位哈希摘要结果。

首先将预处理完成的信息分解成大小为 512 位的块，假设输入 M 可以被分解为 n 个块，于是整个算法需要做的就是完成 n 次迭代，n 次迭代的结果就是最终的哈希值，即 256 位的数字摘要，如图 2-6 所示。

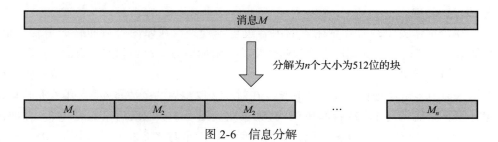

图 2-6　信息分解

一个 256 位的摘要的初始值为 H_0，经过第一个数据块进行运算，得到 H_1，即完成了第一次迭代；H_1 经过第二个数据块得到 H_2，……，依次处理，最后得到 H_n，H_n 即为最终的 256 位消息摘要。SHA256 算法中的最小运算单元称为"字"（Word），一个字是 32 位。此外，第一次迭代中，摘要初始值 H_0 设置为前面介绍的 8 个哈希初值，如图 2-7 所示。

每一次迭代可分为两个步骤。

（1）构造 64 个字

对于每一块，将块分解为 16 个 32 位的字，记为 $w[0], \cdots, w[15]$，即前 16 个字直接由消息的第 i 个块分解得到。后面的 48 个字由下面的公式计算得出：

$$W_t = \sigma_1(W_{t-2}) + W_{t-7} + \sigma_0(W_{t-15}) + W_{t-16}$$

（2）循环计算 64 次

按图 2-8 中的步骤将 H_i 作为初始值，循环计算 64 次，得到 H_{i+1}，其中田字格表示计算 mod 2^{32}。A、B、C、D、E、F、G、H 一开始的初始值分别为 H_0 的第 1 ~ 8 个分

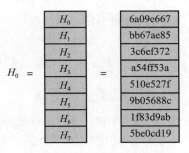

图 2-7　摘要初始值

量；K_t 是第 t 个密钥，对应常量初始化中提到的 64 个哈希常量；W_t 是本块产生第 t 个 word。

原输入被切成 n 个固定长度为 512 位的块，对每一个块，产生 64 个 word，通过重复运行循环 n 轮对 A、B、C、D、E、F、G、H 这 8 个字进行重复 64 次加密，最后一轮循环所产生的 8 个字（A、B、C、D、E、F、G、H）合起来即 SHA256 最终的结果。

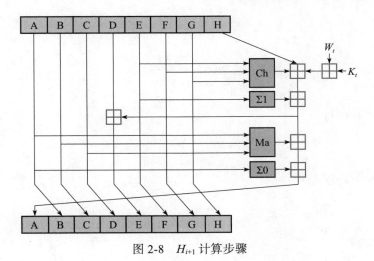

图 2-8　H_{i+1} 计算步骤

2.5　椭圆曲线密码学

椭圆曲线密码（Elliptic Curve Cryptography，ECC）算法是一种建立公开公钥的密码学算法，是由 Neal Koblitz 和 Victor Miller 于 1985 年提出的。椭圆曲线可以通过下列方程来定义，并且该曲线具有非奇异特征，即不包含尖点和自相交的结果。椭圆曲线方程用 Ep(a, b) 来表示，通过改变 a、b 的值可以生成不同的曲线。

$$y^2 = x^3 + ax + b$$

2.5.1　secp256k1 曲线

比特币中使用 secp256k1 曲线来将私钥生成公钥。其中 $a = 0$、$b = 7$，方程表示如下：

$$y^2 = x^3 + 7$$

secp256k1 曲线如图 2-9 所示。

2.5.2　椭圆曲线运算

在比特币网络中，secp256k1 曲线将用户私钥生成公钥，这用到了椭圆曲线上的加法操作，下面将介绍如何在椭圆曲线上进行加法操作。假设在椭圆曲线上有两点 A 和 B，考虑如下情况。

（1）A 与 B 不重合

过曲线上的点 A、B 画一条直线，找到与椭圆曲线的交点，交点关于 x 轴的对称点定义为 $A + B$。

更准确地，用坐标来表示不重合的两点 A 与 B 的加法为：

$$(x_A, y_A) + (x_B, y_B) = (x_{A+B}, y_{A+B})$$

穿过点 A 和点 B 的直线为：

$$y = mx + v$$

其中

$$m = \frac{y_B - y_A}{x_B - x_A}$$

$$v = y_A - mx_A$$

所以加法等式结果如下：

$$x_{A+B} = m^2 - x_A - x_B$$

$$y_{A+B} = -mx_{A+B} - v$$

计算结果如图 2-10 所示。

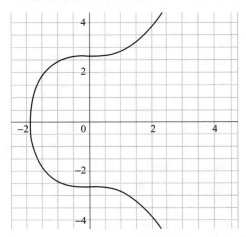

图 2-9　secp256k1 曲线

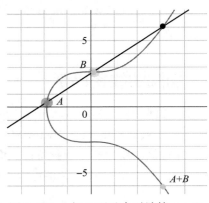

图 2-10　A 与 B 不重合时计算 $A + B$

（2）A 与 B 重合

将曲线在 A 点的切线与椭圆曲线的交点关于 x 轴的对称点定义为 A + A，即 2A。计算结果如图 2-11 所示。

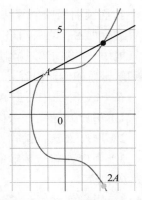

综上，如果给定椭圆曲线一个基点 G，可以求出 2G（G + G）、3G（2G + G）……当给出基点 G 时，已知 x，求出 xG 并不困难，但是反之，已知 xG，求 x 是非常困难的。这也是比特币网络非对称加密中通过私钥生成公钥的理论基础。

在椭圆曲线上定义零元，其中无穷远点 O∞ 是零元，对于零元 O∞ + O∞ = O∞，O∞ + P = P 成立。

如果椭圆曲线上一点 P，存在最小的正整数 n，使得数乘 nP = O∞，则将 n 称为 P 的阶，若 n 不存在，我们说 P 是无限阶的。事实上，在有限域上定义的椭圆曲线上所有的点的阶 n 都是存在的。

图 2-11　A 与 B 重合时计算 2A

2.5.3　公钥的生成

在比特币系统中，要求用户保管自己私钥，一方面用来保存自己对应地址的比特币，另一方面用来对交易进行签名；同时要向其他节点公开自己的公钥用来对自己的交易进行验证。这就要求网络上的节点在获取某个用户的公钥后，无法通过用户公钥倒推出用户私钥，否则就会导致用户比特币丢失。公钥、私钥及比特币地址之间的关系如图 2-12 所示。

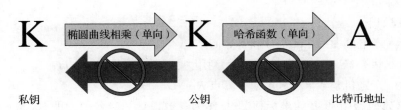

图 2-12　公钥与私钥的关系

上面介绍的椭圆曲线密码算法可以满足这一特性，其公钥生成方法如下：以一个随机生成的 k，将其与椭圆曲线上的点 G 相乘获得曲线上的另一点 kG，这个点也就是相对应的公钥 K，如下面公式所示。其中 K 是公钥，k 是私钥，G 是椭圆曲线上的生成点。

$$K = k * G$$

基点是 secp256k1 标准的一部分，比特币密钥的生成点都是相同的。用户的基点是相同的，一个私钥 k 乘以 G 将得到相应的公钥 K。由上一节的介绍可知，已知 k，求出 kG 并不困难，但是反之，已知 kG，求 k 是非常困难的。这就保证了私钥和公钥之间的单向性，即只能由私钥推出相应的公钥，但是通过公钥却无法求得私钥。

2.5.4 公钥加密，私钥解密

在椭圆曲线密码算法中，为了在网络上实现加密通信，通常使用接收方的公钥对通信内容进行加密，之后网络上只有指定的接收方通过自己的私钥才能对内容进行解密，网络上的其他用户虽然能够收到加密后的内容，由于没有对应的私钥，因此无法对其进行解密从而得到解密后的传输内容。

在 ECC 算法中用户 A 与 B 进行加密通信的过程如下：

1）用户 A 选定一条椭圆曲线 $Ep(a, b)$，并取椭圆曲线上的一点作为基点 G。

2）用户 A 选择接收方 B 的公钥 K。

3）用户 A 将待传输的明文编码到 $Ep(a, b)$ 上的一点 M，并产生一个随机整数 r（$r < n$，n 为 G 的阶）。

4）用户 A 计算点 $C_1 = M + rK$；$C_2 = rG$。

5）用户 A 将 C_1、C_2 传给用户 B。

6）用户 B 接到信息后使用自己的私钥 k，计算 $C_1 - kC_2$，结果就是点 M。因为

$$C_1 - kC_2 = M + rK - k(rG) = M + rK - r(kG) = M$$

再对点 M 进行解码就可以得到明文。

2.5.5 签名验证（私钥加密，公钥解密）

数字签名与加密传输的方法是相反的，即通过发送方的私钥对传输内容进行加密（签名过程），然后接收方可以使用发送方的公钥对该内容进行签名验证（验证是否为指定发送方发送以及发送内容是否完整）。

签名过程如下：

1）选择一条椭圆曲线 $Ep(a, b)$ 和基点 G。

2）选择私钥 k（$k < n$，n 为 G 的阶），利用基点 G 计算公钥 $K = kG$。

3）产生一个随机整数 r（$r < n$），计算点 $R = rG$。

4）将原数据 M 和点 R 的坐标值 x、y 作为参数，计算哈希值，即 Hash = SHA256 (M, x, y)。

5）计算 $s \equiv r - \text{Hash} \times k \pmod{n}$。

6）r 和 s 作为签名值，如果 r 和 s 其中一个为 0，则重新从第 3 步开始执行。

7）发送签名值 (r, s) 以及原数据 M。

验证过程如下：

1）接收方在收到 M 和签名值 (r, s) 后，进行以下运算。

2）计算点的坐标 $(x_1, y_1) = sG + \text{SHA256}(M) * K$，$r_1 = x_1 \bmod n$。

3）验证等式：$r_1 \equiv r \bmod n$。

4）如果等式成立，接收签名，否则签名无效。

2.6 Merkle 树

比特币网络中产生的所有交易都要打包进区块中，一般情况下，一个区块中包含成百上千笔交易是很常见的。由于比特币的去中心化特性，网络中的每个节点必须是独立的、自给自足的，也就是每个节点必须存储一个区块链的完整副本。2014 年 4 月，比特币网络中一个全节点要存储、处理所有区块的数据，需要占用 15GB 的空间，并且随着越来越多的人使用比特币，每个月以超过 1GB 的速度在增长。如今，完整下载比特币所有的区块数据，也就是运行一个全节点，需要 250GB 以上的空间。

随着日益增大的全节点所需空间，这样的规则越来越难以让人遵守，难道让每个人都去运行一个全节点吗？而且，全节点就是区块链网络中的完全参与者，它们必须验证交易和区块，要与其他节点交互、下载新区块，对网络流量也是有一定要求的，全节点要做的会越来越多，并且效率低下。

于是，中本聪在比特币白皮书中提出了这个问题的解决方案：简化支付验证（Simplified Payment Verification，SPV）。SPV 是一个比特币轻节点，也就是我们大部分人在计算机上安装的轻量级的比特币钱包，理论上来说，要验证一笔交易，钱包需要遍历所有的区块，找到和该笔交易相关的所有交易进行逐个验证才是可靠的。但有了 SPV 就不用这么麻烦了，它不需要同步下载整个区块链的数据，即不用运行全节点就可以验证支付，也不需要验证区块和交易，用户只需要保存所有的区块头就可以了。区块头中包含区块的必要属性，大小仅 80B，而区块体中包含成百上千笔交易，每笔交易一般要 400 多个字节。

这里需要注意的是，SPV 强调的是验证支付，不是验证交易。这两个概念是不同的。验证支付比较简单，只需要判断用于支付的那笔交易是否被验证过，以及得到网络多少次确认（即有多少个区块叠加）。而交易验证则复杂得多，需要验证账户余额是否足够支出、是否存在双重支付、交易脚本是否通过等问题，一般这个操作由全节点的矿工来完成。

为了实现 SPV，需要有一种方式来检查一个区块是否包含某笔交易，而不用去下载整个区块。这就是 Merkle 树所要完成的工作。

Merkle 树是区块链的重要数据结构，是一种哈希二叉树，其作用是快速归纳和校验区块数据的存在性和完整性。Merkle 树是一种树形数据结构，每个叶子节点为每一个最小数据单元的哈希值，而除叶子节点外的其他节点则将其所有子节点的哈希值作为输入，再次进行哈希得出的结果作为标签，其结构如图 2-13 所示。

Merkle 树的特点如下：

1）通常是二叉树，也可以是多叉树，具有树状结构的所有特点。

2）根节点标签只取决于叶子节点的数据，与其排列顺序无关。

3）Merkle 树的一个分支也是 Merkle 树，可以独立进行验证。

 2020 年 4 月，平均每个比特币区块打包了约 2600 笔交易，详细统计数据见 https://www.blockchain.com/charts/n-transactions-per-block。

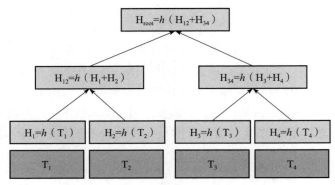

图 2-13   Merkle 树

4）Merkle 树提供了证明数据完整性和有效性的手段。

5）Merkle 树可以减少内存与磁盘的使用空间，很容易验证树的正确性。

6）Merkle 树由于只使用少量的数据，因此降低了对网络传输的要求。

7）底层（叶子节点）数据的任何变动，都会逐级向上传递到其父节点，一直到 Merkle 树的根节点，使得根节点的哈希值发生变化。

Merkle 树的优点如下：

1）提高了区块链的运行效率和可扩展性，对于某些存储和运算能力差的节点只需要保存区块中所有交易的 Merkle 树的根值，不必保存所有的交易具体数据，使得哈希运算可以高效地运行在智能手机甚至物联网设备上。

2）Merkle 树可支持简化支付验证（SPV），对于不保存完整交易数据的节点，也能够对交易数据进行检验。例如，为验证图 2-14 中的交易 H_K，一个不保存完整交易数据的节点可以向其他节点索要包括从交易 H_K 的哈希值以及沿 Merkle 树上溯至树根的哈希序列（即哈希节点 H_L、H_{IJ}、H_{MNOP} 和 $H_{ABCDEFGH}$），计算得出 Merkle 树根对应的哈希值，与节点自身保存的 Merkle 树根哈希值进行对比，来快速确认交易的存在性和正确性。所以，采用 Merkle 树的结构，在由 N 个交易组成的区块中确认任一交易的复杂度为 $\log_2 N$，减少区块链运行所需的带宽和验证时间，并使得仅保存部分相关区块链数据的轻量级节点成为可能。

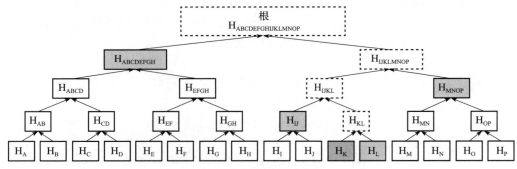

图 2-14   简单支付验证

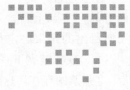

第 3 章 *Chapter 3*

区块链中的共识机制

3.1　一致性问题

　　一致性（consistency），早期也被叫作 agreement，是指对于分布式系统中的多个服务节点，给定一系列操作，在约定协议的保障下，试图使得它们对处理结果达成"某种程度"的认同。

　　理想情况下，如果各个服务节点严格遵循相同的处理协议，构成相同的处理状态机，给定相同的初始状态和输出序列，则可以保障在处理过程中的每个环节的结果都是相同的。但是看似强大的计算机系统，实际上很多方面都比人类世界要脆弱很多。特别是在分布式计算机集群系统中，以下几个方面很容易出现问题：

- 节点之间的网络通信是不可靠的，包括消息延迟、乱序和内容错误等。
- 节点的处理时间无法保障，结果可能出现错误，甚至节点自身可能发生宕机。
- 同步调用可以简化设计，但会严重降低分布式系统的可扩展性，设置使其退化为单点系统。

规范地说，分布式系统达成一致的过程应该满足：

- 可终止性（termination）：一致的结果在有限时间内能完成。
- 约同性（agreement）：不同节点最终完成决策的结果是相同的。
- 合法性（validity）：决策的结果必须是某个节点提出的提案。
- 最终性（finality）：最终性是所有格式良好的区块在提交到区块链被确认后不会被撤销。

可终止性很容易理解。在有限时间内完成意味着可以保障提供服务。这是计算机系统可以被正常使用的前提。需要注意的是，在现实中这点并不是总能得到保障的，例如拨打电话的服务有时是"无法连接"的。

约同性看似容易，实际上暗含了一些潜在信息。决策的结果相同意味着算法要么不给出结果，要么任何给出的结果必定是达成共识的。挑战在于算法必须要考虑的是可能会处理任意的情形。例如，现在就剩下一张（如南京到上海）的火车票，两个不同的售票处分别通过某种方式确认了这张票的存在。这时，几乎同时这两个售票处各有一个乘客要买这张票，从各自的"观察"看来，自己一方的乘客都是先到的。在这种情况下，怎么能达成对结果的共识呢？这件事看起来很简单，卖给物理时间上率先提交请求的乘客即可。然而，对于两个来自不同位置的请求来说，要判断时间上的"先后"关系并不那么容易。两个车站的时钟可能是不一致的；可能无法记录下足够精确的时间；更何况根据相对论的观点，不存在绝对的时空观。

可见，事件发生的先后顺序十分重要，这也是解决分布式系统领域很多问题的核心：把多个事情进行排序，而且这个顺序是大家都认可的。

合法性看似绕口，但是其实比较容易理解，即达成的结果必须是节点执行操作的结果。

从上面的分析可以看到，要实现绝对理想的严格一致性（strict consistency）代价很大，除非系统不发生任何故障，而且所有节点之间的通信不需要花费时间，这时整个系统其实就等价于一台机器。实际上，越强的一致性要求往往会导致越弱的处理性能以及越差的可扩展性。

一般来讲，强一致性主要包括下面两类。

- 顺序一致性（sequential consistency）：这是一种较强的约束，保证所有进程看到的全局执行顺序一致，并且每个进程看到自身的执行顺序跟实际发生顺序一致。例如，某个进程先执行 A，后执行 B，则实际得到的全局结果中就应该为 A 在 B 前面。同时其他进程在全局上也应该看到这个顺序。顺序一致性实际上限制了各个进程内指令的偏序关系，但不在进程间按照物理时间进行全局排序。
- 线性一致性（linearizability consistency）：在顺序一致性的基础上，加强了进程间的操作排序，形成唯一的全局顺序（系统等价于顺序执行，所有进程见到的所有操作的序列顺序都一致，并且和实际发生的顺序一致），是很强的原子性保证。但是在实现上较为困难，基本上要么依赖全局的时钟或者锁，要么通过一些复杂的算法实现，性能往往不高。

由于强一致性的系统比较难以实现，而且很多时候，实际需求并没有那么严格需要强一致性。因此，可以适当地放宽对一致性的要求，从而降低系统实现的难度。例如，在一定约束下实现所谓的最终一致性，即总会存在一个时刻（而不是立即），让系统到达一致的状态。大部分 Web 系统实现的都是最终一致性。与强一致性相比，这一类在某些方面弱化的一致性都笼统地称为弱一致性（week consistency）。

3.2 CAP 定理

分布式系统正变得越来越重要，大型网站几乎都是分布式的。分布式系统的最大难点，就是如何同步各个节点的状态。CAP 定理是这方面的基本定理。

CAP 定理也被称为布鲁尔定理，是由埃里克·布鲁尔在 2000 年 PODC 会议上提出的猜想，并在 2002 年由赛斯·吉尔伯特和南希·林奇证明成立。

CAP 定理的具体表述为：任何分布式系统都不可能同时保证一致性、可用性和分区容错性。

- 一致性（consistency）：分布式系统中的所有节点都保存一个最新的数据副本，即分布式系统中的所有数据备份在同一时刻必须保持同样的值。
- 可用性（availability）：系统在使用过程中具有可访问性，接收传入的请求并在必要时对数据做出应有的响应，所有读写请求在一定时间内得到响应，可终止，不会一直等待。
- 分区容错性（partition tolerance）：出现网络分区、不同分区的集群节点之间无法互相通信的情况时，被分隔的节点仍能正常对外服务。

CAP 定理已经证明，任何分布式系统是不能同时具备上面的三个性质的，这三个性质最多只能同时实现两点。理想的强一致性代价很大，只有在系统中不发生任何故障且节点之间的通信无需任何时间的情况下才能实现。

因此在进行分布式架构设计时，必须做出取舍。当前一般是通过分布式缓存中各节点的最终一致性来提高系统的性能，通过使用多节点之间的数据异步复制技术来实现集群化的数据一致性。

所以在区块链中通常会放宽对一致性的要求，只实现最终一致性，即总会存在一个时刻，系统达到一致的状态。为了保障系统满足不同程度的一致性要求，往往需要共识机制（如图 3-1 所示）来实现。

图 3-1　共识机制的理想与现实

3.3　拜占庭将军问题

在分布式系统中的一致性问题，即共识问题，被抽象成一个著名的问题：拜占庭将军问题。这个问题由 Lamport 于 1982 年提出，其描述如下。

一组拜占庭将军分别率领一支军队计划向某一城市进攻或者撤退，因为部分军队进攻而部分军队撤退的情况会造成灾难性后果，所以所有将军之间必须通过投票来达成一致的进攻或者撤退的决策。由于将军们在地理上是分隔开来的，因此他们之间只能通过信使进行通信。此处的问题在于将军中存在叛徒，叛徒可以传达一个误导的信息。例如有 5 个将军进行投票，其中有 1 名叛徒。4 名忠诚的将军中 2 人投票进攻、2 人投票撤退，叛徒给投票进攻的 2 个将军表示自己投票进攻，而给投票撤退的 2 个将军表示自己投票撤退。在这种情况下，在投票进攻的将军看来 5 个将军中有 3 个将军选择进攻，从而发起进攻；在投票撤退的将军看来 5 个将军中有 3 个将军选择撤退，从而发起撤退，这样一致性就遭到了破坏，如图 3-2 所示。

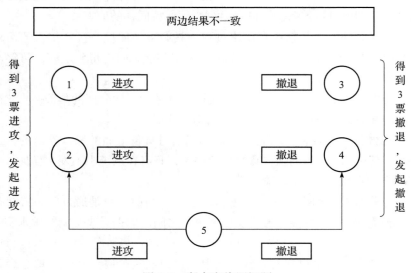

图 3-2　拜占庭将军问题

那么出现拜占庭将军问题时该如何解决呢？在区块链出现之前有两种解决方案："口头消息"协议与"书面消息"协议。为了解释得更清楚，我们将将军分为司令和副官，司令是用来发送第一个命令的。

对于拜占庭将军问题，所有的解决方案必须遵守以下两个要求：

- IC1：所有忠诚的副官都遵守一个命令，即一致性。
- IC2：若司令是忠诚的，则每一个忠诚的副官都遵守他发出的命令。

3.3.1　通过口头消息

只通过口头的方式来传递消息，可以达成一致的前提为：如果有 m 个叛徒，那么将军的总数必须大于 $3m$ 个。下面是口头消息传递过程中一些预定义的条件：

- A1：每个发送的消息都会被正确传递。
- A2：信息接收者知道是谁发送的消息。
- A3：能够知道缺少的消息。

假设一共有 n 个将军参与共识，算法具体过程如下：

1）司令将他的命令发送给每个副官。

2）对于第 i 个副官而言，v_i 是第 i 个副官从司令处收到的命令，并将 v_i 命令发送给其余 $n-2$ 个副官。

3）对于第 i 个副官而言，v_j（$j \neq i$）是第 i 个副官收到第 j 个副官发送来的命令。最后第 i 个副官使用 majority（$v_1, \cdots, v_{n-1}$）得到最终命令。其中 majority（$v_1, \cdots, v_{n-1}$）表示重复次数最多的命令。

下面考虑 $n = 4$ 且其中叛徒人数为 1 的情况。

1. 副官 3 是叛徒

第一步：司令向 3 个副官传达进攻的指令，如图 3-3 所示。

第二步：每个副官都将自己收到的指令发送给其他副官，由于副官 3 是叛徒，因此他给副官 1 与副官 2 发送的消息可能是假消息。

第三步：每个副官使用 majority 函数得出自己最终要做的指令，因此副官 3 无法干扰司令的决定，忠诚的副官都执行进攻指令，如图 3-4 所示。

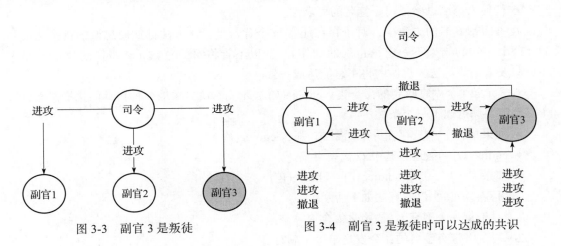

图 3-3　副官 3 是叛徒　　　　　图 3-4　副官 3 是叛徒时可以达成的共识

2. 司令是叛徒

第一步：司令向 3 个副官传达不同的指令，如图 3-5 所示，企图扰乱副官做出一致的决定。

第二步：每个副官都将自己收到的指令发送给其他副官，通过多数胜出函数 majority，可以看出，副官最终仍然可以达成一致的命令，如图 3-6 所示。

3.3.2　通过书面消息

通过上述的口头传递协议可以看出，该方式最大的缺点是消息不能溯源，所以提出了书面消息协议。

在口头消息要求 A1 ～ A3 的基础上，加入新的条件 A4：

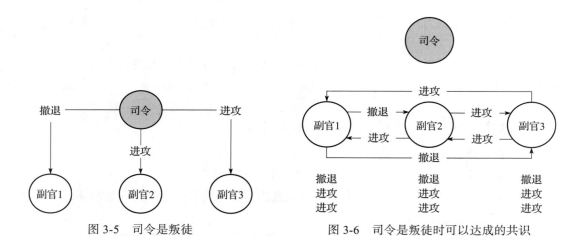

图 3-5 司令是叛徒   图 3-6 司令是叛徒时可以达成的共识

- 签名不可伪造，一旦篡改即可被发现。
- 任何人都可以验证司令签名的可靠性。

在书面带签名的方法中，对于存在任意 m 个背叛者，该方法都能使忠诚的将军达成一致（这个一致的结果不一定是正确的动作）。所以不管将军的总数 n 和叛徒的数量 m 是多少，只要采用该算法，忠诚的将军总能达成一致。

V_i 表示第 i 个副官收到的命令集。choice(V) 表示副官决定采取何种行动的选择函数，这个函数需要满足以下三个条件。

- 如果集合 V 中只存在一个元素 v，那么 choice(V) = v。
- choice(O) = 撤退，其中 O 代表空集。
- 如果 $V = V'$，那么 choice(V) = choice(V')。

书面签名消息协议的算法如下所示：

1）对于每一个副官 i，初始化集合 V_i = 空集。

2）司令将带有签名的命令发送给每个副官。

3）对于每一个副官 i：

- 如果副官 i 从司令处收到指令 v:0 且没收到其他命令，那么
    - 使 $V_i = \{v\}$。
    - 发送 v:0:i 给其他所有副官。
- 如果副官收到消息 v:0: (j_1: j_2: ⋯: j_k) 且 v 不在集合 V_i 中，则：
    - 添加 v 到 V_i。
    - 如果 $k < n - 1$，那么发送 v:0: (j_1: j_2: ⋯: j_k): i 给每个不在 j_1, ⋯, j_k 中的副官。

4）对于副官 i，当不再收到消息时，则遵循 choice（V_i）的命令。

例如，在图 3-7 中司令是叛徒，所以司令给两个副官的指令是不同的。但是由于副官 1 和副官 2 得到的指令集相同 { 撤退，进攻 }，因此忠诚的副官最终使用 choice 函数仍会遵循

相同的指令。

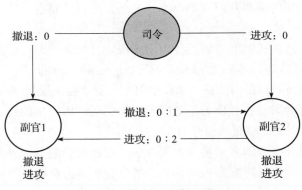

图 3-7　书面消息机制

3.4　共识机制

共识在很多时候会与一致性放在一起讨论，严谨来讲，两者的含义并不相同。

一致性往往指分布式系统中多个副本对外呈现的数据的状态。如前面提到的顺序一致性、线性一致性，描述了多个节点对数据状态的维护能力。而共识则描述了分布式系统中多个节点之间，彼此对每个状态达成一致结果的过程。因此一致性描述的是结果状态，共识则是一种手段。

区块链通过全民记账来解决信任问题，但是所有节点都参与记录数据，那么最终以谁的记录为准？如何保证所有节点最终都记录一份相同的数据呢？在传统的中心化系统中，由于有权威的中心节点背书，因此可以以中心节点记录的数据为准，其他节点仅简单复制中心节点数据即可，很容易达成共识。然而在区块链这样的去中心化系统中，并不存在中心权威节点，所有节点都对等地参与到共识中来。由于参与的各个节点的自身状态和所处的网络环境不尽相同，而交易信息传递需要时间，并且消息传递本身不可靠，因此，每个节点的身份难以控制，还会出现恶意节点故意阻碍消息传递或者发送不一致的信息给不同的节点，以扰乱整个区块链系统的记账一致性，从而从中获利的情况。因此，区块链系统的记账一致性问题，或者说共识问题，是一个十分关键的问题，它关系着区块链系统的正确性和安全性。

共识机制是区块链的基础，在区块链网络中，每一个节点的地位都是相同的，都有可能产生一个区块，共识机制用来决定哪个节点产生的区块可以上链，共识协议负责维护系统中各个节点数据的一致性。在区块链中使用的共识算法有很多，大致分为如下几类，如图 3-8 所示。

- 选举共识：通过选举一个领导者，由领导者来决定数据的记录，其他节点作为副本来保持与领导者数据的一致。常见的选举共识有 Paxos、Raft 等。
- 证明共识：通过所有节点来解决一个数学难题，谁证明出来题目的解，谁就获得该轮的数据记录权，其他节点数据与其保持同步，但是在下一轮需要重新证明一个新的数学题。常见的证明共识有 PoW、PoS 等，这也是目前比特币网络和以太坊使用的共识算法。

- 随机共识：通过随机时间或者其他因素来决定使用哪个节点的区块，每个节点成为胜出者的可能性相同。常见的随机共识有 Algorand、PoET 等。
- 联盟共识：联盟共识机制的基本思路类似于"董事会决策"，即系统中每个股东节点可以将其持有的股份权益作为选票授予一个代表，由选出的代表根据一定的规则发布新的区块。常见的联盟共识有 DPoS 等。
- 混合共识：混合共识即将多种共识混合在一起使用，兼具多种共识的优点，如以太坊一直以将共识机制转换成 PoW + PoS 的混合模式为目标，这样的模式解决了 PoW 能耗的问题，但是同时也具备了 PoW 高安全性的优点。

选举共识　　　证明共识　　　随机共识　　　联盟共识　　　混合共识
Paxos、Raft　　PoW、PoS…　Algorand、PoET　　DPoS　　　PoW+PoS

图 3-8　区块链的共识算法

区块链系统是一个典型的分布式群体智能系统，其通过"民主的"、确定性的共识来达成系统中所有节点的数据一致性。"民主"在于每次每个节点都有可能获得记账权，虽然这种分散的决策权会使共识的速度变慢、效率变低，但是这样会使系统的安全性、稳定性和满意度提高。如果长期由一个指定节点进行记账，即所谓的"集中"，那么该节点的权利过于强大，虽然可以加快共识速度（所有其他节点同步它的数据即可），但是如果该节点作恶，系统会面临巨大的威胁。区块链中的共识都会遵循一个特定的量化的规则进行确定性共识，而不是进行不确定性优化，因为不确定性优化中存在不确定因素以及不可量化等问题。

本章后面将详细介绍目前主流区块链中使用的几种共识算法。

3.4.1　PoW

在公有链中，由于所有人都可以接入区块链网络，因此为了保证网络的安全与稳定，中本聪提出要有经济激励。假定节点背后的人都是有经济头脑的人，不会做成本高于收益的事情。所以在公有链上设计一套机制，使得遵守行为的收益高于违反约定的收益，那么节点就不会表现出拜占庭行为。

根据上面的想法设计出了 PoW 算法，即工作量证明（Proof of Work）算法，目前大部分公有链的虚拟货币，如比特币、莱特币等都是基于 PoW 的。在 PoW 算法中，要求记账节点花费一定的资源来计算出一个难题的解（挖矿过程），然后向网络中其他节点提交自身的工作量证明。要找到这个难题的解需要大量的计算资源和很长的时间，但是验证解是否符合要求却很容易，并且很容易通过调整难题中的部分参数来对难题的难度进行控制，从而将解决难题的时间控制在一个固定的范围内。在 PoW 中，哪个节点先找到难题解（当前时段工作量最大），该节点就可以生成数据区块，并获得生成区块的经济奖励，在比特币网络中会给生成区块的节点一定的比特币和该区块中所有交易的小费作为奖励。

简单来说，就是能获得多少货币奖励取决于挖矿贡献的有效工作。节点挖矿时间越长，机器性能越好，得到货币奖励的可能性就越大，因为工作量证明无法伪造，有很高的成本，所以只有遵循约定，才能收回成本，获得一定的奖励。

PoW 的优点在于巧妙地与奖励机制结合，共同提升了网络的安全性。节点通过挖矿可以得到奖励使节点更加希望维护网络的正常运行，而任何破坏网络的行为都会耗费大量的计算资源与电力资源，从而为之付出很高的经济代价。某些节点想要在 PoW 的机制下作恶，必须控制网络上 51% 的算力并发起 51% 的攻击才能够实现，当网络上的节点数目巨大时，这是很难做到的。

PoW 也存在一些缺点：

1）算力是计算机硬件（CPU、GPU 等）提供的，计算需要耗费大量的电力，这种对能源的大量消耗与人类追求节能环保的理念相悖。

2）目前算力不仅单纯涉及 CPU、GPU，而且发展到 FPGA 甚至 ASIC 矿机，而用户也从个人挖矿者发展到大的矿池，算力集中的现象越来越明显，这与去中心化的方向背道而驰。

3）例如比特币网络中，在设计时候，每个区块产生的奖励在每隔 21 万个区块（大约 4 年）后减半。随着时间的推移，当挖矿的成本高于收益时，人们对这套算法的积极性会降低，网络安全性也会大大降低。

3.4.2　PoS

PoW 机制存在一些弊端，由于节点设备差异大，算力值与节点数逐渐失配，同时，PoW 中寻找难题解的方式一般是寻找一个随机数，使区块的哈希值小于某个目标，这个操作会耗费大量的电力资源，除了防范攻击外，几乎没有任何价值。

所以，基于 PoW 进行改进的权益证明（Proof of Stake，PoS）应运而生。以太坊采用了 PoS。PoS 共识本质上是采用权益证明来代替 PoW 中基于哈希算力的工作量证明，由系统中具有最高权益而非最高算力的节点获得区块记账权。PoS 根据用户持有的系统代币的数量和时间决定打包出块的概率。在 PoS 中，能源消耗问题得到了很好的解决，不需要专用的矿机，挖矿的多少与算力大小无关，仅仅与持币的多少与天数相关。当用户打开自己的钱包程序客户端时，就开始进行挖矿操作。

权益体现为节点对特定数量货币的所有权，称为币龄或币天数（coin days）。币龄是特定数量的币与其最后一次交易的时间长度的乘积，每次交易都将消耗掉特定数量的币龄。例如，某人在一笔交易中收到 100 个币后并持有 30 天，则获得 3000 币龄；而其花掉 50 个币后，则消耗掉 1500 币龄。显然，采用 PoS 共识机制的系统在特定时间点上的币龄总数是有限的，长期持币者更倾向于拥有更多币龄，因此币龄可视为其在 PoS 系统中的权益。

此外，PoW 共识过程中各节点挖矿难度相同，而 PoS 共识过程中挖矿的难度与交易输入的币龄成反比，消耗币龄越多则挖矿难度越低。当上面的用户将这 100 个币用于挖矿，在发现并打包一个新的区块时，需要清空这 3000 币龄。在 PoS 中引入了利息的概念，每被清空 365 币龄，将会从区块中获得 0.05 个利息。在这个例子中，利息是 $3000 \times 0.05 / 365 = 0.41$ 个币（根据不同的实现，获得的利息不同，不一定是 0.05）。

PoS 的主要优点如下。

- 节能。不需要大量的电力和能源来挖矿。
- 更加去中心化。由于不需要对硬件有过多的要求，因此大规模的矿池也就没有意义，单个用户可以自行挖矿，而且不需要考虑单个用户获得网络上 51% 的货币量，这样做的成本过高。

PoS 是依据权益结余来进行选择的，这样可能会导致首富的权利过大，所以 PoS 机制的货币信用基础不够牢固，因此许多系统采用 PoW + PoS 的双重共识机制，通过 PoW 发行货币，使用 PoS 维护网络稳定。

3.4.3　DPoS

股份授权证明（Delegated Proof of Stake，DPoS）机制是比特股首先引入的，目前被 EOS 采用。DPoS 共识机制的基本思路类似于"董事会决策"，即系统中每个股东节点可以将其持有的股份权益作为选票授予一个代表，获得票数最多且愿意成为代表的前 N（通常设置为 101）个节点将进入"董事会"，按照既定的时间表轮流对交易进行打包结算并签署一个新区块。每个区块被签署之前，必须先确认前一个区块已经被受信任的代表节点所签署。"董事会"的授权代表节点可以从每笔交易的手续费中获得收入，同时要成为授权代表节点必须缴纳一定量的保证金，其金额相当于生产一个区块收入的 100 倍。授权代表节点必须对其他股东节点负责，如果其错过签署相对应的区块，则股东将会收回选票从而将该节点"踢出"董事会。因此，授权代表节点通常必须保证 99% 以上的在线时间以实现盈利目标。显然，与 PoW 共识机制必须信任最高算力节点和 PoS 共识机制必须信任最高权益节点不同的是，DPoS 共识机制中每个节点都能够自主决定其信任的授权节点且由这些节点轮流记账生成新区块，因而大幅减少了参与验证和记账的节点数量，可以实现快速共识验证。

3.4.4　PBFT

PBFT 是 Practical Byzantine Fault Tolerance 的缩写，即实用拜占庭容错。该算法是 Miguel Castro（卡斯特罗）和 Barbara Liskov（利斯科夫）在 1999 年提出来的，解决了原始拜占庭容错算法效率不高的问题，使得在实际系统应用中可以解决拜占庭容错问题。

下面通过一个实例来阐述该协议的执行过程。PBFT 系统通常假设故障节点数为 f 个，而这个系统的节点总数为 3f + 1 个。每个客户端请求需要经过 5 个阶段，在节点中达成一致并执行。图 3-9 显示了一个简化的 PBFT 协议通信模式，其中 C 为客户端，$N_0 \sim N_3$ 表示系统节点，N_0 为主节点，N_3 为故障节点，整个协议的基本过程如图 3-9 所示。

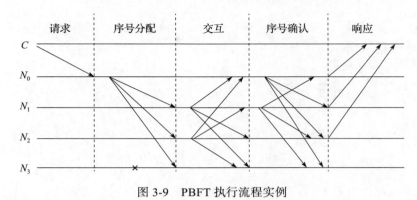

图 3-9　PBFT 执行流程实例

1. 请求阶段
客户端向主节点 N_0 发送请求，并用时间戳来保证客户端请求只执行一次。

2. 预准备阶段
主节点 N_0 将从网络收集到需放在新区块内的多个交易排序后，依次分配一个序号，存入列表，并将该列表向全网广播，扩散至 $N_1 \sim N_3$。

3. 准备阶段
每个节点接收到交易列表后，根据排序模拟执行这些交易。所有交易执行完后，基于交易结果计算新区块的哈希摘要，并向全网广播。

4. 序号确认
如果一个节点收到的 2f（f 为可容忍的拜占庭节点数）个其他节点发来的摘要都和自己相等，就向全网广播一条 commit 消息。

5. 响应
如果一个节点收到 2f + 1 条 commit 消息，即可提交新区块及其交易到本地的区块链和状态数据库。同时真正地执行区块中的客户端请求，将执行结果返回给客户端，当客户端收到 2f + 1 个一致的响应后，才能将这个响应作为正确的执行结果。

PBFT 算法由于每个副本节点都需要和其他节点进行 P2P 的共识同步，因此随着节点的增多，性能下降得很快，但是在较少节点的情况下可以有不错的性能。PBFT 主要用于联盟链或者私有链，在这种应用场景下一般要求强一致性。目前 Hashgraph 采用了 PBFT。

比　特　币

比特币作为区块链技术最成功的应用，是区块链技术赋能的第一个"杀手级"应用，是一次成功的社会学实验，是众多区块链理论和方法的源泉和基础，目前已成为人们研究的重点，本章系统地介绍比特币的历史与现状、相关概念和技术实现。

4.1　从货币发展史看比特币

人们一直在追求一种理想的货币，历史上出现过很多形式的货币（如图 4-1 所示），这些货币在不同的发展时期代表着这些时期的技术能力和特点。

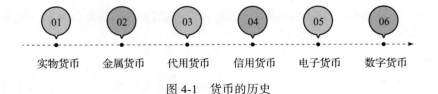

图 4-1　货币的历史

人们最早的商业活动是以物易物，如图 4-2 所示，这个时期贸易规模小、无统一货币、以物易物、无衡量标准。

随着社会的发展，人们开始使用黄金等金属货币（如图 4-3 所示），实物货币时代的黄金货币，由于开采冶炼困难，因此不容易贬值，但有磨损氧化等损耗，而且存在故意囤积抬升金价、衡量标准不稳定等问题。

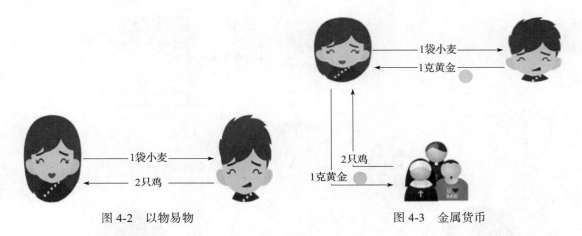

图 4-2 以物易物　　　　　　图 4-3 金属货币

在近代，人们开始进入以纸币为代表的符号货币时代（如图 4-4 所示），但是纸币自身价值与其代表的真实价值差距巨大，容易造成通货膨胀，而且纸币造假横行、日常难辨真伪。

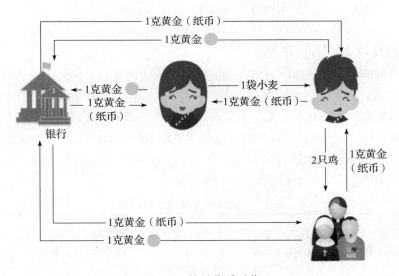

图 4-4 符号货币时代

目前，人们其实正处于中央系统虚拟货币时代（如图 4-5 所示），比较典型的是微信和支付宝的应用。虚拟货币存在中心化风险和信息不对称的缺点，依赖于账本持有人的信用，中心账本存在容易损毁或者失窃的风险。

人们开始追求一个去中心化数字货币时代，比特币是目前为止最成功的去中心化支付系统，它结合了 B-Money 和 HashCash 等之前的数字货币的优点，同时克服了这些数字货币无法克服的双花等问题。

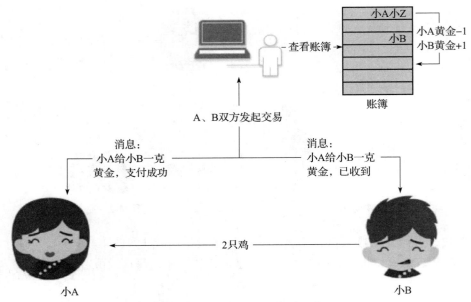

图 4-5　中央系统虚拟货币时代

4.2　比特币及其生态系统

比特币作为第一个电子加密货币，无疑取得了巨大的成功。2009 年 1 月 3 日，最初的 50 个比特币伴随着创世区块的出现横空出世。在 2010 年 5 月 22 日第一笔比特币购买实物交易中，1 比特币价值 0.0025 美元。十年间，比特币经历了火箭式的发展，目前 1 比特币价值近 5 千多美元，上涨了近 200 万倍，总市值接近 2000 亿美元，其历史峰值出现在 2017 年 12 月 17 日，1 比特币相当于 20089 美元，最高总市值超过 3300 亿美元（2020 年后，最高点曾 1 比特币价值 6 万多美元。如表 4-1 所示）。

表 4-1　比特币兑美元价格历史

日期	BTC : USD	备注
2010 年	初始 400 : 1	在比特币论坛 BitcoinTalk.com 上，用户群自发交易中产生了第一个比特币公允汇率。该交易是一名用户发送 10000 比特币，购买了一块价值 25 美元的比萨。比特币公开交易开始时，其汇率主要参考 Mtgox 交易所内比特币与美元的成交汇率
2011 年	最低 100 : 1	为了打破全球权威集团的金融封锁，维基解密刚宣布接受比特币捐助，全球最大的交易网站 Mt. Gox 就被黑客攻击，当时每枚比特币价格迅速降到 0.01 美元
2012 年	最高 1 : 33	2012 年 11 月以前，比特币的最高汇率为 33 美元。在 2012 年 8 月，比特币的汇率为 10 美元左右。11 月底，比特币的汇率为 12.5 美元左右
2013 年	最高 1 : 1200	3 月 30 日，全部发行比特币按市价换算为美元后，总值突破为 10 亿美元。对美元的初始汇率 2 月开始，比特币的汇率由 2 月的 20 美元急升至 4 月的 180 美元，据此按照已经产出的比特币总数来计算，比特币的总市值约为 20 亿美元。5 月 30 日，Facebook 前高管 Chamath Palihapitiya 在彭博社发表文章预期，比特币将在 10 年内升值 3000 倍。11 月 28 日，比特币成交价首次突破 1000 美元。12 月 1 日，比特币涨 521%，价格首次超越 1 盎司黄金价格

（续）

日期	BTC：USD	备注
2014 年	1：750～1：1000	2014 年年中，比特币汇率又一次因为比特币交易所 Mt. Gox 遭到黑客袭击急剧波动。原因是他们忽略了 2013 年 2 月 19 日更安全可靠的比特币 0.8.0 系统发行，没有及时更新自己的 2011 年操作系统，为黑客带来可乘之机
2017 年	最高约 1：20000	2017 年 5 月 4 日，比特币价值首次突破 1500 美元，市值达 250 亿美元以上，成交量大增，日本 bitFlyer 比特币交易所的成交量比例为 52.35%。11 月到 12 月初，比特币价值更大幅度上涨至近 2 万美元

伴随着比特币及区块链技术的发展，产生了各种新的群体（如图 4-6 所示），包括"币圈""链圈""矿圈"以及"通证圈"。这里先介绍下"币圈"，以便进一步理解比特币和区块链的发展。"币圈"指的是专注于炒加密数字货币，甚至发行自己的数字货币进行筹资，即代币众筹（简称 ICO）的人群。

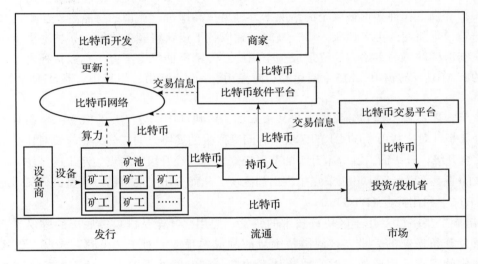

图 4-6　比特币生态系统

截至 2020 年 4 月，加密币市场（见 Coinmarketcap.com）上有 5 千多种币。市场上所有的加密货币大致分为四类：主流币、山寨币、空气币和传销币。

主流币，指受到主流认可并有时间应用价值的加密货币，即大多数人都知道这种币，而且认同它的价值。主流币一般都是市值排名前十并且存在时间较长的币种。目前市场上大多数人都认可的主流币不超过 10 个，如 BTC（比特币）、ETH（以太坊）、XRP（瑞波币）等。

山寨币是国内的叫法，国外更喜欢称它们为竞争币（Altcoin），山寨币其实并不是一个贬义词，指的是在比特币的基础上进行技术改进甚至创新的币种。最为著名的是以太坊（也叫以太币，ETH）针对比特币的不足，进行了许多创新，用智能合约代替比特币的栈式操作。在早期，除了 BTC 以外，其他币种如 ETH、ETC、LTC 都被称为山寨币。后来随着整个数字货币的发展，ETH、XPR 等币种技术突破、价格上涨才逐渐摘掉了山寨币的头衔。目前山寨币这个概念已经很模糊了，现阶段大家习惯将主流币以外的所有币种都归入山寨币之中，当然传销币不在其内，比如市值排名 20 ～ 200 的币种可能都是大家口中的山寨币。

空气币，顾名思义，就是没有任何应用场景或者应用场景根本无法实现的币种，简单来说除了炒作，没有任何价值的币种便是空气币。空气币的特点是：应用场景和技术方面描绘得不清楚，没有具体的实现内容，但往往通过高大上的包装、名人站台以及华丽的团队成员资历来做掩护。

传销币的共同特征是推出一种币，号称要以其为中心完成钱包、交易所、借贷、智能合约和电子商务等一系列功能，但在网站内容上并没有任何实际方案，只是一味地说这个生态体系的未来前景。商业模式是通过把币借出去获得"利息"，诱使用户购买和锁定币来获得奖励，在许多币被锁定的情况下，轻易拉高币价，让币的持有者产生财富果然增加的错觉，进而使其更多地买入币，其间还辅以拉下线获得额外奖励、多轮募资价格相差悬殊来制造稀缺感等策略，最终形成一个螺旋。传销币种层出不穷，有数百种之多，影响较大的有 MBI – 易物币、M3 – 威达利、暗黑币、AC 亚洲币、恒星币、长江国际虚拟币、HGC。

此外，还不得不提到**分叉币**。分叉币来源于区块链中"分叉"的概念。早期对于比特币的分叉是针对比特币（BTC）的区块扩容问题产生的妥协方案。分叉意味着对比特币的一次不完全升级，升级后，部分未升级的节点拒绝验证已经升级的节点生产出的区块，不过已经升级的节点可以验证未升级节点生产出的区块，从而分出了两条链。典型的分叉币有比特现金（BTC）和比特金（BTG）。

"**链圈**"指一群专注于区块链技术的研发、应用，甚至从区块链底层的协议改造、设计和研发开始做起的人士。区块链技术目前的成熟程度，对于"币圈"来说，已经足够满足他们的需求，因此他们对区块链技术的进一步发展并不关心。对于志在将区块链技术运用于各行各业的"链圈"来说，区块链技术还存在不少技术瓶颈及相关应用的开发难题。

"**矿圈**"就是一群专注于"挖矿"的"矿工"，这些矿工大多来自 IT 行业。中本聪在比特币体系中总共规划了 2100 万个比特币，截至 2020 年 4 月，85%（约 1800 万个比特币）⊖已被挖出，这其中约 400 万个比特币已丢失无主（拥有者失去了私钥），另外 100 万个比特币被偷。最开始挖矿的人不多，一般的 PC 都可以挖矿，但是随着挖矿的人变多，必须要用具有高算力的专业服务器来挖矿。

"**通证圈**"更注重商业实践和经济体的可持续发展，如果一个基于区块链的社区经济体

⊖ 见 https://blockgeeks.com/how-many-bitcoins-are-there/。

没有一个健康完善的经济模型，在通证圈里都认为，一切价值都将归零。经济学和金融学的背景是通证圈必备的资质。

4.3 比特币的概念

比特币由中本聪于 2008 年在论文《比特币：一种点对点的电子现金系统》中提出，论文中引入的第一个关键思想即 P2P 电子现金。比特币的提出目的在于改变传统支付系统的"基于信用的模式"，去除中介机构，加快交易速度，减少交易费用。比特币网络就是根据中本聪论文中的思路设计发布的开源软件及其对应的 P2P 网络。比特币是迄今为止最为成功的区块链应用场景。比特币网络创建了一个完全去中心化的电子现金系统，不依赖于通货保障或结算交易验证保障的中央权威。关键的创新是利用分布式计算系统（称为"工作量证明"算法）每隔 10 分钟进行一次全网"选拔"，使去中心化的网络同步交易记录。

P2P 网络又被称为对等网络，位于同一网络中的每台计算机彼此对等，各个节点共同提供网络服务，不存在特殊的节点。每个网络节点以扁平的拓扑结构相互连通。在 P2P 网络中不存在服务端、中央化服务等中心机构。P2P 网络的节点之间相互协作，在向外提供服务的同时也使用网络中其他节点的服务。P2P 网络具有去中心化以及开放性的特点。

比特币可以通过多种方式来定义：它是一个协议、一种数字货币、一个平台。使用大写字母 B 的比特币代指比特币协议，而使用小写字母 b 的比特币则用来代指比特币。相应地，P2P 网络中的节点使用比特币协议进行通信。

比特币网络中的加密数字货币是比特币，在比特币网络中挖矿可以获得比特币这种加密数字货币的奖励。比特币首次实现了货币的去中心化。比特币系统解决了数字加密货币领域长期以来所必须面对的两个重要问题，即双重支付问题和拜占庭将军问题。双重支付问题又称为"双花"，即利用货币的数字特性两次或多次使用"同一笔钱"完成支付。拜占庭将军问题是指分布式系统在缺少信任的中央节点的情况下，分布式节点如何达成共识和建立互信。

比特币与法定货币最大的不同在于：比特币不依靠特定的货币机构发行。同时，比特币根据自身算法，通过网络中节点的计算自主产生，比特币发行总量（2100 万）在设计之初就规定好，而且产出速度较为稳定，矿工通过创造一个新区块得到的比特币数量每 210000 个块（约 4 年）减少一半。2009 年 1 月每个区块奖励 50 个比特币，2012 年 11 月减半为每个区块奖励 25 个比特币，2016 年 7 月再次减半为每个新区块奖励 12.5 个比特币，到 2020 年 7 月，每个区块奖励减至 6.25 个比特币，直到 2140 年，所有的比特币（20999999.9769）将全部发行完毕。这样的性质使得比特币不会造成通货膨胀。比特币网络作为一种公有链网络，任何人都能够参与其中，通过密码学技术，比特币具有一定的匿名性。

如图 4-7 所示，比特币系统中包含众多元素。当使用比特币进行交易时，作为用户，我们需要控制一个钱包，钱包中存放着用户的密钥信息，这个钱包文件保存在用户节点上，而不在某台服务器中。当用户更换设备时，需要将钱包文件复制到新的设备中去，才能继续使用。用户通过比特币客户端可以创建交易，这笔交易随后会公布在比特币网络中，等待验证。比特币网络颠覆了原有信任中心机构的账本记账模式，网络中的每一个账本都可以参与记账，我们称之为"矿工"。每个矿工用自己的设备计算一个数学难题，难题的难度设为平均 10 分钟才能算出结果，最先算出解的矿工有记账的权利，它将这段时间内的交易封装成一个区块并在全网进行广播，其他矿工收到后会验证其是否合规，如果验证通过，则将该区块加入区块链中，并开始下一个区块的竞争；如果验证不通过，则丢弃此区块，并继续该阶段的竞争。这些大家都认同的区块按确认顺序形成一条链，作为比特币网络下的公认账本，成功打包区块的矿工将获得相应的奖励。

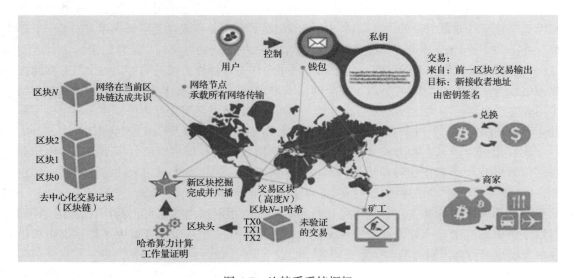

图 4-7　比特币系统框架

4.4　比特币区块链结构

中本聪最初将区块的容量设定为 1MB，每个交易 0.25KB，每个区块可以容纳 4000 多次交易（1024 ÷ 0.25 = 4096 次交易），比特币系统每隔 10 分钟出一个区块，所以，1MB 大小的区块相当于比特币系统平均每秒可以处理 7 笔交易 [4096 次交易 ÷（10 × 60s）≈ 7]，但如今，比特币网络上 10 分钟内的交易量就可以达到 1 万次以上，预先定义的容量不足以满足日益增长的需求，因此在比特币区块扩容这个问题上一直存在争议。

抛开容量问题，首先介绍每个区块的结构。一个区块分为区块头和区块体，如图 4-8 所示。区块头用来保存该区块的一些特征值，每个区块头大小为 80B，区块体保存该区块的交易信息。表 4-2 展示了区块头中保存的具体内容。

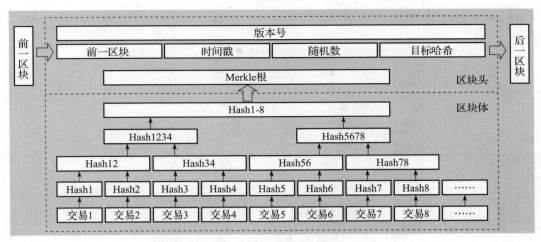

图 4-8 比特币数据区块结构

表 4-2 区块头信息

特征值	作用说明	大小
版本号	数据区块的版本号	4B
前一区块的信息	记录前一个区块的哈希值	32B
Merkle 树树根值	记录当前区块中所有交易 Merkle 树根节点的哈希值	32B
时间戳（timestamp）	记录当前区块生成时间，按照 UNIX 时间格式	4B
目标值（target）	当前区块生成所达成目标值的特征，用于工作量证明	4B
随机数（nonce）	当前区块工作量证明的参数	4B

关于版本号部分，目前比特币网络中有两个版本（1 和 2）。两者的区别在于版本 2 的 Coinbase 交易加入了块高度。

前一区块散列字段保存上一个区块的散列值（称为哈希指针），以小端方式存储。由于创世区块（第一个区块）没有上一个区块，因此它的前一区块字段为 0。区块之间通过哈希指针相互连接，这里的哈希指针其实只有哈希，没有指针，具体存储实现的时候使用（Key, Value）的方式进行存储和查找，这里 Key 是上一块区块的哈希值，Value 是上一个区块。

时间戳是区块链不可篡改特性的重要技术支撑，在数字内容和版权保护领域有着广泛的应用。维基百科将时间戳量化地定义为格林尼治时间自 1970 年 1 月 1 日 0 时 0 分 0 秒（北京时间 1970 年 1 月 1 日 8 时 0 分 0 秒）至当前时间的总秒数，其意义在于将用户数据与当前准确时间绑定，凭借时间戳系统（一般源自国家权威时间部门）在法律上的权威授权地位，产生可用于法律证据的时间戳，用来证明用户数据的产生时间，达到不可否认或不可抵赖的目标。获得记账的节点需要在区块头加盖一个时间戳，用于记录当前区块的写入时间。

Merkle 树用来保存和验证交易的散列二叉树，区块头里面放入它的根哈希值。Merkle 树是一种哈希二叉树，它是一种用作快速归纳和校验大规模数据完整性的数据结构。如

图 4-9 所示，$H_A = Hash(T \times A) = SHA256(SHA256(T \times A))$，$H_{AB} = SHA256(SHA256(H_A + H_B))$。

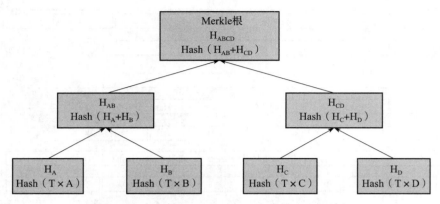

图 4-9　由交易 A、B、C、D 生成的 Merkle 树

目标值是挖矿难度，在比特币系统中每隔 2016 块需要调整一次。

随机数是一个不断调整的数据，通过改变随机数，寻找满足目标值的哈希，获得写入区块的许可权，实现挖矿过程。

区块体部分按照交易顺序对交易的详细信息进行存储，每个区块的第一笔交易用来记录生成本区块的矿工获得的挖矿奖励，如表 4-3 所示。

区块体中记录的每一笔交易由输入、输出以及输出金额组成。图 4-10 展示了比特币系统内一个区块中的交易信息。每个区块的第一笔交易用来记录生成本区块的矿工获得的挖矿奖励。

表 4-3　区块体交易记录

交易记录表
交易记录 1（挖矿奖励）
交易记录 2
……
交易记录 N

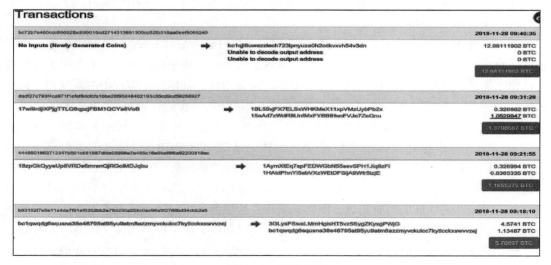

图 4-10　交易信息

输入：表示该交易的付款方。输出：表示该交易的收款方。输出金额：表示该收款方得到的金额。一笔交易中可以有多个输入和输出。

每个比特币区块的主标识符是区块头的哈希值，即通过 SHA256 哈希算法对区块头进行两次 SHA256 哈希运算之后得到的数字摘要。例如，截至本章定稿时，比特币系统共生成 623020 个区块，其基本信息如图 4-11 所示。

Hash	000000000000000000009717933ced8a5cd0f9754fb5c06f374a0bbe9f6c90517
Confirmations	1
Timestamp	2020-03-26 21:00
Height	623020
Miner	Unknown
Number of Transactions	21
Difficulty	13 912 524 048 945.91
Merkle root	4b8f709513a2a456200ae22a2a0e18603ee2a6a79a1ef2a489298685d9f6c7db
Version	0×20800000
Bits	387 201 857
Weight	24 241 WU
Size	8 182 B
Nonce	3 301 284 364
Transaction Volume	41.315 739 02 BTC
Block Reward	12.500 000 00 BTC
Fee Reward	0.003 388 68 BTC

图 4-11 比特币区块 623020 的基本信息

显然，000000000000000000009717933ced8a5cd0f9754fb5c06f374a0bbe9f6c90517（即 Hash 字段值）就是第 623020 个区块的哈希值。区块的哈希值可以唯一、明确地标识一个区块，任何节点都可以通过简单计算获得某个特定区块的哈希值。因此，区块的哈希值可以不必实际存储，而由区块接收节点计算出来。

区块链系统通常被视为一个垂直的栈。创世区块是栈底的首区块，随后每个区块都被放置在前一区块之上。如果用栈来形象地表示区块依次叠加的过程，就会引申出一些术语，例如通常使用"区块高度"来表示当前区块与创世区块之间的距离，使用"顶部"或"顶端"来表示最新添加到主链的区块。例如，图 4-11 所示即高度为 623020 的区块，记为区块 #623020。由此可见，区块一般通过两种方式加以标识，即区块的哈希值和区块高度。两者的不同之处在于，区块的哈希值可以唯一确定某个特定的区块，而区块高度并不是唯一的标识符：如果区块链发生短暂分叉，两个或者更多区块可能有相同的高度。

可以采用哈希值和高度两种方式在众多区块链浏览网站中查阅比特币区块。例如，在主流的比特币网站（https://www.blockchain.com）中，可使用哈希值查阅图 4-11 所示的区块，即 https://www.blockchain.com/btc/block/0000000000000000000009717933ced8a5cd0f975-4fb5c06f374a0bbe9f6c90517；也可以使用区块高度查阅，即 https://www.blockchain.com/btc/block/623020。

4.5 比特币交易

交易是比特币系统中最为重要的部分，交易起到价值交换的作用。交易记录中包含比特币交易的细节，其中每一笔交易记录生成时间、引用交易的散列值、交易记录索引编号、比特币输出地址、输出数量等细节。每一笔交易都对应一个 Merkle 节点值，是构成区块头 Merkle 值的一部分。交易的结构如表 4-4 所示。

表 4-4　交易的结构

字段	描述
版本号	明确这笔交易参照的规则
输入个数	被包含的输入数量
输入列表	一个或多个输入是通过哪一笔交易得到的
输出个数	被包含的输出数量
输出列表	每一个输出对应的输出值
锁定时间	一般为 0，表示立即执行；若小于 5 亿则表示达到这个块高度执行；若大于 5 亿则表示为 UNIX 时间，指的是在这个时间到达时执行这笔交易

在比特币网络中的"花费"是未经使用的一笔输出，称为 UTXO（Unspend Transaction Output）。给某人发送比特币实际上就是创造新的 UTXO，并绑定到那个人的地址，可以用于新的支付。被交易消耗的 UTXO 称为交易输入，由交易创造的 UTXO 称为交易输出。通过这种方式，一定价值的比特币在不同所有者之间转移，UTXO 也在交易中不断地消耗和创造。一个 UTXO 只能用于一次交易输入，用完立即失效。

交易输入列表各字段的数据结构如表 4-5 所示。

表 4-5　交易输入列表

字段	描述
使用交易的散列值	指明该笔输入由哪一笔交易输出产生
输出索引	该输入时该笔交易的第几个输出，第一个为 0
解锁脚本长度	用字节表示后面解锁脚本的长度
解锁脚本	用于验证这笔 UTXO 的关键信息（一般是数字签名信息）
序列号	一般是 0xFFFFFFFF

交易的解锁脚本要与交易输出中的锁定脚本联合使用，对于解锁脚本和锁定脚本将在后面介绍。

序列号用来表示交易所花费的 UTXO 的可信度，如果设置成 30，那么这笔 UTXO 所在的区块加入区块链中后，必须增加至少 30 个块的高度才能真正被花费。目前大多数交易将其设置为最大的整数 0xFFFFFFFF，这个数表示立即生效。如果要设置一个有效的可信度，那么将序列号设置为小于 0xFFFFFFFF 的数即可。

交易输出列表各字段的数据结构如表 4-6 所示。

表 4-6　交易输出列表

字段	描述
输出值	以最小单位聪为单位，表示输出的比特币大小
锁定脚本长度	用字节表示后面锁定脚本的长度
锁定脚本	定义了花费这笔 UTXO 所需的条件

下面通过示例来介绍解锁脚本和锁定脚本。图 4-12 是 Alice 给 Bob 发起的一次比特币交易转账。

```
{
    "txid": "5dc99..",
    "hash": "300c93e..",
    "version": 2,
    "size": 247,
    "vsize": 166,
    "weight": 661,
    "locktime": 101,
    "vin": [
        {
            "txid": "824da1fb770e09f4abb2ffcb8c55c7cd4baf95fa30bfb75ddac2407e009d8036",
            "vout": 0,
            "scriptSig": {
                "asm": "0014da990e1c3fb154d3e737249946015d3bb0a563f9",
                "hex": "160014da990e1c3fb154d3e737249946015d3bb0a563f9"
            }
        }
    ],
    "vout": [
        {
            "value": 10.00000000,
            "n": 0,
            "scriptPubKey": {
                "asm": "OP_DUP OP_HASH160 b8c1475c5289924394284559b20f524bb015cf5f OP_EQUALVERIFY OP_CHECKSIG",
                "hex": "a914b8c1475c5289924394284559b20f524bb015cf5f87",
                "reqSigs": 1,
                "type": "scripthash",
                "addresses": [
                    "2NA67rpjrrdaHChLKx6Yuk2CDH1y2sbTEmF"
                ]
            }
        }
    ]
}
```

图 4-12　交易转账详情

其中交易输入部分如图 4-13 所示。

```
"vin": [
    {
        "txid": "824da1fb770e09f4abb2ffcb8c55c7cd4baf95fa30bfb75ddac2407e009d8036",
        "vout": 0,
        "scriptSig": {
            "asm": "0014da990e1c3fb154d3e737249946015d3bb0a563f9",
            "hex": "160014da990e1c3fb154d3e737249946015d3bb0a563f9"
        }
    }
],
```

图 4-13　交易输入部分

解锁脚本为 scriptSig 的 asm 部分。该部分由 sig 和 PubKey 组成。sig 是使用 Alice 的私钥对交易输出哈希值的加密，即数字签名。PubKey 为 Alice 的公钥，也是其收款地址。

交易输出部分如图 4-14 所示。

```
"vout": [
  {
    "value": 10.00000000,
    "n": 0,
    "scriptPubKey": {
      "asm": "OP_DUP OP_HASH160 b8c1475c5289924394284559b20f524bb015cf5f OP_EQUALVERIFY OP_CHECKSIG",
      "hex": "a914b8c1475c5289924394284559b20f524bb015cf5f87",
      "reqSigs": 1,
      "type": "scripthash",
      "addresses": [
        "2NA67rpjrrdaHChLKx6YukZCDH1y2sbTEmF"
      ]
    }
  }
]
```

图 4-14　交易输出部分

锁定脚本为 scriptPubKey 的 asm 部分。一般以如下形式给出：

```
OP_DUP OP_HASH160 收款方公钥哈希 OP_EQUALVERIFY OP_CHECKSIG
```

因为比特币上的脚本都是在栈上运行的，所以每一个操作码都代表不同的栈的语义。具体语义如图 4-15 所示。

操作码	语义
OP_DUP	复制一份栈顶元素
OP_HASH160	对栈顶元素SHA256/RipeMD160，实际上是计算一个公钥的哈希
b8c14...5cf5f	这里是一条数据。这个数据就是通过收款人地址逆向得到的公钥哈希，前面我们说过地址与公钥哈希的关系。这里很重要，我们给某人转钱实际是把钱锁定到对方的地址上。因为地址和公钥哈希是公开的
OP_EQUALVERIFY	比较栈顶的两个元素是否相等
OP_CHECKSIG	验证签名

图 4-15　操作码的语义

比特币客户端会把这条数据进行广播，让每一个比特币客户端都知晓这笔交易，这样这笔交易才是有效的。其他节点如何验证这笔交易的有效性呢？

如图 4-16 所示，其他节点会把本次交易的解锁脚本 scriptSig 和引用交易的锁定脚本（别人转给 Alice 的交易）组合起来验证，如图 4-17 所示。把这一整串脚本一个一个地放入栈中，从左往右依次执行。

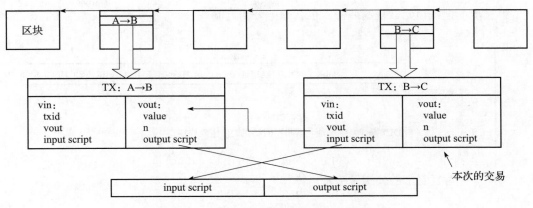

图 4-16 锁定脚本、解锁脚本组合验证

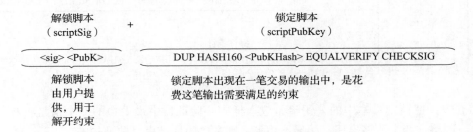

图 4-17 组合验证

第一步：把 sig 放入桶中。

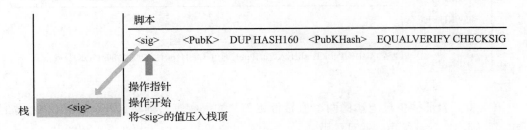

第二步：把公钥放入栈中。

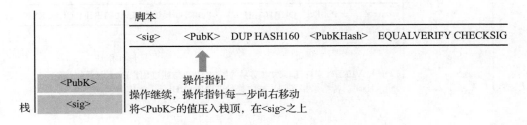

第三步：把栈顶元素复制一份，也就是把公钥复制一份。

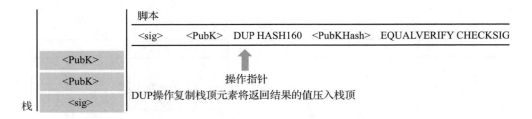

第四步：对复制出的公钥做哈希运算。

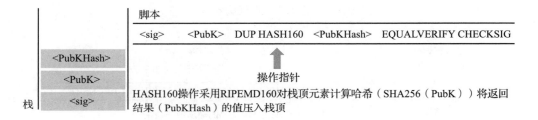

第五步：把锁定脚本中的公钥哈希放入桶中。验证栈中最上边的两个值是否相等。如果相等，则将这两个值移出栈；如果不相等，则本次验证结束，验证失败。

第六步：验证栈中最上边的两个值是否相等。如果相等，则将这两个值移出栈；如果不相等，则本次验证结束，验证失败。

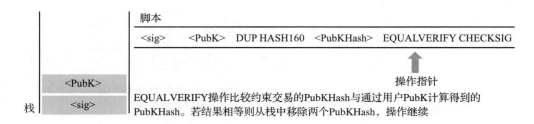

第七步：使用公钥验证 sig，验证正确则返回 TRUE（数字签名验证部分）。

交易验证成功后，别的节点会以相同的方式将此交易在网络上进行广播。

4.6 比特币地址

比特币地址用来存放用户可用的比特币的位置。比特币的用户公钥是通过私钥生成的，采用 SHA256 算法和 RIPEMD160 算法对公钥进行哈希处理，最后通过 Base58 Check 编码，形成比特币的字符串地址。由于在生成比特币地址时所用到的运算都是哈希函数或者椭圆曲线函数，都具有单向性，因此在已知一个用户的比特币地址的情况下，无法反推到该用户的私钥，比特币系统中私钥、公钥以及比特币地址的关系如图 4-18 所示。

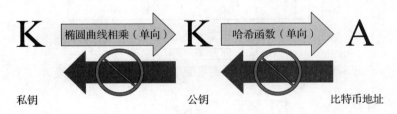

图 4-18 私钥、公钥以及比特币地址的关系

Base58 Check 编码采用 Base58 编码，同时加入校验位。Base58 编码过滤了一些容易引起混淆的字符，如 0（数字）、O（大写字母）、l（小写字母）、I（大写字母）等。Base58 Check 编码的校验位是对公钥哈希进行两次 SHA256 哈希运算，并取前四位作为校验码，加在公钥哈希之后。最后对加上校验码的公钥哈希进行 Base58 编码得到最终的比特币地址（也称为钱包地址），如图 4-19 所示。

从图 4-19 可以看出比特币地址的生成步骤如下：

1）通过随机数发生器生成一个 256 位的随机数，使用该随机数作为账户的私钥。

2）比特币采用椭圆曲线签名算法（ECDSA）来对数据进行签名和验证，具体使用的是 secp256k1 曲线。通过 ECC 乘法可以计算出对应的公钥（具体算法见 2.5 节）。

3）对公钥进行两次散列运算，得到公钥的散列值。

4）公钥散列值加上版本号和校验码

5）进行 Base58 编码可得到地址。

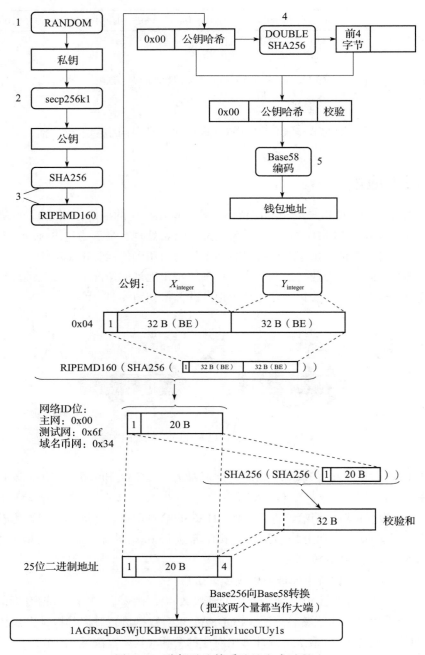

图 4-19　公钥及比特币地址生成过程

4.7 比特币钱包

由于在比特币网络中，每一笔交易都是通过比特币地址进行的，因此在比特币网络中不存在账户的概念。比特币钱包中存放的是用户的密钥对，钱包中包含几个成对的私钥和公钥，用户用私钥来签名交易，用公钥生成比特币地址来存放比特币。

如果用银行账户来做类比的话，一对比特币公私钥相当于一个银行账户，其中公钥是公开的信息，可以作为比特币对外的"账户名"，用于外界对该账户的引用，类似于银行账户的账号；相应地，比特币公钥对应的私钥就相当于银行账户的密码，用户在转账时进行身份验证，从而保证用户资金的安全。

由于公私钥对是一个交易实体的唯一标记，因此需要保证各个用户持有的比特币地址之间互相不冲突，否则就会出现安全问题。由于私钥本质上是随机产生的比特串，若有两个用户的私钥是相同的，则一个用户完全可以用自己的私钥去使用另一个用户的比特币资金。然而，在比特币设计中，私钥的长度被设定为 256 比特，其可能的取值范围为 $[0，2^{256} - 1]$，这是一个巨大的范围，可以认为与世界上沙子的数量相当，能够保证在随机算法正确的情况下，基本不会发生碰撞，这也是比特币乃至整个密码学的基础。

比特币钱包一般包含以下内容：私钥、公钥、助记符。私钥是随机生成的一个字符串，公钥由私钥计算而来，助记符是将私钥转换成容易记忆的字符串。助记符一般会在随机产生新的私钥时出现，需要将其记住以防丢失。助记符相当于私钥，但是比私钥容易记忆。比特币钱包元素之间的关系如图 4-20 所示。

图 4-20 比特币钱包元素之间的关系

比特币钱包是一个形象的概念，用于保存和管理比特币地址以及对应公私钥的软件。不同钱包的安全程度不同，对于少量的比特币来说选用轻量级的钱包存储；而对于额度较大的比特币，建议使用高级的比特币钱包，如硬件钱包，其成本最高，安全性最高。常用的比特币钱包的类型如下。

1. 非确定性钱包

这一类钱包存储一些随机产生的私钥，每个私钥仅使用一次就作废。这类钱包会在第一次使用时随机产生一些密钥，随后在需要时产生新的随机密钥。其缺点是难以管理、备份和导入。这种钱包需要经常性地备份，每一把密钥都必须备份，否则一旦钱包不可访问，钱包所控制的资金就会付之东流。

2. 确定性钱包

在这类钱包中，钱包中所有的私钥均由一个种子产生，种子是一个随机数，对其进行哈希运算得到第一个私钥，后续每个私钥均是前一个私钥的哈希运算结果，这样钱包里的私钥就形成了一条完整的私钥链条。只要用户记住链条的头，就可以轻松恢复整个钱包中的所有私钥。

3. 分层确定性钱包

分层确定性钱包也称为 HD 钱包，HD 钱包包含以树状结构衍生的密钥，使得父密钥可以衍生一系列子密钥，每个子密钥又可以衍生出一系列孙密钥，以此类推，无限衍生。

4. 硬件钱包

硬件钱包用一种防篡改的设备将私钥远离易受攻击的在线环境离线存储，以便它们不会被黑客入侵。Trezor 和 Legger 是最常用的硬件钱包，如图 4-21 所示。

图 4-21 硬件钱包

5. 纸钱包

纸钱包本质上是一个纸质文档，其中包含可用于接收比特币的公共地址和私钥，允许用户花费或转移存储在该地址上的比特币。这些通常以二维码的形式打印，以便可以快速扫描它们并将密钥添加到软件钱包中以进行交易，如图 4-22 所示。

a）普通纸钱包   b）加密纸钱包

图 4-22

4.8 挖矿与区块创建

在比特币网络中，如何选出一个节点来创建该时间段内的交易记录区块呢？设计一套区块创建的机制称为挖矿。在这一过程中，所有矿工节点争夺记账权来创建新的区块，通过付出计算量解决一个难题，谁先解决谁获得记账权。由于解决难题需要大量的算力和电力资源，因此恶意节点的成本变高，进一步保证了比特币网络的安全。对于区块链而言，挖矿的过程保护着比特币系统的安全，避免了"双花"问题。比特币系统中平均每 10 分钟会有一个新的区块被挖掘出来。

4.8.1 奖励机制

矿工节点在挖矿过程中会得到两种类型的奖励：创建新区块的系统奖励（挖矿奖励）和该区块中所有交易的交易费的总和。为了获得这个奖励，矿工争相解决一种基于哈希散列算法的数学难题，将该题目的解放入新区块中，这个过程称为"工作量证明"。新比特币在每次有新的区块产生时由系统奖励给生成该区块的矿工，奖励机制被设计为递减模式：每产生 21 万个新的区块，大约 4 年时间奖励数量会减少一半。比特币的供应量与供应速度如图 4-23 和图 4-24 所示。这个过程类似于贵金属的挖矿过程，所以在比特币网络中，将产生新区块称为挖矿。

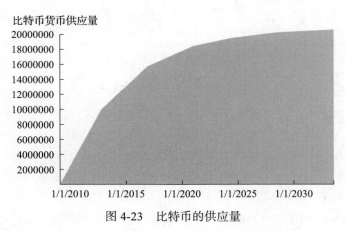

图 4-23 比特币的供应量

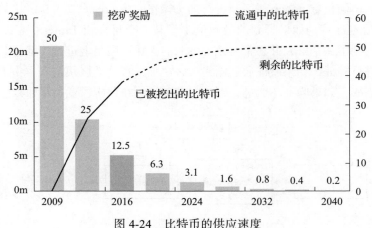

图 4-24 比特币的供应速度

矿工同时也会获得交易费。每一笔交易可能会含有一笔交易费，交易费是每笔交易的输入与输出之间的差额。"挖出"新区块的矿工可以获得该区块中包含所有交易的交易费的总和。目前，这笔费用占矿工收入的 0.5% 甚至更少。然而，随着挖矿系统奖励的递减，交易费在矿工收益中所占的比重会逐步增加。2014 年后，矿工的所有收益将全部由交易费构成。矿工收获的交易费与系统奖励的区块奖励随时间的对比图如图 4-25 所示。

矿工节点获得的收益会以 Coinbase 交易的形式记录在产生的新区块的第一条交易中，其输入地址为空，输入值为矿工的区块奖励和本区块中所有交易费的总和，输出地址为矿工的比特币地址。

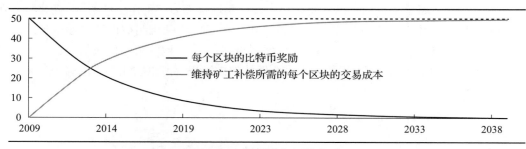

图 4-25　交易费与区块奖励

4.8.2　挖矿过程

从前面我们知道，矿工通过竞争生成一个新的区块是基于工作量证明 PoW 来实现的。在 PoW 中所有的矿工都竞相计算一个难题的解，最先算出结果的节点取得记账权。所以难题必须满足如下条件：不容易完成，表明需要工作量；容易验证，其他节点可以快速确认确实付出了工作量。因此挖矿具有以下特点：工作过程公平，任何节点都没有完成工作的捷径；具有随机性，节点算力越强，只能保证率先完成的概率越大。

在比特币网络中使用 SHA256 哈希算法来实现这个数学难题，其过程如图 4-26 所示，矿工节点选择一个随机数 nonce 并不断进行加 1 操作，将 nonce 放入新区块的区块头中，对整个区块进行哈希计算，如果得到的哈希值小于某一个目标值 Target［见式（4-1）］，那么就表示该节点找到了一个解，并将带有该 nonce 的区块在网络上进行广播，其他节点收到该区块后会对其进行验证，如果验证通过则将该区块加入自己的区块链账本中，并开始竞争下一个阶段的记账权；如果验证不通过，则所有矿工继续在该阶段竞争记账权。

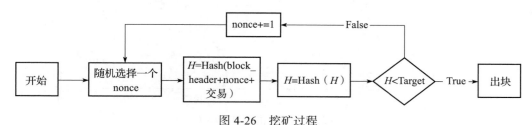

图 4-26　挖矿过程

$$H（blockheader + 交易 + nonce）< Target \qquad （4\text{-}1）$$

1. 挖矿难度的调整

如前所述，目标（Target）决定了难题的难度（Difficulty），进而影响求解工作量证明算法所需要的时间。那么问题来了：为什么这个难度值是可调整的？由谁来调整？如何调整？

$$Difficulty = 全域目标空间 / Target，（全域目标空间 = 2^{256}） \qquad （4\text{-}2）$$

比特币的区块平均每 10 分钟产生一个。这就是比特币的心跳，是货币发行速率和交易达成速度的基础。它不仅是在短期内，而且在几十年内都必须要保持恒定。在此期间，计算机性能将飞速提升。此外，参与挖矿的人和计算机也会不断变化。为了确保每 10 分钟产生一个新区块，挖矿的难度必须根据这些变化进行调整。事实上，难度是一个动态的参数，会被定期调整以达到每 10 分钟产生一个新区块的目标。简单地说，难度被设定在无论挖矿能力如何，新区块产生速率都保持在 10 分钟一个。

$$Difficulty = Difficulty \times \frac{2016 \times 10}{最近\,2016\,块产生的时间} \qquad （4\text{-}3）$$

$$Target = Target \times \frac{最近\,2016\,块产生的时间}{2016 \times 10} \qquad （4\text{-}4）$$

那么，在一个完全去中心化的网络中，这样的调整是如何做到的呢？难度的调整是在每个完整节点中独立自动发生的。每产生 2016 个区块 $\left(\frac{2016 \times 10}{60 \times 24} = 14，大约\,2\,周时间\right)$ 后所有节点都会调整难度。难度的调整公式是由最新 2016 个区块的花费时长与 20160 分钟比较得出的［见式（4-3）］。难度是根据实际时长与期望时长的比值进行相应调整的（或变难或变易）。简单来说，如果网络发现区块产生速率比 10 分钟快，则会增加难度。如果发现区块产生速率比 10 分钟慢，则降低难度。

为了防止难度的变化过快，每个周期的调整幅度（上调或者下调）必须小于一个因子（值为 4）。如果要调整的幅度大于 4 倍，则按 4 倍调整。由于下一个 2016 区块的周期不平衡的情况会继续存在，因此进一步的难度调整会在下一周期进行。因此平衡哈希计算能力和难度的巨大差异有可能需要花费几个 2016 区块周期才会完成。

下面讨论关于挖矿难度的几个问题：

- 问题 1：当挖矿难度降低、出块时间缩短时会出现什么样的后果？出块时间缩短会增加分叉的可能性，进而给分叉攻击提供更多成功机会。
- 问题 2：如果有矿工不调整挖矿难度，会有什么结果？在每个区块的块头里都有一个 target 域（4 位）记录难度值，如果矿工没有更新难度，它发布的区块将不会被大家接受。
- 问题 3：比特币系统相比之前的数字货币，更不实用。因为以前的数字货币大多是现实中一种货币的线上版本，比特币没有任何真正法币的背书。比特币系统中的配置参数，如 10 分钟的出块速度、每隔 2016 块调整一次挖矿难度、区块的大小最多为 1MB 等，可能是参考了以前的一些研究论文或者系统参数，其实都没有什么更科学的依据，所以，在比特币之后，有很多新的数字货币，他们的参数就不同，例如，以太坊的出块速度是十几秒，区块的大小就很大，而且每个区块都会调整挖矿难度。

最后，我们看几张图，随着挖矿设备的不断发展、挖矿队伍的不断壮大，图 4-27 中哈希率迅速增长，哈希率（hash rate）是每秒哈希计算的次数。在图 4-28 中可以看到挖矿难度也相应地迅速增加，但在图 4-29 中，现实区块的出块时间还是 10 分钟左右，这也说明，挖矿难度的及时调整，可以保证在算力飞速增长的情况下保持一个相对稳定的出块速度。

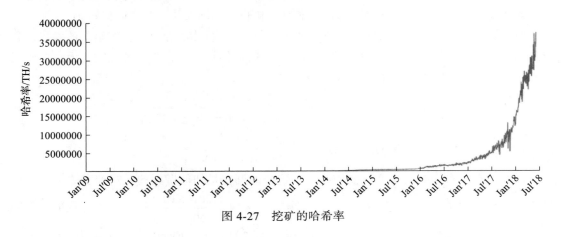

图 4-27　挖矿的哈希率

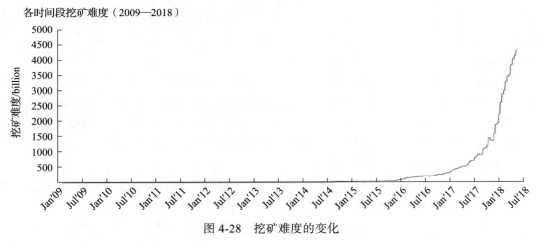

图 4-28　挖矿难度的变化

2. 挖矿节点

在区块链网络中有两类节点，一类是全节点，一类是轻节点，只有全节点参与挖矿。

全节点：一直在线；在本地硬盘上维护完整的区块链信息；在内存里维护 UTXO 集合，以便快速检验交易的正确性；监听比特币网络上的交易信息，验证每个交易的合法性；决定哪些交易会被打包到区块里；监听别的矿工挖出来的区块，验证其合法性；挖矿，决定沿着哪条链挖下去。

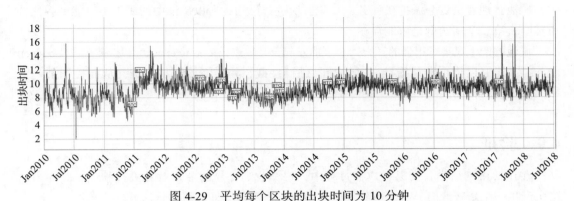

图 4-29　平均每个区块的出块时间为 10 分钟

轻节点： 不是一直在线；不用保存整个区块链，只要保存每个区块的块头；不用保存全部交易，只保存与自己相关的交易；无法检验大多数交易的合法性，只能检验与自己相关的那些交易的合法性；无法检测网上发布的区块的正确性；可以验证挖矿的难度。

3. 挖矿设备的演变

最早普通的个人计算机就可以参与挖矿，随着参与群体的迅速增长，以及比特币价值的迅速提升，为了提高挖矿能力，人们开始利用 GPU、FPGA，直至现在的 ASIC（如图 4-30 所示），挖矿效率提高了几千万倍。

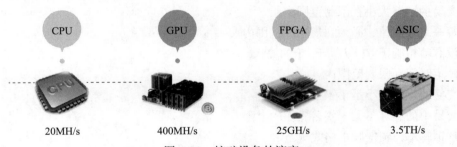

图 4-30　挖矿设备的演变

由于比特币全网的运算水平在不断地呈指数级上涨，单个设备或少量的算力都无法在比特币网络上获取比特币网络提供的区块奖励。在全网算力提升到了一定程度后，过低的获取奖励的概率促使一些极客开发出一种可以将少量算力合并以便联合运作的方法，使用这种方式建立的网站被称作"矿池"（Mining Pool）。在此机制中，不论个人矿工所能使用的算力有多少，只要是通过加入矿池来参与挖矿活动，都可由对矿池的贡献来获得少量比特币奖励，即多人合作挖矿，获得的比特币奖励也由多人按照贡献度分享。

对于矿池，有两个问题，一是某个矿池中的矿工是否有可能独吞自己挖到的比特币奖励？二是矿池中的矿工是否有可能捣乱，把自己挖到的区块记账权不进行广播，例如，某些存在竞争关系的矿池特意安排一些捣乱的矿工这么做。由于矿池的组织形式，矿工只负责挖矿，矿池管理者负责分派挖矿任务，打包区块进行广播，所以矿池中的矿工不可能私吞比特币奖励。第二个问题倒是可能存在。

矿池的产生聚集了很强的算力，有可能发起分叉攻击（forking attack）和拦截攻击（boycott attack），其中拦截攻击是指针对某种交易进行拦截，禁止将该交易上链，从而控制某些交易、实现各种目的。

4.9 验证

在比特币网络中，交易在广播过程中，每个收到交易的节点对其进行验证。同理当网络中产生一个新区块时，各个收到该区块的节点也需要验证区块的合法性。

4.9.1 交易验证

在比特币 P2P 网络中的交易广播实际上是将产生的交易发送到邻近节点，对交易进行验证，当验证通过后再将该交易传播给下一个邻近的节点，从而实现广播。这样的机制保证了只有合法有效的交易才会在网络中进行传播，而无效的交易将会在第一个节点处被抛弃。

每一个独立节点在校验每一笔接收到的交易时，都遵循如下标准：

- 交易的语法和数据结构必须正确。
- 交易的字节大小在限制范围内。
- 每一个输出值，必须在规定的范围内。
- 没有哈希等于 0、N 等于 -1 的输入。
- 锁定时间在限制范围内。
- 交易的字节大小不小于 100。
- 交易中的签名不大于签名操作的上限。
- 解锁脚本，锁定脚本格式规范。
- 池中或位于主分支区块中的一个匹配交易必须是存在的。
- 对于每一个输入，如果引用的输出存在于池中任何的交易，该交易将被拒绝。
- 对于每一个输入，在主分支和交易池中寻找引用的输出交易。如果输出交易缺少任何一个输入，该交易将成为一个孤立的交易。如果与其匹配的交易还没有出现在池中，那么该交易将被加入孤儿交易池。
- 对于每一个输入，如果引用的输出交易是一个 Coinbase 输出，该输入需要等待 100 个确认才能生效。
- 对于每一个输入，引用的输出必须是存在的，并且没有被花费。

- 使用引用的输出交易获得输入值，并检查每一个输入值和总值是否在规定值的范围内。
- 如果输入值的总和小于输出值的总和，交易将被中止。
- 如果交易费用太低以至于无法进入一个空的区块，交易将被拒绝。
- 每一个输入的解锁脚本必须由一句相应的锁定脚本来验证。

在收到交易后，每一个节点在将其广播前对这些交易进行校验，并按照接收时的顺序将其加入交易池中。

4.9.2　区块验证

在比特币网络中，当新的区块在网络中传播时，每一个全节点在将它转发到其他节点之前，会进行一系列的测试去验证区块的合法性。

比特币区块的校验标准如下：

1）区块头的哈希值满足当前目标值（工作量证明）。

2）重构 Merkle 树得到的树根与区块头中 Merkle 根值一致（验证 Merkle 根是否由区块中的交易得到）。

3）区块大小在长度限制内。

4）第一个交易是 Coinbase 交易且其他交易都不是 Coinbase 交易。

5）遍历区块内所有交易，检查交易合法性。

以上的校验标准主要在比特币核心客户端的 CheckBlock 函数中获得。

每个节点对每个新区块进行独立验证，确保矿工无法欺诈。一个无效的 Coinbase 交易会使得一个区块变得无效，所以矿工必须构建一个完美的不存在欺诈的区块。如果他们作弊，所有花费的电力都将浪费，这就是为什么要对区块进行独立验证，这也是去中心化共识的重要组成部分。

4.9.3　简单支付验证

简单支付验证（Simplified Payment Verification，SPV）最初由中本聪提出，用来使不运行完整区块链信息的节点也可以进行验证支付，这些节点只需要保存所有的区块头就可以。Merkle 树是 SPV 的基础技术。

支付验证则比较简单，只判断用于支付的那笔交易是否已经被验证过，得到了多少的算力保护（距离现在已经过了多少区块）。区块链节点利用 SPV 对支付进行验证的工作原理如下：

1）计算待验证支付的交易哈希值；

2）节点从区块链获取待验证支付对应的 Merkle 树哈希认证路径（具体见 Merkle 树相关章节）；

3）根据哈希认证路径，计算 Merkle 树的根哈希值，将计算结果与本地区块头中的 Merkle 树的根哈希值进行比较，定位到包含待验证支付的区块；

4）验证该区块的区块头是否已经包含在已知最长链中，如果包含则证明支付真实有效；

5）根据该区块头所处的位置，确定该支付已经得到的确认数量。

总体来说，使用 SPV 极大地节省了存储空间，减轻了终端用户的负担。无论未来的交易量有多大，区块头的大小始终不变，只有 80 字节。按照每小时 6 个区块的出块速度（平均 10 分钟出一个区块），每年产出 52560 个区块（6×24×365 = 52560）。当只保存区块头时，每年新增的存储需求约为 4MB，100 年后累计的存储需求仅为 400MB，即使用户使用的是最低端的设备，正常情况下也完全能够负载。

4.10　分叉处理

4.10.1　硬分叉与软分叉

区块链里为什么会产生分叉？假设在区块链中有 2 个区块，此时软件升级了，增加了之前版本中不能识别的一些表结构。因为区块链是去中心的使用方式，一旦有新的软件版本发布，并不是每个人都会升级到新版本，这就可能导致如下问题：在区块 2 生成的时候发布了新的版本，且新的版本增加了之前版本不能识别的数据结构，此时部分用户升级了新版，部分用户还没有升级，这些新旧版本的软件仍然在各自不停地挖矿、验证、打包区块，一段时间过后的区块链就会如图 4-31 所示。这就叫分叉。

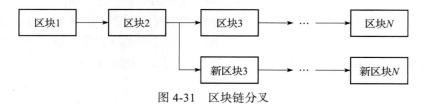

图 4-31　区块链分叉

1. 硬分叉

硬分叉是指区块链的永久性分裂。当没有升级的节点不能验证已升级的节点基于新的共识协议所创建的区块时，就会产生硬分叉。硬分叉中，新的版本定义了新的规则，并且与旧版本不兼容。当协议发布后，并非所有节点都会选择升级；那些没有升级新协议的区块发布的交易将只能由运行旧版本软件的区块认证通过，而升级了新协议的区块发布的交易只能由运行新版本软件的区块认证通过；由于规则不兼容，因此矿工们工作在各自的最长链条上。于是产生了两条基于不同规则的、永远不会合并的区块链。硬分叉如图 4-32 所示。

比特币经过了两次重要分裂，现在变成了三种币，第一种是目前继承了比特币绝大多数遗产的 BTC，第二种是 BCH，第三种是 BSV。

2017 年 7 月，开发团队 Bitcoin ABC 开发完成了从 1MB 扩容到 8MB 的新软件系统，并做了应对攻击的防范措施，经多方测试较为稳定。一部分用户出于对比特币系统分裂的恐惧，最终选择支持原有的比特币。一部分用户选择支持 Bitcoin ABC 的软件版本，该版本在 2017 年 8 月 1 日正式开始运行。

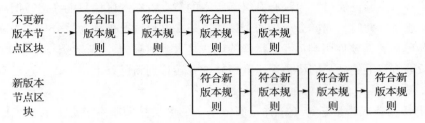

硬分叉：无更新节点拒绝新版本规则，使链产生分叉

图 4-32　区块链硬分叉

新的软件版本在比特币区块高度 478599 开始运行，此区块之后，世界上就有了两种比特币系统软件，分别记录 1MB 限制的区块和 8MB 限制的区块，由于参数不同，两个系统软件相互不承认对方的新区块，因此就出现了两条区块链或两个账本。

在 478599 区块之前两个账本完全一样，但之后各自系统发生的交易，各自记账，互不承认。这相当于有两个不同的比特币，为了进行区分，8MB 区块系统中记录的比特币称为"比特币现金"（BCH），1MB 区块系统中记录的比特币依旧称为 BTC。在 478599 区块前就存在的比特币会在比特币现金系统中有等量的 BCH，这就有了第一个因分叉产生的新加密货币。

BTH 的第二次分叉在 2018 年年底，因为对 BCH 新升级内容不满，以自称是中本聪的 Craig Wright 为代表的 Bitcoin SV 团队提出了自己的升级方案——恢复中本聪早期版本设计了但被禁用的 4 个操作码，将区块容量上限提高 128MB。Bitcoin SV 团队与 Bitcoin ABC 开发团队未能就如何最好地发展 BCH 及部署更新代码达成一致，最终走向硬分叉，BCH 分裂为 BCH ABC 和 BCH SV 两个阵营，并约定用算力战定生死。最后通过算力的竞争，BCH 被分裂成 BCHABC 和 BCHSV 两条链。前者为现在的 BCH，后者被称为 BSV。

2. 软分叉

软分叉是对比特币协议的一次修改，只有先前有效验证的区块 / 交易将不再合规；由于旧节点依然可以验证新区块，因此软分叉被认为是向后兼容的。软分叉如图 4-33 所示。

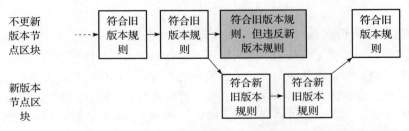

软分叉：违反新版本规则的区块被新版本的大多数节点淘汰

图 4-33　区块链软分叉

软分叉也是对原有软件协议的修改。与硬分叉不同的是，新的软件版本所定义的新规则与旧版本兼容，但比旧版本更严格。当新版本发布时，升级了新软件版本的节点发布的区块可以被所有节点验证通过。而没有升级新版本的节点发布的区块只能在运行旧版本软件的节点上验证通过。此时，同样会产生两个区块链条，这种情况被称为软分叉。当网络中的大多数节点选择部署新软件版本后（更精确的说法是大多数算力），新链条将产生更多的区块，工作在旧版本节点上的矿工们将会逐步升级软件并转移到新链条上来工作，这里有以下两方面原因。

- 由于新链条成为最长链条，并且新链条上的区块被旧版本节点上的矿工们认可，因此他们会迁移到最长链上来。
- 由于软分叉对于节点是无感知的，旧版本节点发布的新区块会被新版本节点"莫名其妙"地拒绝，这会敦促他们升级新软件版本。

最终，软分叉并不会像硬分叉一样产生两个不相干的区块链，而是产生一些临时性的分支。当然，只有大多数算力支持软分叉时才会使新规则生效。

4.10.2 挖矿分叉

比特币采用的工作量证明机制，就是让矿工节点互相竞争求解一个数学题，谁先解出来就打包一个新区块并向网络进行广播。在这个过程中，经常会出现这样一种情况：两个矿工同时解出了题目，这时要怎么办呢？由于拓扑远近，不同的矿工节点看到这两个区块是有先后顺序的。通常情况下，矿工节点会把自己先看到的区块复制过来，接着在这个区块开始新的挖矿工作。于是，从整体角度看，区块链发生了分叉，也被称为挖矿分叉，如图 4-34 所示。

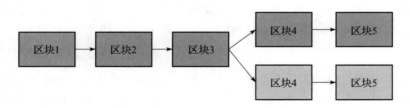

图 4-34 挖矿分叉

在以工作量证明机制为共识算法的区块链系统中，这个问题是这样被解决的：从分叉的区块起，由于不同的矿工跟从了不同的区块，因此在分叉出来的两条不同链上，算力是有差别的。形象地说，就是跟从两个链矿工的数量是不同的。由于解题能力和矿工的数量成正比，因此两条链的增长速度也是不一样的，在一段时间之后，总有一条链的长度要超过另一条链。当矿工发现全网有一条更长的链时，他就会抛弃当前的链，把新的更长的链全部复制回来，在这条链的基础上继续挖矿。所有矿工都这样操作，这条链就成为主链，分叉出来被抛弃的链就消失了。最终，只有一条链会被保留下来，成为真正有效的账本，其他都是无效的，所以整个区块链仍然是唯一的。注意，能够让区块链保证数据唯一性的前提是：所有矿工都遵从同样的机制。这个过程如图 4-35 所示。

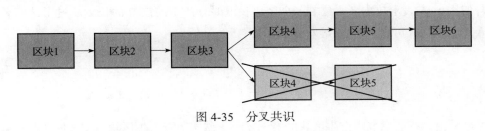

图 4-35 分叉共识

4.10.3 算力 51% 攻击与双花问题

经过上面的介绍，我们知道当出现分叉时，所有矿工节点都会逐步切换到最长的那条链上。假设某个矿工（某个机构）的算力特别强大，超过了全网其他所有节点的算力之和，达到 51% 以上，则会产生下面两种场景。

场景 1 假设所有矿工都在主链上挖矿，当前主链已经挖到了第 1000 个块。然后掌握了 51% 算力的恶意节点，从第 200 个块开始分了个叉，自己在这个新的叉上面挖。由于它掌控了全网 51% 的算力，这个分叉链的增长速度比主链快。经过一段时间，它从 200 挖到了 1200，主链才从 1000 增长到 1100，它的链已经超过了主链。这个时候，它向全网广播，其他节点发现网络上出现了更长的链，因此其他节点都切换到 1200 所在的这条链。这意味着，所有矿工在主链上挖的 200 ～ 1100 之间的块，全部作废了，比特币也都没有了。而这个掌握 51% 算力的恶意节点，拥有 200 ～ 1200 所有的比特币。这就是所谓的 51% 算力攻击。

场景 2 假设这个掌控 51% 算力的矿工做了一宗大额交易，比如把自己的大量比特币兑换成法币或者买了一个价格高昂的物品。等他拿到物品之后，从该交易所在的那个区块开始，分叉出一条新的链并重新在上面挖。过了一段时间之后，他的链的长度超过了主链，所有节点都切换到他这条链上面。这意味着，主链上面从那笔交易所在的块开始到后面所有的块都作废了，当然他之前的那笔交易也作废了。他花出去的比特币又回到了自己钱包，他可以拿着这批比特币再买别的东西。这就是"双花"问题。

但是这两类场景出现的条件是，某个节点必须拥有比特币网络上 51% 的算力，随着参与比特币网络的节点的增多，想要控制 51% 的算力需要大量的成本；并且如果某个机构拥有 51% 的算力，则它进行符合规则的操作获得的利益要远远大于作恶，这是因为要想进行分叉并且追上现有区块链高度需要大量的 SHA256 计算，这样的操作要耗费大量的电力资源。综上，比特币网络的以下两个特性，保障了网络上不会发生 51% 算力攻击和双花问题。

1）节点算力总量大。

2）挖掘新区块的 PoW 机制需要大量的 SHA256 操作，会耗费大量的资源。

我们不妨做如下假设来对恶意节点在 z 个区块生成后依旧可以成功进行攻击的概率进行分析。

$$p = 诚实节点制造出下一个区块的概率$$
$$q = 恶意节点制造出下一个区块的概率$$

若使用 q_z 来表示攻击者最终在 z 个区块长度时，产生的链 B 的长度超过了诚实者产生的链 A 的长度（成功攻击），则 q_z 可以表示为：

$$q_z = \begin{cases} 1 & p < q \\ \left(\dfrac{q}{p}\right)^z & p > q \end{cases}$$

可以看出，在恶意节点产生区块的概率 q 小于诚实节点产生区块概率 p 时（即恶意节点的总算力小于诚实节点的总算力时），恶意节点攻击成功的概率会随着链的区块数增加而呈指数下降。如果恶意节点最开始不能获得突破，那么他落后得越多，他成功的机会就会变得越渺茫。

现在考虑一下，一个新交易的收款人需要等待多长时间，才能足够确信付款人已经不可能改变这笔交易了。假设付款人是一个攻击者，他希望收款人相信他已经付过款，然后过一段时间将已支付的款项重新发回给自己。付款人希望就算届时收款人会察觉到这一点，也已经于事无补。

对此，收款人生成一个新的密钥对，在交易签署前将公钥发送给付款人。这可以防止付款人预先准备好一个链，付款人（攻击者）持续地对此区块进行运算，直到他的链幸运地超越了诚实链，然后立即执行支付。在此情形下，只要交易一发出，攻击者就开始悄悄地准备一条包含该交易替代版本的平行链。

收款人将等待交易出现在首个区块中，然后等到 z 个区块连接在其后。此时，他仍然不能确切地知道攻击者已经进展了多少个区块，但是假设诚实区块产生一个区块将耗费平均预期时间，那么攻击者的潜在进展就是一个泊松分布，分布的期望为

$$\lambda = z\frac{q}{p}$$

其中 λ 表示当收款人等待 z 个区块后，付款方可以进展虚假区块数的期望。在此情形下，为了计算攻击者追赶上的概率，将攻击者取得进展区块数量的泊松分布的概率密度乘以在该数量下攻击者依然能够追赶上的概率。

$$\sum_{k=0}^{\infty} \frac{\lambda^k e^{-\lambda}}{k!} \cdot \begin{cases} 1 & k > z \\ \left(\dfrac{q}{p}\right)^{z-k} & k \leqslant z \end{cases}$$

将其简化为如下形式，避免对无限数列求和：

$$1 - \sum_{k=0}^{z} \frac{\lambda^k e^{-\lambda}}{k!} \cdot \left(1 - \left(\frac{q}{p}\right)^{z-k}\right)$$

对其进行运算，可以得到如下的概率结果，发现概率对 z 值呈指数下降。

当 $q = 0.1$ 时，即恶意节点的总算力占所有节点总算力的 10% 时，对应的 z 值和 q_z 值如表 4-7 所示。

表 4-7 恶意节点占 10% 算力时对应的 z 和 q_z 值

z	0	1	2	3	4	5	6	10
q_z	100%	20.5%	5.19%	1.32%	0.346%	0.0914%	0.0243%	0.00012%

当 $q = 0.3$ 时，即恶意节点的总算力占所有节点总算力的 30% 时，对应的 z 值和 q_z 值如表 4-8 所示。

表 4-8 恶意节点占 30% 算力时对应的 z 和 q_z 值

z	0	5	10	15	20	25	30	50
q_z	100%	17.7%	4.17%	1.01%	0.248%	0.0613%	0.0152%	0.00006%

需要说明的是，q 所代表的恶意攻击者的比例实际上应该是所有合谋的恶意节点的比例，中本聪给出了保证攻击成功率 q_z 小于 0.1% 时，z 随着 q 变化的规律如表 4-9 所示。

表 4-9 保证攻击成功率小于 0.1% 对应的 q 和 z 的变化

q	0.10	0.15	0.20	0.25	0.30	0.35	0.40	0.45
z	5	8	11	15	24	41	89	340

4.11 比特币网络

传统的网络服务架构大多数是客户端/服务器的 C/S 架构，即通过一个中心化的服务端节点，对许多个申请服务的客户端进行应答和服务。C/S 架构的优势在于：单个服务器能够保持一致的服务形式，方便对服务进行维护和升级，同时也便于管理。然而，C/S 架构也存在许多缺陷。首先，由于 C/S 架构有单一的服务器，因此当服务节点发生故障时，整个服务便会陷入瘫痪。另外，由于单个服务端节点的处理能力是有限的，因此中心服务节点的性能往往成为网络的瓶颈。

对等网络（P2P 网络）是一种消除中心化的服务节点，将所有的网络参与者视为对等者，并在他们之间进行任务和工作负载分配，是依靠用户群共同维护的网络结构。由于节点间的数据传输不再依赖中心服务节点，因此 P2P 网络具有极强的可靠性，任何单一或者少量节点故障都不会影响整个网络正常运转。同时，P2P 网络的网络容量没有上限，因为随着节点的增加，整个网络的资源也同步增加。由于每个节点可以从任意节点处得到服务，同时由于 P2P 网络中暗含的激励机制也会尽力向其他节点提供服务，因此实际上，P2P 网络中的节点越多，P2P 网络提供的服务质量就越高。

比特币网络是一个对等网络，在这个网络中所有节点都是平等的，没有主节点（master node）和超级节点（supper node），这些节点共同承担网络传输的任务。但根据节点功能的不同，比特币网络中的节点可以分为轻节点（light node）和全节点（full node）等不同类型（如图 4-36 所示）。

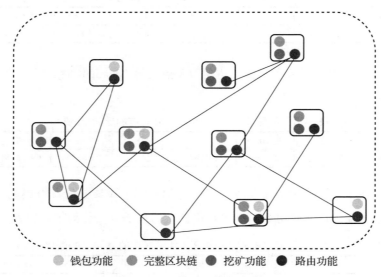

●钱包功能　●完整区块链　●挖矿功能　●路由功能

图 4-36　比特币网络节点类型

如果一个节点要想加入，首先要知道一个种子节点，与该种子节点联系，该种子节点会告知其他节点，通过该种子节点就可以加入比特币网络。节点间通过 P2P 方式来通信，这样有利于穿过防火墙。当节点离开时，不需要做任何操作，不需要通知其他节点，只要退出应用程序就可以了，别的节点没有该节点信息，过一段时间就会把这个节点删掉。

比特币网络的设计原则是简单、鲁棒，而不是高效。每个节点维护一个邻居节点的集合，节点之间的消息传播采用洪泛（flooding）方式，节点在第一次收到某个消息的时候，把它转发给其他邻居节点，同时记录已收到该信息，下一次再收到该消息时，就不再转发。邻居节点的选择是随机的，不考虑实际拓扑结构，更具鲁棒性。

每个全节点维护一个等待上链的交易集合，并负责验证每一个交易的合法性（见 4.8.1 节）。同时，也负责验证网络中发来的区块的合法性（见 4.8.2 节）。网络中的消息传播存在延迟、丢包和错误等各种情况，例如，有的节点收不到信息、收到消息的顺序不一样、收到或发送错误消息，这都是比特币网络面临的基本事实，可以通过共识协议来降低这些错误带来的影响，使系统中节点记录的数据同步。

第 5 章 *Chapter 5*

以 太 坊

5.1 以太坊简介

以太坊的概念首次在 2013 ～ 2014 年由 Vitalik Buterin 受比特币启发后提出，大意为"下一代加密货币与去中心化应用平台"，在 2014 年通过 ICO 众筹开始得以发展。其关键思想是开发一种图灵完备的语言，同时支持任意区块链和去中心化应用程序的开发。

以太坊（Ethereum）是一个开源的有智能合约功能的公共区块链平台，通过其专用的加密货币——以太币（Ether，ETH）提供去中心化的以太虚拟机来处理点对点合约。自 2008 年比特币出现以来，数字货币已经被一部分人所接受。人们发现比特币只适合虚拟货币的场景，由于它存在非图灵完备性、缺少保存状态的账户等问题，因此在很多区块链场景下不适用。人们需要一种具有图灵完备性、支持更多应用场景的智能合约开发平台。以太坊因此应运而生。

以太坊是一个运行在计算机网络中的软件，确保智能合约与数据可以在去中心化的网络中被计算和处理。以太坊使得在全球范围内的多个计算机上运行代码成为现实。以太坊是分布式存储数据并对其进行计算的平台，这些小型的计算机运行程序叫作智能合约，合约由参与者在他们自己的机器上通过"以太坊虚拟机"运行。以太坊的目的在于使开发者能够创建任何基于共识的、可扩展的、标准化的、图灵完备的、易于开发和协同的应用，开发去中心化应用（DApp）。一个 DApp 由智能合约和客户端组成，只有当某些特定的条件被满足时，智能合约才会启动。

以太坊另一个重要的特性是提供一个完整的编程语言环境，有时也被称为以太脚本，以太脚本是一种没有歧义的编程语言，用户可以在以太坊上定制没有二义性的合约。

从底层角度看，以太坊是一个多层的、基于密码学的协议，它将不同功能的模块组装为一个整体，它是一个创建和部署去中心化应用的综合平台。同时以太坊也是区块链与智能合约的完美结合，被设计成一个通用的去中心化平台，拥有一套完整的、可以扩展其功能的工具，在 P2P 网络、密码加密等技术下实现了区块链。在以太坊上可以任意编写智能合约，通过智能合约实现强大的功能，实现去中心化应用的开发。在以太坊上部署的智能合约运行在以太坊虚拟机上，使用 RPC 方法与底层区块链进行交互。而在部署了智能合约的以太坊上，可以开发去中心化应用或形成去中心化自治组织（DAO）。以太坊的总体架构如图 5-1 所示。

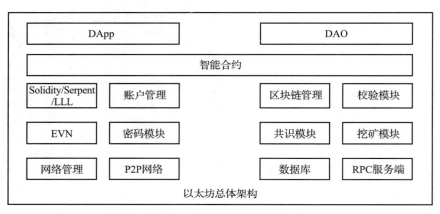

图 5-1　以太坊的总体架构

以太坊属于区块链 2.0 的典型应用。以太坊将比特币的出块时间大大缩减，从比特币系统的 10 分钟出块时间减少到了以太坊十几秒的出块时间。同时，比特币比拼算力，以太坊对内存要求高，以太坊使用了 memory-hard 的挖矿机制，在一定程度上限制了 ASIC 芯片的使用，并且以太坊正在逐步使用权益证明来取代工作量证明。对智能合约的支持是以太坊对比特币系统最重要的创新，提供了一种图灵完备的语言来实现一种去中心化的合约，智能合约抽象来看相当于一种 if-then 逻辑，if 代表前提条件，前提条件被满足之后，智能合约会自动执行 then 的操作。智能合约的好处在于利用区块链的不可篡改性将合作多方事先商量好的规则写成不可篡改的程序，一旦满足事先规定的条件程序便会自动执行，这样就不会出现某一方抵赖或者违规的现象。

以太坊在设计之初就决定最终要采取权益证明（PoS）去维护交易的安全性，取代效率低下、资源消耗大的工作量证明（PoW）。前期通过 PoW 建立起一套可以信赖的数字加密货币体系，之后将基于该货币转到 PoS 体系，通过权益人交保证金的方式去保证其作为一个诚实的节点验证交易的有效性。为此，以太坊的创始人为它设定了 4 个发展阶段，即 Frontier、Homestead、Metropolis 和 Serenity，各个阶段之间的转换需要通过硬分叉的方式实现。

（1）Frontier（前沿）

- 2015 年 7 月以太坊发行初期实验版本，只有命令行界面，开发者可以在上面编写智能合约和去中心化应用。

- 区块奖励 5ETH。

（2）Homestead（家园）

2016 年 3 月 14 日发布，提供了图形界面的钱包，易用性得到改善，用户可以更方便地使用以太坊。

（3）Metropolis（大都会）

目前正处于 Metropolis 阶段，它分为两个阶段：Byzantium 和 Constantinople。

1）Byzantium（拜占庭）

- 2017 年 10 月 16 日完成 Byzantium 硬分叉，Byzantium 加入 EVM 指令，方便开发者编写智能合约。
- 区块奖励从 5ETH 变成 3ETH。

2）Constantinople（君士坦丁堡）

- 主要特性引入 PoW 和 PoS 的混合链模式，完成 PoW 向 PoS 的平滑过渡。
- 挖矿奖励减少到 2ETH。

（4）Serenity（宁静）

此阶段将从 PoW 转换到完全使用 PoS，使用 Casper 算法解决 PoW 对计算、能源的浪费问题，转变到 PoS 后停止挖矿，发行的以太币数量将大幅减少。

5.2　分叉

1. 硬分叉与软分叉

以太坊分叉和比特币网络分叉原理一样，也分为硬分叉和软分叉。

由于主协议的升级，目前最新发布了 Homestead 版本，从而产生一个硬分叉，该协议在区块号 1150000 处升级，因此，以太坊从第一个版本 Frontier 迁移到第二个版本 Homestead。

历史上最大的硬分叉事件为 The DAO 被黑客攻击的事件。2016 年 6 月区块链最大的 ICO 项目 The DAO 遭到黑客攻击，导致 300 多万以太币资产被分离出 The DAO 资产池。这时候从块高度 1760000 开始把任何与 The DAO 和 child DAO 相关的交易认作无效交易。然而，还是有人提出反对意见。他们认为这违反了区块链的不可篡改性以及智能合约的契约精神，哪怕 The DAO 的钱被偷走了，但是只要数据被写在了区块上，就是不可篡改的，因此他们并不更新协议，依然使用老版本，这时挖出来的币被称为 Ethereum Classic。这就是 ETH 和 ETC。

一次意外分叉发生在 2016 年 11 月 24 日，时间为 14:12:07，由以太坊 Geth 客户端（Go 语言实现）日志记录中的一个错误引发，其中，分叉出现在 26886351 处，该错误导致 Geth 在 out-of-gas 异常的情况下无法恢复空账删除操作。相比之下，另一个流行的以太坊客户端 Parity 中该错误就并不构成问题。也就是说，从区块编号 26886351 开始，以太坊区块链被分成两部分，一部分追随 Parity 客户端（Rust 语言实现）一起运行，一部分则与 Geth 一起运行，这一问题在 Geth1.5.3 版本发布后得到解决。

2. 挖矿分叉

从比特币挖矿分叉可以了解到，比特币网络中的区块链主链是最长链，产生最长链过程中生成的一些分叉区块都被认为是无用区块而被抛弃。在比特币协议中，最长的链被认为是正确的。如果一个块不是最长链的一部分，那么它被称为孤块，在比特币中，孤块没有意义，随后将被抛弃，发现这个孤块的矿工也拿不到挖矿相关的奖励。

由于以太坊的构造，它的区块生产时间（大概 15s 左右）比其他区块链的（例如 Bitcoin）区块生产时间（大概 10min 左右）要快很多。这使得交易的处理速度更快。以太坊产生区块的速度较快，这带来的缺点就是：更多的竞争区块会被矿工发现，只有一个区块会被添加到主链上去，其余的竞争区块就会成为"孤区块"（被挖出来但是不会被添加到主链上的区块）。

所以以太坊对比特币的最长链协议进行了改进，采用了 GHOST（Greedy Heaviest Observed SubTree）协议。GHOST 不认为孤块没有价值，而是会给予发现孤块的矿工以回报。在以太坊中，孤块被称为"叔块"（uncle block），它们可以为主链的安全做出贡献。GHOST 协议支付报酬给叔块，这激励了矿工在新发现的块中引用叔块。引用叔块使主链更重。在比特币网络中，最长的链是主链。在以太坊网络中，主链是指消耗算力最重的链。下面用一个具体的例子来详细介绍 GHOST 协议的工作过程。

3. 场景实例

假设当前以太坊网络中所有矿工都基于 A 来挖矿，当一个矿工（w_0）打包出一个区块 B，并将 B 广播出去，告诉其他矿工 B 已经被挖掘出来了，你们可以来基于 B 来挖矿了。目前以太坊的出块时间是 15s，而在 15s 内，区块 B 可能还没有传遍整个区块链网络，在收到广播前，矿工们仍基于 A 来继续挖矿；假设四个矿工 w_1、w_2、w_3、w_4 在收到广播前基于 A 分别挖出了 B_1、B_2、B_3、B_4，并广播到网络中，如图 5-2 所示。

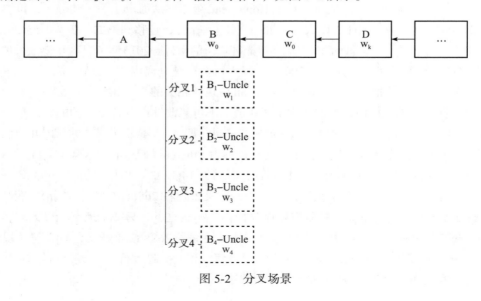

图 5-2　分叉场景

此时将面临这样几个问题:

1)矿工 w_0、w_1、w_2、w_3、w_4 都希望自己挖出的区块能放到主链上。

2)因为 w_0 最早广播,所以它最可能成为主链上的区块。

3)如果 w_0 是一个大矿池(p_0)中的一个矿工,因为在同一个矿池中,所以这个矿池的所有矿工几乎能够在 w_0 挖出 B 块以后,立即基于 B 开始挖矿;而其他节点因为收到广播的时间比较晚,这样在挖矿中处于劣势,也就很难获得挖矿奖励,矿工们也就失去和 p_0 在同一个网络中挖矿的动力。

4)区块链的主链只有一条,如何让大家都愿意在同一个条主链上挖矿并且有动力地挖矿呢?即对于小矿工们而言,愿意接受大矿池挖出来的区块成为主链的区块,并且自己挖出新块以后也能得到一定的奖励,而不会因为广播的时间差而尽做无用功吗?

在以太坊中使用 GHOST 协议很好地解决了这个问题。如图 5-3 所示,矿池 p_0 中的矿工基于 B 挖矿的时候,可以接纳其他矿工挖出来的区块(B_1、B_2)作为叔块。因为 p_0 是大矿池,假设 p_0 矿池很快挖出 C 块并广播出去,因为接纳了两个分叉区块 B_1、B_2,所以 B_1、B_2 对应的矿工 w_1、w_2 分别获得出块奖励的 7/8;另外,p_0 因为接纳了两个分叉区块,所以除了出块奖励之外,可以额外得到出块奖励的 $1/32 \times 2$(2 指的是接纳的叔块数量)。

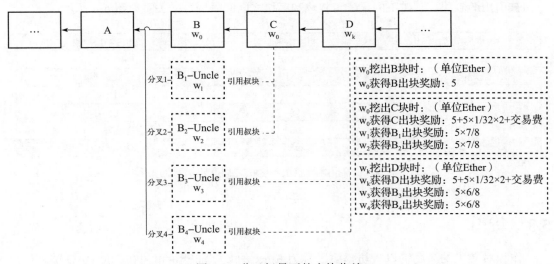

图 5-3 分叉场景下的出块收益

还在继续挖 C 块的矿工,在收到 C 块信息以后广播后,检验发现 p_0 发布的 C 块确实是最长链。而挖出 B_1、B_2 的矿工 w_1、w_2 如果在自己的分叉链上继续挖矿,而竞争让自己的分叉链竞争成为主链的可能性很低,这样自己将一无所获;如果接受 C 对应的链,则可获得区块奖励的 7/8 作为回报,两相对比很容易选择接纳 C 对应的链作为主链。这对于矿池 p_0 和矿工 w_1、w_2 都是有益的,也能让整个以太坊网络分叉迅速收敛。

因为 C 区块接纳了 B_1、B_2 作为叔块,相应的 w_1、w_2 获得了出块奖励;但是其他的分叉（B₃、B₄）确实什么都没获得，那么 w₃、w₄ 愿意放弃自己挖出来区块吗？如何让他们放弃自己所在的分叉，转而拥抱最长的主链呢？ GHOST 协议规定，如果 D 接纳 B_3、B_4，那么 B_3、B_4 对应的矿工 w_3、w_4 分别能获得出块奖励的 6/8，因为 D 接纳了分叉区块，所以除了出块奖励以外，还能获得出块奖励的 $1/32 \times 2$。

为什么 B_3、B_4 被 D 接纳时，矿工获得的奖励是 6/8，而 B_1、B_2 被 C 接纳时，矿工获得的奖励是 7/8 呢？那是因为 D 距离 B_3、B_4 的路径更远，B_3、B_4 竞争成为主链的希望更加渺茫，所以奖励自然会少一些。当然如果基于 A 挖出来的子块远远不止 B、B_1、B_2、B_3、B_4，那么接下来一个区块同样可以引用这些 B 的叔块，不过最大深度不超过 6。

上述叔块的引用规则表述如下：
- 区块可以不引用或者最多引用两个叔块；
- 叔块必须是区块的前 2 层～前 7 层的祖先的直接子块（层数不超过 6）；
- 被引用过的叔块不能重复引用；
- 引用叔块的区块，可以获得挖矿报酬的 1/32，也就是 $5 \times 1/32 = 0.15625$ Ether。

每个区块最多可以包含 2 个叔块，即一个区块最多获得 $2 \times 0.15625 = 0.3125$ Ether 引用奖励。以太坊中规定只有分叉之后的第一个区块能作为叔块，后续的区块不能作为叔块。

被引用的叔块，其矿工的报酬与叔块和区块之间间隔层数的关系如图 5-4 所示。

间隔层数	报酬比例	报酬（Ether）
1	7/8	4.375
2	6/8	3.75
3	5/8	3.125
4	4/8	2.5
5	3/8	1.875
6	2/8	1.25

图 5-4　矿工的报酬与叔块和区块之间间隔层数的关系

5.3　货币

作为对矿工的激励，以太坊提供了称为 Ether 的数字加密货币。在 The DAO 被入侵之后，为了减少该问题产生的负面影响，此时以太坊系统产生了一个硬分叉。因此，当前存在两种以太坊区块链以及对应的加密货币——ETH 和 ETC。

The DAO 是什么？ The DAO 本质上是一个风险投资基金，是一个基于以太坊区块链平台的迄今为止世界上最大的众筹项目。可以把它理解为完全由计算机代码控制运作的类似公司的实体，通过以太坊筹集到的资金会锁定在智能合约中，每个参与众筹的人按照出资数额，获得相应的 The DAO 代币，具有审查项目和投票表决的权利。投资议案由全体代币持有人投票表决，每个代币一票。如果议案得到需要的票数支持，则会划给该投资项目相应的款项。投资项目的收益会按照一定的规则回馈众筹参与人。The DAO 于 2016 年 5 月 28 日完成众筹，共募集 1150 万以太币，在当时的价值达到 1.49 亿美元。而 The DAO 事件就是黑客利用智能合约中一段不严谨的编码，通过参数攻击，在一个方法的前半部分已经转移了代币的情况下，在该方法最后更新客户余额并结束前再次从头部执行该方法，进而不断将代币转移到黑客的地址。

该问题在本质上是由 The DAO 智能合约本身的不严谨造成的，而并非以太坊，以太坊后面发生了软分叉和硬分叉：不承认块高度从 1760000 开始的任何与 The DAO 相关的交易；将时间调到 The DAO 受攻击以前，之后 The DAO 代币持有者可以以 1 以太币∶100 DAO 的汇率提取以太币，以此弥补用户损失。

目前有两个版本的以太坊。其中，以太坊经典货币表示为 ETC，而硬分叉版本则表示为 ETH，ETH 处于持续增长状态，并且正在积极地进行开发。然而，ETC 也有自己的追随者，以及一个处于壮大过程的专业社区，同时 ETC 也是以太坊的非分叉的原始版本，即黑客攻击前使用的以太坊版本。目前 ETH 是最为活跃的官方以太坊区块链，也是以太坊官方为了使黑客入侵的影响降到最低，回滚以太坊而得到的版本。

5.4 Gas

Gas 中文意思是汽油，是一种燃料。这非常形象地比喻了以太坊的交易手续费计算模式，不同于比特币中直接支付比特币作为转账手续费，以太坊被视为一个去中心化的计算网络，当你发送 Token、执行合约、转移以太币或者在此区块上做其他操作的时候，计算机在处理这笔交易时需要进行计算，从而会消耗网络资源，这样你必须支付燃油费购买燃料才能让以太坊网络为你工作。最终燃料费作为手续费支付给矿工。与比特币不同的是，无论交易成功与否，你都需要为此支付燃料费。这是因为即使交易失败，矿工依旧为此交易进行校验和计算，消耗了资源。同时你也无法直接设置支付多少燃料费，因为实际燃料费是矿工根据计算得出的，并记录在包含此交易的区块中。

在以太坊上的每一笔交易都会被收取一定的燃料 Gas，设置 Gas 的目的是限制交易执行的工作量，同时为交易的执行支付费用。当以太坊虚拟机（EVM）执行交易时，Gas 会按照特定的规则逐渐被消耗。Gas 单价由交易创建者设置，发送账户需要为交易预付的费用为 Gas 单价与数量的乘积，这个费用总量会在交易执行前先从发起者账户中扣除，如果在执行结束后还有 Gas 剩余，则这些 Gas 对应的费用会返还给发送账户。在交易执行过程中，无论执行到哪个位置，一旦 Gas 被消耗殆尽，即交易还没执行完但是费用不够进行下面的操作，就会触发一个 out-of-gas 异常。同时，撤销该交易并回滚状态，但是 Gas 还将作为报酬支付给矿工。

以太坊在处理交易时是如何统计计算量的呢？以太坊由独立的虚拟机处理交易，虚拟机根据交易中确定的操作指令进行逐个处理，而每个操作指令都有明文规定的 Gas 消耗量，比如执行一次加法运算将消耗 3Gas，因此交易消耗多少 Gas 完全取决于执行完交易中的所有操作指令的累计 Gas，交易执行完成时虚拟机将反馈总消耗 Gas 量，称为 gasUsed。而交易创建者需要支付的总手续费等于 gasPrice × gasUsed。gasPrice 为燃料单价，如果想让交易花费更少，可以降低愿意支付的燃料单价。另外，降低燃料单价的坏处是交易可能需要等待很长时间才被打包到区块中。这是因为交易燃料费将归属于挖出本区块的矿工。当矿工挖矿时，他需要决定将哪些交易放入区块中，可以随机选择交易，也可以不包含任何交易。为了鼓励矿工将你的交易放入区块，需要考虑将燃料单价设置得足够诱人，以确保被优先放入区块。图 5-5 展示了以太坊中常用指令消耗的 Gas。

操作名称	Gas成本	说明
step	1	每个执行周期中的默认值
stop	0	免费
suicide	0	免费
sha3	20	—
sload	20	从永久存储中读取
sstore	100	放入永久存储中
balance	20	—
create	100	创建合约
call	20	启动一个只读调用
memory	1	扩展内存时每增加一个字
txdata	5	数据的每个字节或交易的代码
transaction	500	交易的费用基数
contract creation	53000	Homestead时从21000增加到53000

图 5-5　以太坊中常用指令消耗的 Gas

在以太坊中还提出了 gasLimit 的概念。因为交易费等于 gasPrice × gasUsed，用户在转账，特别是在执行智能合约时无法提前预知 gasUsed。这样存在一个风险，当用户的交易涉及一个恶意的智能合约，该合约的执行将消耗无限的燃料，这会导致交易方的余额全部被消耗（恶意的智能合约有可能是程序 Bug，如智能合约在执行时陷入一个死循环）。为了避免合约中的错误引起不可预计的燃料消耗，用户需要在发送交易时设定允许消耗的燃料上限，即 gasLimit。当一笔交易消耗的 Gas 达到 gasLimit 时，无论交易是否完成，该交易都将终止，这样不管智能合约是否良好，最坏的情况也只是消耗 gasLimit 的燃料，避免了由于智能合约的漏洞而给交易用户造成严重的经济损失的情况。

5.5　以太坊虚拟机

以太坊虚拟机（EVM）是以太坊上智能合约的运行环境，具有图灵完备性。一个系统或机器，可以在数学上执行任何计算或问题，被认为是图灵完备的。EVM 不仅是一个沙盒，更是一个完全独立的环境，也就是说运行在 EVM 上的代码不能访问外部不确定资源，例如网络资源、文件系统或其他进程。

EVM 是由许多相互连接的计算机组成的。每个参与到以太坊协议中的节点都会在各自的计算机上运行软件，这就被称为以太坊虚拟机（EVM）。任何人都可以上传程序，并让这些程序自动执行，同时要能够保证现在和所有以前的每个程序的状态总是公共可见的。这些程序运行在区块链上，严格按照 EVM 定义的方式继续执行。

而 EVM 除了作为一个虚拟机之外，也是一个基于堆栈的执行器，基于 LIFO（后进先出）机制运行字节码，将内存结构组织为堆栈并作为堆栈访问的虚拟机。EVM 不是基于寄存器而是基于栈的虚拟机。因此所有计算都会在一个称为栈的区域内执行。栈最多有 1024 个元素，每个元素有 256 位。对栈的访问只限于其顶端，允许复制最顶端 16 个元素中的一个到栈顶，或者交换栈顶元素和下面 16 个元素中的一个。其他操作只能去除最顶端的一个或几个元素，并将结果压在栈顶。EVM 无法访问栈中指定深度的元素，必须把指定深度之上的所有元素都从栈中移除，可以将被移除的元素放到存储器或者主存中。

在宏观层面上，EVM 由世界状态（world state）、机器状态和虚拟 ROM 组成。世界状态是网络上所有账户的存储。机器状态包括程序计数器、可用 Gas、堆栈和内存。虚拟只读存储器是不可变的"EVM 字节码"，这是一种只有 EVM 才能理解的特殊语言。

5.6 智能合约

智能合约的概念最早在 1994 年由学者 Nick Szabo 提出，它最初被定义为一套以数字形式定义的承诺，包括合约参与方可以在上面执行这些承诺的协议，其设计初衷是希望通过将智能合约内置到物理实体中来创造各种灵活可控的智能资产。简单来说，智能合约是一种在满足一定条件时，就自动执行的计算机程序。由于计算手段的落后和应用场景的缺失，缺乏一个良好的智能合约运行平台来确保智能合约一定被执行，并且执行的过程中不会被更改，因此智能合约并未受到研究者的广泛关注。区块链这种去中心化、防篡改的平台完美地解决了上面的问题，一旦在区块链上部署智能合约，所有参与节点都会按照既定的逻辑严格执行，如果某个节点更改了智能合约的逻辑，那么执行结果无法通过其他节点的校验而不会被承认，即修改无效。

区块链技术的出现重新定义了智能合约。智能合约是区块链的核心构成要素（合约层），是由事件驱动的、具有状态的、运行在可复制的共享区块链数据账本上的计算机程序，能够主动或被动地处理数据，接收、存储和发送价值，以及控制和管理各类链上智能资产等功能。智能合约作为一种嵌入式程序化合约，可以内置在任何区块链数据、交易、有形或无形资产上，形成可编程控制的软件定义的系统、市场和资产。智能合约不仅为传统金融资产的发行、交易、创造和管理提供了创新性的解决方案，同时能够在社会系统中的资产管理、合同管理、监管执法等事务中发挥重要作用。

具体说来，智能合约是一组情景 – 应对型的程序化规则和逻辑，是部署在区块链上的去中心化、可信共享的程序代码。智能合约同样具有区块链数据的一般特征，如分布式记录、存储和验证、不可篡改和伪造等。签署合约的各参与方就合约内容、违约条件、违约责任和外部核查数据源达成一致，必要时检查和测试合约代码以确保无误后，以智能合约的形式部署在区块链上，即可不依赖任何中心机构自动化地代表各签署方执行合约。智能合约的可编程特性使得签署方可以增加任意复杂的条款。

智能合约层负责将区块链系统的业务逻辑以代码的形式实现、编译并部署，完成既定规则的条件触发和自动执行，最大限度地减少人工干预。智能合约的操作对象大多为数字资产，数据上链后难以修改、触发条件强等特性决定了智能合约的使用具有高价值和高风险，如何规避风险并发挥价值是当前智能合约得以大范围应用的难点。

智能合约根据图灵完备与否可以分为两类，即图灵完备和非图灵完备。影响实现图灵完备的常见原因包括：循环或递归受限、无法实现数组或更复杂的数据结构等。图灵完备的智能合约有较强的适应性，可以对逻辑较复杂的业务操作进行编程，但有陷入死循环的可能。相比而言，图灵不完备的智能合约虽然不能进行复杂逻辑操作，但更加简单、高效和安全。比特币网络就是非图灵完备的；而在以太坊上提供的智能合约是图灵完备的，通过使用gasLimit 来限制合约执行的长度与深度，避免智能合约陷入死循环。

所谓智能合约是自动化的程序合同，就是自带程序，符合设置的程序条件后触发自动执行，在智能合约的世界中，代码即法律，一旦生效即可自动执行约定任务。

智能合约包含了有关交易的所有信息，只有在满足要求后才会执行操作。智能合约和传统纸质合约的区别在于智能合约是由计算机生成的。因此，代码本身解释了参与方的相关义务。事实上，智能合约的参与方通常是互联网上的陌生人，受制于有约束力的数字化协议。本质上，智能合约是一个数字合约，除非满足要求，否则不会产生结果。智能合约的运作机理如图 5-6 所示。

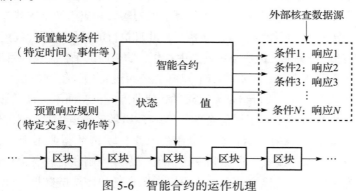

图 5-6　智能合约的运作机理

智能合约对于区块链技术来说具有重要的意义。一方面，智能合约是区块链的激活器，为静态的底层区块链数据赋予了可编程的灵活机制和算法，并为构建区块链 2.0 和 3.0 时代的可编程金融系统与社会系统奠定了基础；另一方面，智能合约的自动化和可编程特性使其可封装分布式区块链系统中各节点的复杂行为，成为区块链构成的虚拟世界中的软件代理机器人，这有助于促进区块链技术在各类分布式人工智能系统中的应用，使得基于区块链技术构建各类去中心化应用（Decentralized Application，DApp）、去中心化自治组织（Decentralized

Autonomous Organization，DAO）、去中心化自治公司（Decentralized Autonomous Corporation，DAC）甚至去中心化自治社会（Decentralized Autonomous Society，DAS）成为可能。

以太坊有四种专用语言可以用来开发智能合约：

- Solidity 是和 JavaScript 相似的语言，可以用它来开发合约并编译成以太坊虚拟机字节代码。它目前是以太坊最受欢迎的语言。
- Serpent 是和 Python 类似的语言，可以用于开发合约并编译成以太坊虚拟机字节代码。它力求简洁，将低级语言在效率方面的优点和编程风格的操作简易相结合，同时合约编程增加了独特的领域特定功能。Serpent 用 LLL 编译。
- Lisp Like Language（LLL）是和 Assembly 类似的低级语言。它追求极简，本质上只是直接对以太坊虚拟机进行一些包装。
- Mutan 是个静态类型，是由 Jeffrey Wilcke 开发设计的 C 类语言。它已经不再受到维护。

智能合约的优势

- 自治性——不必依赖中间人。可以降低成本，提高效率，防止来自第三方的欺诈。因为智能合约是去中心化的，因此不必担心来自任何机构的干预。
- 信任——没有必要信任一个人，只需要信任这个系统。智能合约可以帮助企业与客户建立信任，可以确保人们完成交易时，双方都对合约中的条款负责。
- 安全性——这与信任紧密相连。试想，如果一个小偷想拿走你的钱，他会侵入你的银行账户。但因为区块链是去中心化的，所以他没有攻击的地方。为了控制一切，他将不得不接管 51% 的网络。编码到区块链的智能合约是安全的。
- 快速——这些合同不仅安全而准确，而且（执行）速度很快。由于合同由区块链监控，结果几乎是即时的，这是一个完全自动化的过程。

智能合约可能存在的问题

- 智能合约的不可逆转特性是它的主要优势之一，但也正是因为这一点，一旦出现问题便无法修改。因为人类会犯错误，在创建智能合约时也一样，一些绑定协议可能包含错误，而它们是无法逆转的。目前已经出现过多次由于智能合约部分程序错误导致被黑客盗币的事情。智能合约的问题主要集中在合约代码漏洞、业务逻辑漏洞、合约运行环境问题及区块链系统自身源码存在的接口漏洞等。
- 目前智能合约只能使用数字资产，在连接现实资产和数字世界时可能会出现问题。比如房产上链通过智能合约进行交易时，应该会优化目前的交易流程和时间，但这只是一个构想，实际应用时可能会出现很多其他问题。
- 智能合约缺乏法律监管，只受制于代码约定的义务。缺乏法律监管可能会导致一些用户对网络上的交易持谨慎态度，特别是当交易很重要时。
- 缺少标准库。目前，以太坊的各类智能合约编码语言中都或多或少缺乏高级编程语言中常见的标准库。因此，开发者进行编码的难度较大，很多开发者为了方便编程，会大段地复制一些开源智能合约的实现代码；一方面造成了不必要的开发难度，另一方面也降低了智能合约的安全性（若某个开源智能合约代码存在漏洞，则直接复制其部分代码的其他智能合约代码也会沿袭其漏洞）。

- 受限的数据类型。目前，以太坊采用非主流的 256 位整数，降低了 EVM 的运算效率；同时，EVM 也不支持浮点运算，在一定程度上限制了以太坊的应用场景。
- 难以测试和调试。目前 EVM 仅能够抛出 out-of-gas 异常，不支持调试日志的输出；同时，尽管以太坊创建了测试网络私链的功能，供开发者局部地对编写的智能合约进行测试运行，但是私链对公链的模拟极其有限，使得很多智能合约代码在部署前并不能经过充分测试，这可能会引发严重的后果。

Solidity 语言简介

Solidity 是一种面向合约的高级语言，专门用于编写和执行智能合约，不但是以太坊的基础编程语言之一，而且是其他绝大部分基于以太坊的、具有智能合约的各种区块链产品的基础编程语言，被广泛运用于目前绝大多数区块链产品，如超级账本项目就是用 Solidity 语言开发而成的，并且 SWIFT 已经使用 Solidity 在 Burrow 上完成了概念验证。2014 年 8 月，以太坊的前任 CTO 及联合创始人加文·伍德（Gavin Wood）提出了 Solidity 语言，其他主要开发团队成员包括：Christian Reitwiessner、Alex Beregszaszi、Liana Husikyan、Yoichi Hirai 以及以太坊核心团队的参与者。后期，则由以太坊专门团队对 Solidity 语言不断进行改进和完善，目前仍在开发和优化之中，其 GitHub 的网址为 https://github.com/ethereum/solidity。

Solidity 语言受到了 JavaScript、C++、Python 和 PowerShell 的影响，是一种静态类型的编程语言，以字节码（Bytecode）的模式进行编译，并运行在以太坊虚拟机（EVM）之上。Solidity 用来编写具有自执行的业务逻辑、嵌入智能合约中的合约（即可视为一份具有权威性且永不可悔改的交易合约）。

对具有一定编程能力的开发者而言，编写 Solidity 程序的难易程度就如同编写一般语言的程序。加文·伍德最初在规划 Solidity 语言时，引用了 ECMAScript（用来标准化 JavaScript 的基本语法结构）的语法概念，使现有的 Web 开发者更容易入门；与 ECMAScript 不同的地方在于 Solidity 具有静态类型和可变返回类型。而与其他在 EVM 上运行的语言（如 Serpent 和 Mutan）相比，其主要差异在于 Solidity 具有一组复杂的成员变量，使得合约可支持任意层次结构的映射和结构。Solidity 也支持继承，包含 C3 线性化多重继承。另外，还引入了一个应用程序二进制接口（ABI），该接口（ABI）可在单一合约中实现多种类型安全的功能。

5.7 树形存储结构

不同于比特币网络，以太坊对比特币的树形存储结构——Merkle Tree 进行了改进，在以太坊网络中，所有需要使用树这种数据结构存储的数据都是使用 Merkle Patricia 树进行存储的。

5.7.1　Trie 树

Trie 树，又称前缀树或字典树，是一种有序树状的数据结构，其中的键通常是字符串，常用于存储 key-value 数据结构。

Trie 树与二叉查找树不同，它的键不是直接保存在节点中，而是由节点在树中的位置决定。一个节点的所有子孙都有相同的前缀，节点对应的 key 是根节点到该节点路径上的所有节点 key 值前后拼接而成的，节点的 value 值就是该 key 对应的值。根节点对应空字符串 key。

如果 key 是英文单词，则 Trie 树的每个节点就是一个长度为 27 的指针数组，index0 ～ index25 代表字符 a ～ z，index26 为标志域。图 5-7 展示了一棵 Trie 树。

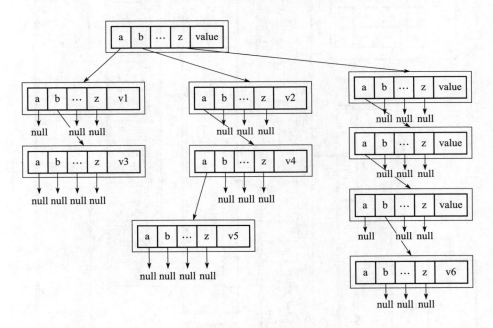

图 5-7　Trie 树

图 5-7 存储的数据如下：['a'] = v1, ['ab'] = v3, ['b'] = v2, ['ba'] = v4, ['baa'] = v5, ['zaab'] = v6。

从上面可以看出 'zaab' 这个 key 没有和任何其他 key 共享字段，但是却产生了 5 层，有什么方法减少这种无用的深度呢？ Patricia 树就可以解决这个问题。

5.7.2　Patricia 树

Trie 树出现的问题的根本原因是每个前置节点只能表示一个字母，key 有多长，树的深度就会多深，不管这个 key 有没有和其他 key 共享部分 key。因而允许一个节点表示变长的 key 就可以解决这个问题。图 5-8 为 Patricia 树。

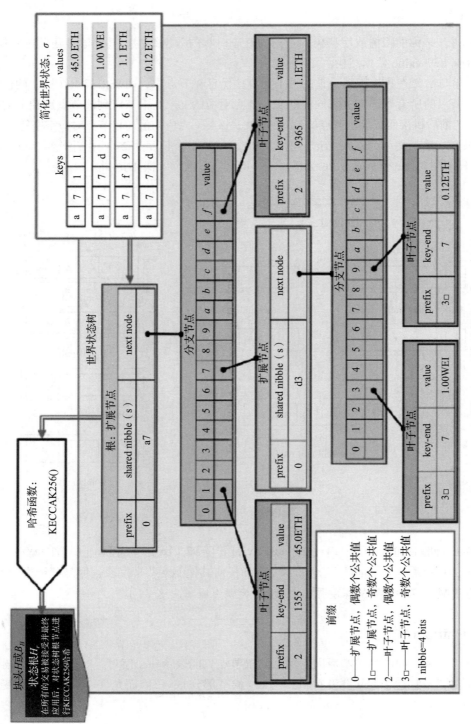

图 5-8　Patricia 树

图 5-8 存储的 key-value 如图 5-9 所示。

从图 5-8 所示的结构图可以看出，Merkle Patricia 树有 3 种类型的节点：

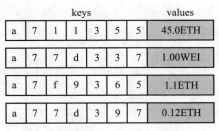

图 5-9　存储的 key-value

- 叶子节点（Leaf Node），表示为 [key, value] 的一个键值对。和前面的英文字母 key 不同，这里的 key 都是十六进制编码出来的字符串，每个字符只有 0 ~ f 16 种，value 是 RLP 编码的数据。
- 扩展节点（Extension Node），也是 [key, value] 的一个键值对，但是这里的 value 是其他节点的哈希值，通过哈希链接到其他节点。
- 分支节点（Branch Node），因为树中的 key 被编码成一种特殊的十六进制表示，再加上最后的 value，所以分支节点是一个长度为 17 的列表，前 16 个元素对应 key 中 16 个可能的十六进制字符，如果有一个 [key, value] 对在这个分支节点终止，最后一个元素代表一个值，即分支节点既可以是搜索路径的终止节点，也可以是路径的中间节点。分支节点的父亲必然是扩展节点。

实例展示

下面将通过一个例子来让读者更好地理解 Patricia 树是如何建立的。

1）在树中插入第一个元素 <a711355, 45>，只有一个 key，直接用叶子节点表示，如图 5-10 所示。

2）接着插入元素 <a77d337, 1.0>，由于该元素的 key 和 a711355 共享前缀 "a7"，因而创建 "a7" 的扩展节点，如图 5-11 所示。

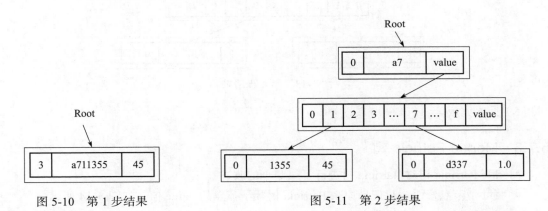

图 5-10　第 1 步结果　　　　图 5-11　第 2 步结果

3）接着插入元素 <a7f9365, 1.1>，该元素也与已有元素共享前缀 "a7"，只需新增一个叶子节点即可，如图 5-12 所示。

4）最后插入元素 <a77d397, 0.12>，这个元素的 key 和元素 <a77d337, 1.0> 共享前缀

"a7d3"，由于前缀"a7"是当前系统元素共享的前缀，而前缀"d3"只是这两个元素共享的，因此需要再创建一个"d3"扩展节点，如图 5-13 所示。

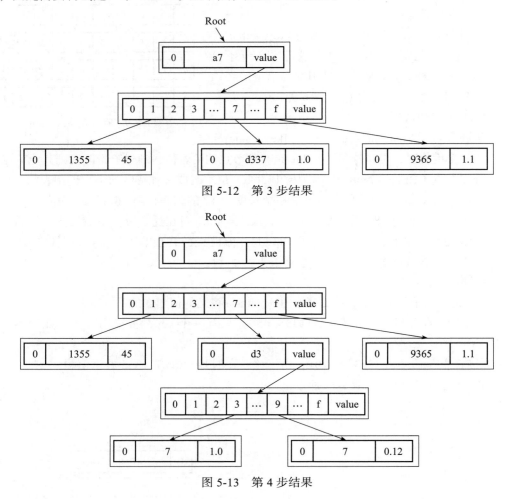

图 5-12　第 3 步结果

图 5-13　第 4 步结果

5）插入完成。

5.7.3　Merkle Patricia 树

Merkle Patricia 树对 Patricia 树进行了一些小的改进：
- 将叶子节点修改为只记录原来 Patricia 树叶子节点的 value 值，如图 5-14 所示。
- Merkle Patricia 树节点增加一个 flag 字段，flag 字段会保存该节点采用 Merkle Tree 类似算法的哈希函数生成的哈希值，同时会将哈希值和源数据以 <hash, node. data> 的方式保存在 LevelDB 数据库中。这样后面通过哈希值就可以推出节点数据。Merkle Patricia 树的具体结构如图 5-15 所示（椭圆中的哈希部分就是 flag 字段）。

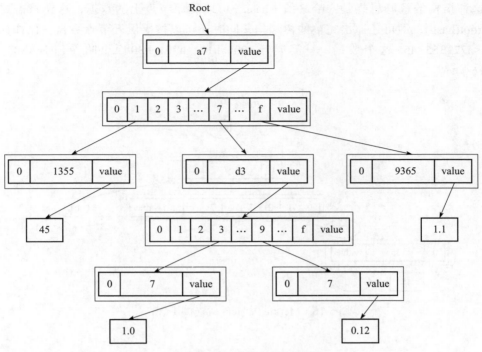

图 5-14　重设叶子节点

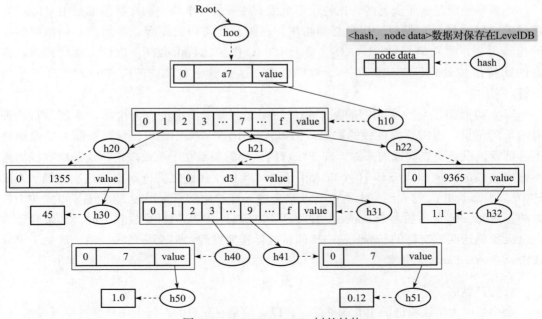

图 5-15　Merkle Patricia 树的结构

这种结构的核心思想是：哈希值（hash）可以还原节点上的数据，这样只需要保存一个 root(hash)，即可还原出完整的树结构，同时还可以按需展开节点数据，比如如果要访问 <a771355, 45> 这个数据，只需展开 h00、h10、h20、h30 四个哈希值对应的节点，图 5-16 所示。

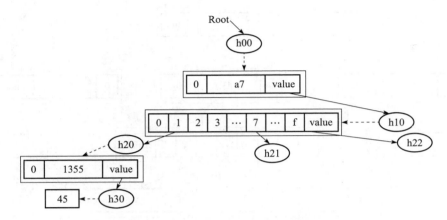

图 5-16　Merkle Patricia 树查找某个节点

5.8　账户与状态树

比特币系统是基于交易的，比特币系统没有账户，每个用户的比特币都是用 UTXO 来记录的，每次进行交易时，用户必须指出自己拥有比特币的来源，即用户必须指明转账的比特币来自哪几笔交易（UTXO），并且 UTXO 中的比特币必须一次性全部转出去，多余的比特币转到自己创建的另一个 UTXO 中，这种基于 UTXO 的交易模式与现实生活不符。

以太坊提出了与现实相符的基于账户的模式，每个用户拥有一个账户来记录自己拥有的币的总量，不需要提供钱的来源。例如 A 转 10 个以太币给 B，只要查询 A 的余额够不够就行，没必要查询钱的来源。基于账户的系统的弱点在于重放攻击，这是由收钱的人不诚实造成的，例如 A 要转 10 个以太币给 B，当 B 收到钱之后再次重放这次交易（A 要转 10 以太币给 B），这样网络上的全节点就会将 A 账户中的以太币转 20 给 B。以太坊中的方法是给每一笔交易加一个 nonce，用来记录交易 id，再次执行重放攻击时，其余验证节点就会发现这两笔交易的 nonce 是一样的，这样就能发现两笔交易是同一笔，避免了重放攻击。

1. 账户状态

账户是以太坊区块链的主要构件之一，以太坊是有账户的，每个用户都可以开设账户，账户余额是我们拥有的以太币或其他基于 ERC20 标准的通证。账户的设计使得以太坊与比特币不同，根据之前的讨论可知，比特币只有钱包地址和未使用的交易输出。

以太坊是基于账户实现的区块链系统，在以太坊中有两种类型的账户：

1）外部持有账户，由私钥控制，并且没有与之相关的代码。

2）合约账户，由合约代码控制，并有与之相关的代码，是智能合约的具体代码。

这两类账户如图 5-17 所示。

外部持有账户可以通过使用其私钥创建和签署交易，将消息发送到其他外部拥有的账户或其他合约账户。两个外部持有账户之间的消息只是一个价值转移。但是从外部持有账户到合约账户的消息会激活合约账户的代码，允许它执行各种操作（例如转移 Token、写入内部存储、创建新的 Token、执行一些计算、创建新的合约等）。与外部持有账户不同，合约账户不能自行发起新的交易。相反，合约账户只能触发交易以响应其他交易（从外部持有账户或其他合约账户）。因此，以太坊区块链上发生的任何操作都始终由外部受控账户触发的交易处理。账户之间的交易如图 5-18 所示。

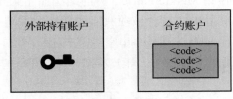

图 5-17 两种类型的以太坊账户

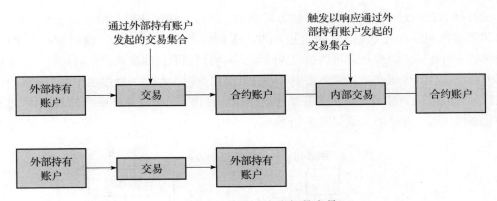

图 5-18 以太坊账户之间的交易

不管账户的类型如何，账户状态由四个部分组成。

- nonce：如果账户是一个外部持有账户，nonce 代表从此账户地址发送的交易序号。如果账户是一个合约账户，nonce 代表此账户创建的合约序号。
- balance：此地址拥有以太币的数量，单位为 Wei。
- storageRoot：该字段表示 Merkle Patricia 树的根节点哈希值。Merkle Patricia 树对此账户存储内容的哈希值进行编码。
- codeHash：代表与此账户关联的代码的哈希值。对于合约账户，codeHash 就是保存对应智能合约代码的哈希值。对于外部持有账户，codeHash 域是一个空字符串的 Keccak 256 位的哈希值。

账户存储树是保存与账户相关联数据的结构，使用 Merkle Patricia 树的结构进行存储。使用 Merkle Patricia 树的结构而不采用 Merkle 树的结构是因为 Merkle 树没有快速插入和删除的机制。该项只有合约账户才有，而在外部持有账户（EOA）中，storageRoot 留空，codeHash 则是一串空字符串的哈希值。所有智能合约的数据都以 32 字节映射的形式保存在账户存储树中，账户状态与账户存储树的关系如图 5-19 所示。

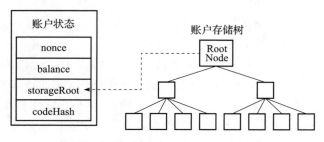

图 5-19　账户状态与账户存储树的关系

2. 世界状态

世界状态是地址（账户）到账户状态的映射，是以太坊区块链中所有状态的全局状态。世界状态也由树来保存数据（此树也被称为状态数据库或者状态树），使用 Merkle Patricia 树的结构进行存储。世界状态可以被视为随着交易的执行而持续更新的全局状态。以太坊中所有的账户信息都体现在世界状态之中，并由世界状态树保存。如果你想知道某一账户的余额或者某智能合约当前的状态，就需要通过查询世界状态树来获取该账户的具体状态信息。世界状态树与账户存储的关系如图 5-20 所示。

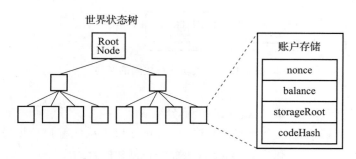

图 5-20　世界状态树与账户存储的关系

系统中每个全节点需要维护的不是一棵世界状态树，而是每次产生一个新区块都要新建一个世界状态树，只不过这些状态树中，大部分节点是共享的。只有少数发生变化的节点才要新建分支，如图 5-21 所示。

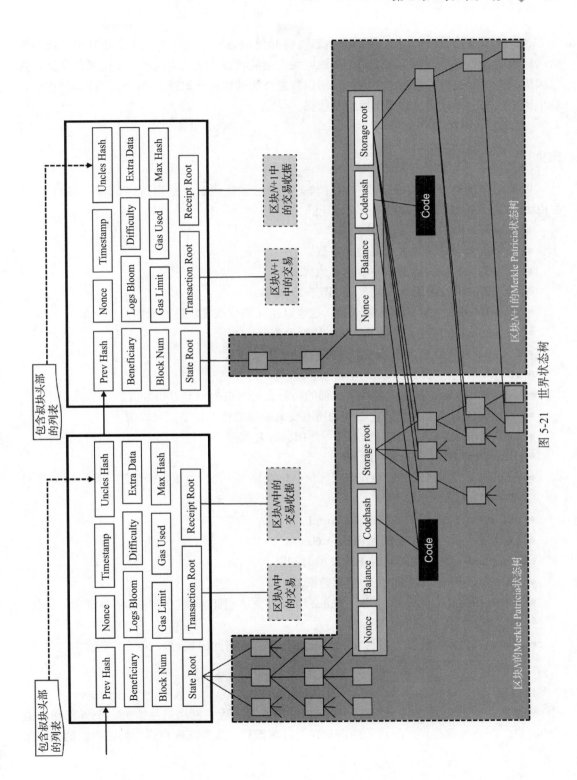

图 5-21 世界状态树

为什么要保留历史状态？当以太坊系统临时出现分叉时，一个区块成功胜出，那些失败的区块就需要进行舍弃并回滚到添加该区块之前的状态，就需要这些历史记录的帮助，这是因为以太坊智能合约是图灵完备的，所以智能合约的逻辑性很强，难以通过简单的推算计算出历史状态，要想回滚必须保留历史状态。

5.9 以太坊区块

以太坊中的交易都被组合成一个区块。一个区块链包含一系列这样链在一起的区块。在以太坊中，一个区块包含：

- 区块头。
- 关于包含在此区块中交易集的信息。
- 与当前块的叔块相关的一系列其他区块头。

区块头是区块的一部分，包含（如图 5-22 所示）：

- parentHash：父区块头的哈希值（这也是使区块变成区块链的原因）。
- ommersHash：当前区块叔块列表的哈希值。
- coinbase：接收挖此区块费用的账户地址。
- stateRoot：状态树根节点的哈希值。
- transactionsRoot：包含此区块所列的所有交易的树的根节点哈希值。
- receiptsRoot：包含此区块所列的所有交易收据的树的根节点哈希值。
- logsBloom：由日志信息组成的一个 Bloom 过滤器。
- difficulty：此区块的难度级别。
- number：当前区块的计数（创世区块的区块序号为 0，对于每个后续区块，区块序号都增加 1）。
- gasLimit：每个区块的当前 Gas limit。
- gasUsed：此区块中交易所用的总 Gas 量。
- timestamp：此区块成立时 UNIX 的时间戳。
- extraData：与此区块相关的附加数据。
- mixHash：一个哈希值，当与 nonce 组合时，证明此区块已经执行了足够多的计算，相当于比特币区块中的目标哈希。
- nonce：一个哈希值，当与 mixHash 组合时，证明此区块已经执行了足够多的计算，相当于挖矿难题的解。

1. 交易

外部账户可以创建交易，用自己的私钥进行签名之后，发送消息给另一个外部账户或合约账户。两个外部账户之间传送的消息即为转账操作。从外部账户到合约账户的消息会激活合约账户的代码，执行各种操作，也就是我们常说的调用智能合约。

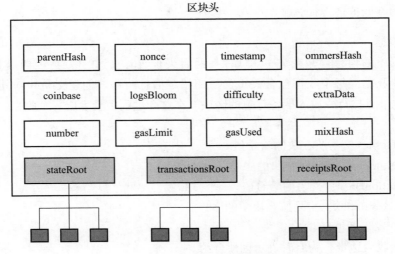

图 5-22　区块头的数据结构

可以通过向地址为 0 的账户发起交易来创建合约账户。交易中包含以下主要字段：

- Type：交易的类型，ContractCreation（创建合约）还是 MessageCall（调用合约或转账）。
- Nonce：发送地址的交易计数，用于防止重播消息。一个标量值，对于外部账户，Nonce 等于从这个地址发送的交易数，对于合约账户，Nonce 为这个账户创建合约的数量。
- Value：向目标账户发送的金额。
- ReceiveAddress：接收方地址。
- GasPrice：为交易付出的 Gas 价格。
- Gas：为交易付出的 Gas。
- Data：交易的附加数据。若该交易为创建智能合约，在 Data 字段中指定合约的二进制代码；若该交易为执行智能合约，通过 Data 字段指定要调用的方法以及向该方法传递的参数。
- VRS：交易签名结构体。

交易消息的结构使用递归长度前缀（RLP）编码方案进行序列化，该方案专为在以太坊中准确和字节完美的数据序列化而创建。

如果该交易与智能合约的创建、执行以及调用相关，可以不需要交易的输出金额，即可以没有 GasPrice 和 Gas 两个字段。

在以太坊智能合约开发中，有时也需要向智能合约地址直接转账，比如 ico 众筹，这时就需要加上 GasPrice 和 Gas 两个字段，给智能合约账户进行转账。目前有三种转账方式：

- 创建合约时转账。
- 调用合约方法时转账。
- 直接向合约地址进行转账。

2. 交易收据

交易收据中的信息存储在头中。就像在商店买东西时收到的收据一样，以太坊为每笔交易生成一个收据。每个收据包含关于交易的特定信息。账户创建交易并向其他节点广播后，会被其他节点执行并放入准备打包的区块。在这个过程中会生成一个收据。收据的主要字段有：

- BlockHash：交易所在块的哈希值。
- BlockNumber：交易所在块的序号。
- TransactionHash：交易的哈希值。
- TransactionIndex：交易所在块中的序号。
- From：发送者地址。
- To：接收者地址，为空时表示创建合约。
- CumulativeGasUsed：执行完此交易时，块内消耗的总的 gas 值。
- GasUsed：本交易所消耗的 gas。
- ContractAddress：当此交易为创建合约时，表示所创建合约的地址，否则为空。
- Logs：此交易的日志。

智能合约比较复杂，使用收据树方便我们快速查询结果。交易树和收据树只包含当前区块中的交易。世界状态树包含整个系统中所有账户的状态。可否设计成状态树也只包含这个交易涉及的账户的状态而不是全部账户的状态呢？答案是否定的。例如，A 转账给 B 10 个以太币，要查 A 的余额，如果没有全部账户的状态，如果 A 很久没转账了，需要往前推很多个区块才能找到 A 的账户状态。如果 B 是新创建的账户，要查询 B 的余额，需要倒推扫描到创世区块才发现没有这个账户……原来 B 是一个新建的账户。这样做对每一次交易造成巨大的负载。

如何在区块链中快速查找与某一个智能合约或者账户相关的交易呢？以太坊会在每一个区块中保存一个交易的布隆过滤器（Bloom Filter）来实现。

Bloom Filter 用来查找某个元素是否在某个比较大的集合里面，其结构如图 5-23 所示。

对于一个集合 {a, b, c}，把集合中的每一个元素都取哈希，找到向量中的对应位置，改成 1。把所有元素处理完得到的向量就是原来集合的一个摘要。

当验证一个元素 d 是否在集合中时，只需要将元素 d 进行相同的哈希运算，检查相应的位置是否为 1，如果不为 1 则说明该元素不在集合中；如果为 1，也不能说明该元素一定在集合中，因为存在哈希碰撞。所以说 Bloom Filter 有可能出现假阳性（false positive），不会出现假阴性（false negative），即 Bloom Filter 可能误报，不会漏报。

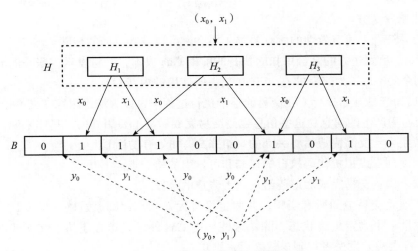

图 5-23　Bloom Filter 示意图

　　关于如何在区块链中快速查找与某一个智能合约或者账户相关的交易，在以太坊中实现方法是，将该智能合约作为元素，去区块中的 Bloom Filter 里查找该智能合约对应的位置是否为 1，如果为 0，则说明该区块不存在与该智能合约相关的交易；否则说明有可能存在相关交易，此时由于 false positive，所以需要依次对该区块中的每一笔交易进行检查。

5.10　交易验证与区块挖掘

5.10.1　交易验证与执行

　　和比特币网络一样，一个交易被发送到以太坊网络进行处理，每个节点都需要对交易进行验证。所有交易都必须满足初始的需求才能执行，其中包括以下几个部分。

- 交易必须是正确的 RLP 格式（RLP 是"递归长度前缀"的缩写，是用于二进制数据编码嵌套数组的数据格式，RLP 是以太坊使用的序列化对象的格式）。
- 发送方有效的交易签名。
- 有效的交易 nonce，一个账户的 nonce 是该账户发送的最新交易的序号，为了有效，交易 nonce 必须与发送方账户的 nonce 相等。
- 交易的 Gas 限额必须等于或大于交易所使用的内部 Gas。内部 Gas 包括：为执行交易预先确定的费用为 21000 Gas；与该交易一起发送的数据 Gas 费用；如果这笔交易是一笔合约创建交易，则额外收取 32000 Gas。
- 发送方的账户余额必须有足够的以太币来支付前期的 Gas 费用。前期 Gas 成本的计算很简单：首先，交易的 GasLimit 乘以交易的 GasPrice，以确定最大的 Gas 成本。然后，这个最大的成本先被从发送方转移到矿工的总余额中，交易完成后再将余额退回给发送方。

如果交易符合上述有效性的所有要求，那么就可以进入下面的步骤。

1）首先，从发送方的余额中扣除执行的前期 Gas 成本，并将发送方账户的 nonce 加 1。可以计算剩余的 Gas，为交易的 GasLimit 减去所使用的内在 Gas。

2）然后，交易开始执行。在交易的整个执行过程中，以太坊都跟踪"交易子状态"。子状态记录交易中产生的信息，这些信息也是交易完成后马上要用到的。具体来说，它包含：

- 自毁集合：交易完成后将丢弃的一组账户（如果有的话）。
- 日志序列：虚拟机代码执行的存档和可索引的检查点。
- 退款余额：交易完成后退还给发送者账户的余额。

一旦处理完交易中的所有步骤，并假定没有无效状态，则通过确定向发送方退还未使用的 Gas 数量，来判定最终状态。除了未使用的 Gas 外，发送方还从上文所述的退款余额中退还了一些余额。发送者得到退款之后，则：

- Gas 奖励归矿工。
- 交易使用的 Gas 会被添加到区块的 Gas 计数中（计数一直记录当前区块中所有交易使用的 Gas 总量，这对于验证区块是非常有用的）。
- 所有在自毁集中的账户（如果存在的话）都会被删除。
- 最后，留下新的状态和交易创建的一组日志。

合约创建

前面说过，以太坊的账户分为两类：合约账户和外部账户。如果交易是"合约创建"，则交易的目的是创建一个新的合约账户。为了创建一个新的合约账户，首先来声明新账户的地址，然后通过以下方式初始化新账户：

- 将 nonce 设置为零。
- 如果发送方在交易中发送了一定数量的以太币作为价值，则将账户余额设置为该价值。
- 从发送方的余额中扣除这个新账户余额的增加部分。
- 将存储设置为空。
- 将合约的 codeHash 设置为空字符串的哈希值。

一旦账户完成初始化，就可以创建账户了，使用与交易一起发送的 init 代码。在执行这个 init 代码的过程中，可能会出现很多情况。根据合约的构造函数，它可能更新账户的存储、创建其他的合约账户或完成其他的消息调用等。一旦初始化合约的代码被执行，就开始消耗 Gas，交易使用的 Gas 不能超出账户的余额，一旦超出，将会出现 out-of-gas 异常并退出。如果运行过程中 Gas 不足，则所有状态回滚，消耗掉所有 Gas。也就是说，被创建的合约账户也会被回滚掉，捐献值回滚到原账户。如果合约初始化运行成功，则计算存储代码（code）的花费，若成功，则设置账户的代码。如果不足以支付存储费用，回滚状态，Gas 不退回。

5.10.2　区块挖掘与验证

以太坊中的挖矿目前也是通过工作量证明来完成的，以太坊的工作量证明算法被称为 Ethash。Ethash 实现了 PoW，PoW 的精妙之处在于通过一个随机数来确定矿工确实做了大量的工作，并且是没有办法作弊的。

Ethash 的具体做法如下。每个区块都算出一个 seed，每个时间段 epoch 对应的 seed 都不相同，一个 epoch 相当于 3 万个区块的长度。在第一个 epoch，seed 是一系列 32 字节个零的哈希。对于后来的每一个 epoch 来说，它都是以前 seed 哈希的哈希。使用 seed，一个节点可以计算一个 16MB 伪随机的缓存数组，数组的第一个元素为 seed 的哈希值，之后缓存数组中的每一个元素都为前一个元素的哈希值。使用缓存数组，节点可以生成 1GB 大小的数据集 DAG，数据集中的每个项都依赖于缓存中的元素进行 256 次哈希运算得到。缓存的大小和 DAG 的大小是定期增长的，每隔 30000 个区块会增加原始大小的 1/128（缓存增加 128KB、DAG 增加 8MB）。seed 每隔 30000 个区块会更改一次。为了成为一名矿工，必须生成完整的缓存数组与数据集 DAG，将其放入内存中。所有轻节点和矿工都存储缓存数组，只有矿工节点需要存储 DAG，并且数据集随时间线性增长。然后，矿工们可以生成随机数 nonce，这个 nonce 决定了读取 DAG 中哪些位置的元素，然后通过哈希运算将其生成为一个 mixHash。矿工将反复生成 mixHash，直到输出低于预期目标的 target。当输出的 mixHash 满足这个要求时，这个 nonce 被认为是有效的，所以带有这个 nonce 的区块可以验证通过并添加到链上。

每一个挖出获胜区块的矿工将获得以下奖励：

- 获得的 5 以太币的奖励。
- 该区块所包含的交易在区块内消耗的 Gas 成本。
- 将叔块作为区块的一部分的额外奖励。

PoW 算法是一个 SHA256 哈希函数。这类函数的弱点在于，它可以通过使用专门的硬件更有效地解决问题，也就是所谓的 ASIC。为了解决这一问题，以太坊选择了将 PoW 算法按顺序存储到内存硬件中。这意味着这个算法是经过设计的，所以计算 nonce 需要大量的内存和带宽。大量的内存需求使得计算机很难使用它的内存来同时发现多个 nonce，而且高带宽的要求使得即使是超级计算机也很难同时发现多个 nonce。这减少了集中化的风险，也为正在进行验证的节点创建了一个更公平的机制。目前以太坊正在从 PoW 机制过渡到 PoS 机制。

5.10.3　挖矿难度调整

以太坊的挖矿难度是可以动态调整的，每个区块的难度系数都会根据上一区块的生成时间、上一区块的难度系数以及区块高度等因素，由指定的公式计算得出，并写在相应的区块头中。由于以太坊处于不断的开发转变中，因此具体使用的难度计算公式及其中的参数都处在不断的变化和调整中。下面仅以以太坊 Homestead 阶段某时期的难度计算公式为例，对以太坊难度系数的计算方法进行大致的介绍。

$$block_{diff} = parent_{diff} + \frac{parent_{diff}}{2048} \times \max\left(1 - \frac{block_{ditimestamp} - parent_{ditimestamp}}{10}, -99\right) + int\left(2^{\left(\frac{block.number}{100000} - 2\right)}\right)$$

其中 $parent_{diff}$ 为上一个区块的难度系数，$block_{ditimestamp}$ 及 $parent_{ditimestamp}$ 分别为该区块及上一个区块生成的时间，block.number 为当前区块的序号。可以看出，当前区块的难度由三项组成，第一项是上一个区块的难度，第二项为根据当前区块的产生时间计算得出的难度调整，第三项是以太坊引入的难度炸弹。前两项的作用主要在于当计算算力发生变化时保持以太坊的出块速度在 15 秒左右；而第三项难度炸弹则会随着每 100000 个区块的生成而翻倍，在后期会显著影响以太坊的出块速度。难度炸弹的存在是为了让矿工越来越难挖出区块，越来越难得到挖矿奖励，矿工就会选择另一种工作机制，这样就可以实现以太坊开发之初提出的将共识机制从 PoW 向 PoS 过渡。通过逐步增加区块链的挖矿难度，人为减慢以太坊发行速度。这一机制是为了使以太坊向权益证明机制算法进行转变而设计的。

5.10.4 区块验证

以太坊中判断一个区块是否合法，首先需要对区块在整体上做合法性判断。

- 其区块头的状态树的根 stateRoot 是否确实是状态树的根。
- 其区块头的 ommerHash 是否与区块的 Uncle 区块头部分的哈希值一致。
- 其区块头中的 transactionRoot，即区块中交易的树的根，是否和区块存储的交易列表中的交易一一对应。
- 其区块头中的 recieptRoot，即区块中收据的树的根，是否和区块存储的交易列表一一对应，每条交易是否都有一条相应的收据。
- 区块头中 logsBloom 是否包含了区块的交易的所有日志。
- 执行该区块之前的状态树的根节点，是否与其父区块中的根节点一致。

通过上述判断可以对区块的整体合法性进行验证，除了上述整体性的合法验证，还需要对区块头进行进一步的验证。主要验证规则有以下几点：

- parentHash 正确，即 parentHash 与其父区块的头的哈希值一致。
- number 为父区块 number 值加 1。
- difficuilty 难度正确。区块合理的难度与父区块难度、当前区块时间戳、父区块时间戳间隔和区块编号有关。难度可以起到一定的调节出块时间的作用，可以看出，当出块变快（也就是出块间隔变小）时难度会增加，否则难度会减小。
- gasLimit 和上一个区块的差值在规定范围内。

- gasUsed 小于等于 gasLimit。
- timestamp 时间戳必须大于上一区块的时间戳。
- mixHash 和 nonce 必须满足 PoW。
- extraData 最多为 32 个字节。

5.11 以太坊网络

以太坊网络建立在一个点对点的对等网络上，来保证以太坊的去中心化性质并且有助于节点间达成共识机制从而维护区块链。根据具体的需求和使用情况，可以将以太坊网络分成 3 类。

1）MainNet，是当前的以太坊网络，其版本为 Homestead。

2）TestNet，也称作 Ropsten，表示以太坊区块链的测试网络。主要部署在区块链之间，用于测试智能合约与 DApp。作为测试网络，TestNet 还支持各种试验和研究行为。

3）专用网络，表示为一类私有网络，可通过生成创世区块而产生。这一情况常出现于分布式账本网络中，其中，一组专属实体启动自身的区块链，并将其用作授权许可的区块链。

5.12 典型的以太坊应用

随着以太坊的不断发展，基于以太坊的开发者生态圈已经相对完善。目前有数千个基于以太坊开发的去中心化应用正在运营中。StateoftheDapps 网站集合了当前各类 DApp 的用户量、交易量以及用户日常活动量等信息。

总的来说，目前 DApp 所涉及的领域包括游戏、社交、金融、管理、媒体、安全、存储、能源、保险等。

实际上，当前各类 DApp 的用户数量及用户活跃度都十分有限，以太坊本身的性能无疑是限制 DApp 发展的一个重要因素。有评论认为，当前在以太坊上开发 DApp，相当于在20 世纪 60 年代的硬件上进行计算。毕竟，以太坊交易的吞吐量、延时都远不及中心化系统，同时在以太坊中进行信息记录的开销也很大。

以太坊同时提供一些基础设施服务，典型代表是以太坊域名服务（Ethereum Name Service，ENS）。ENS 是以太坊基金会开发的 DApp，它是建立在以太坊平台之上的分布式域名系统。简单来说，ENS 在以太坊系统中提供类似计算机网络中的域名服务（Domain Name Service，DNS）。

以太坊常用应用开发工具

目前有许多工具可以帮助大家快速开发、测试、部署一个以太坊智能合约，下面将介绍几个主流的以太坊智能合约开发工具。

MetaMask 是一款浏览器插件钱包，不需下载安装客户端，只需将其添加至浏览器扩展程序即可使用，非常方便，能帮助用户方便地管理自己的以太坊数字资产，并且可以很方便地调试和测试以太坊的智能合约。目前 MetaMask 已经推出中文版，官方称其支持市面上所有的 DApp 应用程序，并已上线 360 安全浏览器应用市场、360 极速浏览器应用市场、360 手机助手、百度浏览器应用市场、QQ 浏览器应用中心等多个平台，非常便捷。

Remix 是一个开源的、用于 Solidity 智能合约开发的 Web 端 IDE，提供基本的编译、部署至本地或测试网络、执行合约等功能。Solidity 是以太坊官方设计和支持的程序语言，专门用于编写智能合约。

Infura 提供免费的以太坊节点 RPC API 服务、IPFS API 服务以及整合了多个数字货币交易所数据的加密货币行情信息 API 服务。

web3.js 是一个通过 RPC 调用和以太坊节点进行通信的 js 库。web3.js 可以与任何暴露了 RPC 接口的以太坊节点连接。web3 的 JavaScript 库能够与以太坊区块链交互，可以检索用户账户、发送交易、与智能合约交互等。

Truffle 是以太坊最流行的开发框架，能够在本地编译、部署智能合约，其使命是让开发更容易。Truffle 提供：

- 内置的智能合约编译、链接、部署和二进制文件的管理。
- 针对快速迭代开发的自动化合约测试。
- 可脚本化、可扩展的部署与迁移框架。
- 用于部署到任意数量的公网或私网的网络环境管理。
- 使用 EthPM&NPM 提供的包管理，使用 ERC190 标准。
- 与合约直接通信的交互控制台。
- 可配置的构建流程，支持紧密集成。
- 在 Truffle 环境里支持执行外部的脚本。

Ganache 是 Truffle 提供的可视化私有链工具，可以方便开发者快速进行以太坊 DApp 的开发与测试。

第 6 章 *Chapter 6*

超级账本

6.1 超级账本简介

超级账本（Hyperledger）项目是全球最大的开源企业级联盟链分布式账本平台。在Linux 基金会的支持下，超级账本项目吸引了包括 IBM、Intel、Cisco、DAH、摩根大通、R3、甲骨文、百度、腾讯等在内的众多科技和金融巨头的参与贡献，以及在银行、供应链等领域的应用实践。超级账本于 2015 年 12 月被正式宣布启动，由若干个各司其职的顶级项目组成，目的是让成员共同合作，共建开放平台，推动区块链数字技术和交易验证的发展。目前已经有超过 270 家来自不同领域和地区的组织加入了超级账本这一项目，参与者中不乏知名巨头公司以及初创公司，涉及行业从物流到医疗保健，涉及领域囊括从金融到政府组织等多个领域。超级账本拥有 10 个子项目，涉及代码 360 万行，近 28000 名参与者加入了超级账本全球 110 多场相关主题聚会。与其他分布式平台不同，超级账本的各个子项目仅用于提供一个基于区块链的分布式账本平台，并不发币。

超级账本没有中心权力机构，每一笔交易保证全网公开的同时也确保安全，由全社会共同维护，信用也由全社会共同见证。利用点对点网络的特性，以及分布式账本技术共享、透明和去中心化的特性，打造跨行业的区块链解决方案，各行各业可以自定义分布式账本解决方案。

分布式账本技术非常适合应用于金融行业，以及制造、银行、保险、物联网等其他行业。通过创建分布式账本的公开标准，实现虚拟和数字形式的价值交换，例如资产合约、能源交易、数字证书，能够安全、高效、低成本地进行追踪和交易。

自成立以来，超级账本社区吸引了国内外各行业的广泛关注，并获得了飞速的发展。社区的各类参与者包括会员企业、开源平台开发者等，共同构造了完善的企业级区块链生态。在项目之外，超级账本开源社区的发展也极为繁荣。整体来说，社区的领导架构如下：

- 技术委员会：负责对技术相关的工作进行指导，下设多个技术工作组，具体地对各个项目的发展进行指导。
- 管理董事会：负责整个社区的组织决策，代表成员从超级账本会员中推选。
- Linux 基金会：负责基金管理和大型活动组织，协助社区在 Linux 基金会的支持下健康发展。

超级账本在区块链中的位置如下：

- 比特币——代表数字货币、区块链思想的诞生，提供了区块链技术应用的原型。
- 以太坊——挣脱数字货币的枷锁，智能合约的诞生延伸了区块链技术的功能。
- 超级账本——进一步引入权限控制和安全保障，首次将区块链技术引入分布式联盟账本的应用场景。

超级账本的出现实际上宣布了区块链技术已经不局限于单一的应用场景，也不局限在完全开放的公有链模式下，区块链技术已经正式被主流企业市场所认可并在实践中采用。同时，超级账本项目中提出和实现了许多创新的设计和理念，包括完备的权限和审查管理、细粒度隐私保护，以及可插拔、可扩展的实现框架，对区块链相关技术和产业发展都将产生深远的影响。

超级账本项目是 Linux 基金会重点支持的面向企业的分布式账本平台。它同时也是开源界和工业界颇有历史意义的合作成果，将为分布式账本技术提供在代码实现、协议和规范标准上的技术参考。超级账本项目中提出的许多创新技术和设计，也得到了工业界和开源界的认可。超级账本社区十分重视应用落地。目前基于超级账本相关技术，已经出现了大量的企业应用案例，这为更多企业使用区块链技术提供了很好的应用参考。

6.2 超级账本项目

作为一个联合项目（collaborative project），超级账本由面向不同目的和场景的子项目构成。目前超级账本大家庭包括 Burrow、Fabric、Indy、Iroha 和 Sawtooth 5 个框架平台类的项目以及 Caliper、Cello、Composer、Explorer 和 Quilt 5 个工具类的项目，所有项目都遵守 Apache v2 许可，如图 6-1 所示。

图 6-1　超级账本项目

- Burrow 是最早由 Monax 开发的项目，是一个通用的带有权限控制的智能合约执行引擎，同时也是超级账本大家庭中第一个来源于以太坊框架的项目，智能合约引擎遵循 EVM 规范。
- Fabric 是一个功能完善的支持多通道、多链的主要面向企业的区块链系统，它是超级账本中应用最广泛、知名度最高的项目，将在后面详细介绍。
- Indy 是一个着眼于解决去中心化身份认证问题的技术平台，该项目由 Sovrin 基金会牵头。Indy 可以为区块链系统或者其他分布式账本系统提供基础组件，用于构建数字身份系统，它可以实现跨多系统的身份认证、交互等操作。
- Iroha 可以简单地以模块的形式应用于任何分布式账本中，其设计理念之一便是项目中的很多组件可以为其他项目所用，同时 Iroha 区别于其他超级账本项目的一大特点是它主要面向于移动应用。
- Sawtooth 是一个支持许可和非许可部署的区块链系统，是功能完整的区块链底层框架。它提出的共识算法——时间流逝证明（Proof of Elapsed Time，PoET），开创性地使用了可信执行环境（Trust Execution Environment，TEE）来辅助共识达成。PoET 可以在容忍拜占庭攻击的前提下，降低系统计算开销，是较为高效且低功耗的共识算法。Sawtooth 可以应用于多种场景，包括金融、物联网、供应链等。
- Caliper 是一个区块链性能基准测试工具，开发者可以使用该工具内置的测试用例来测试区块链每秒执行的交易数量、延迟等性能。
- Cello 是一个区块链的模块工具包，主要用于管理区块链的生命周期，在各种物理机、虚拟机、Docker 等基础设施上提供有效的多租户链服务，可用于监控日志、状况分析等。
- Composer 是一个开发工具框架，协助企业将现有业务和区块链系统集成。开发人员借助 Composer 快速创建智能合约以及区块链应用。通过强大的区块链解决方案，实现区块链业务需求的一致性。
- Explorer 是一个区块链浏览器，提供一个简洁的可视化 Web 界面，用户可以通过该工具快速查询每个区块的内容，包括区块头中的区块号、哈希值等信息，也包含每笔交易的读写集等具体内容。
- Quilt 通过实施跨账本协议（Interledger Protocol，ILP）提供分类账本系统之间的互操作。主要是支付协议，旨在跨分布式账本和非分布式账本传输价值。

所有的项目都需要经过提案、孵化、活跃、退出和终结 5 个生命周期。上面所有的项目都遵循 Apache V2 许可，并约定共同遵守如下基本原则：

- 重视模块化设计：包括交易、合同、一致性、身份、存储等技术场景。
- 重视代码可读性：保障新功能和模块都很容易添加和扩展。
- 可持续的演化路线：随着需求的深入和更多的应用场景，不断增加和演化新的项目。

超级账本 Fabric 是超级账本中的基础核心平台项目，它致力于提供一个能够适用于各个场景的、内置共识协议可插拔的、可部分中心化（提供权限管理）的分布式账本平台，是首个面向联盟链场景的开源项目。下面介绍 Fabric 的核心思想、整体架构和关键技术。

6.3　Fabric

企业级区块链的应用应该满足要求：网络是准入的，高吞吐量，低延迟，交易保证隐私与机密。

Fabric 是由 IBM 贡献的超级账本框架。它是一个利用现有成熟的技术组合而成的一个区块链技术的实现。它是一种允许可插拔实现各种功能的模块化架构。它具有强大的容器技术，以承载各种主流语言来编写智能合约。Fabric 具有如下特点：

- 高度模块化，使得平台可以适用不同的行业：银行、金融、保险、医疗、人力资源等。
- 第一个支持通用编程语言编写智能合约：Java、Go。
- 网络要求带有许可（permissioned）管理。
- 共识协议可插拔，可以用于不同的环境。
- 没有 Token，减少了被攻击的风险，不需要挖矿即可降低成本。

6.3.1　核心思想

Fabric 是一个带有节点许可管理的联盟链系统。在传统的公有链区块链系统中，系统对节点的加入没有限制，这使系统的治理非常复杂，为了利用区块链的特性，同时避免复杂的系统治理，Fabric 采用了带有许可认证的节点管理方式，也就是系统在一系列已知的、具有特定身份标识的成员之间进行交互。虽然对于系统而言节点的身份是已知的，但是节点之间并不相互信任，所以节点之间还需要一个一致性的算法来保证数据可信。与传统公有链系统使用的 PoW 工作量证明算法不同，在节点身份已知的 Fabric 系统中，可以采用传统的类似于 BFT 的共识算法。

在不带许可（permissionless）加入的网络环境中，用户是匿名的，任何虚拟用户都可以参与协议。在不带许可加入的区块链中，一般会设置数字通证 Token 或者加密货币来激励矿工，从而保证系统的安全性；在带许可（permissioned）加入的网络环境中，用户的身份是可辨认的，并且可以不依赖于 PoW 机制，而是使用传统的故障容错（Crash Fault Tolerant，CFT）或者拜占庭容错（Byzantine Fault Tolerant，BFT）共识协议。

传统的区块链采用的是一种顺序执行的方式，交易在排序完成后或者排序的过程中执行智能合约，这使得所有节点必须按顺序执行智能合约，限制了系统的可扩展性和性能。Fabric 使用了一种不一样的架构，被称为"执行 – 排序 – 验证 – 提交"模型，使得 Fabric 有更好的扩展性和灵活性。交易预先执行的方式避免了非确定性的状态，也使系统能够抵抗一些恶意攻击，如资源耗尽。在这样的模型基础上，Fabric 能够将交易拆分为构建区块和更新状态两个阶段,一方面使得系统可以将交易的执行、排序、提交单独剥离出来,让系统的架构更加灵活;另一方面也使得系统架构更具有扩展性,开发者可以针对不一样的企业需求,对执行、排序、验证、提交各个阶段定制不一样的服务。

Fabric 中采用的"执行 – 排序 – 验证 – 提交"模型可分成三步:

- 执行:交易(通过智能合约)以任意顺序执行,甚至可以并行执行。
- 排序:当足够数量的节点对交易结果达成一致时,该交易就会被加入账本并扩散给所有节点。
- 验证:每个节点验证并按顺序执行交易,从而更新账本。

首先需要注意的是,交易的执行和对账本的实际更新被拆分为两个环节,这一拆分带来一些有益的作用:

- 由于所有节点都需要更新账本,因此所有节点都需要执行验证步骤。但并不是所有的节点都需要执行智能合约。Fabric 使用背书策略来定义哪些节点需要执行交易。这意味着指定的链码(智能合约)不必开放给所有的节点——那些不在背书策略中的节点不需要访问链码的权限。
- 交易可以在被排序之前先执行。这时节点可以并行执行交易,从而提高系统的吞吐量。
- 在 Fabric 的三步交易模型中,在交易被添加到账本之前,其链码执行结果是显式达成一致的,其他区块链的两步交易模型使用确定性的链码,本身就隐含了节点之间就智能合约的执行结果达成一致。显式达成一致可以让 Fabric 使用非确定性的链码,这也是我们可以使用 Go、Java 和 Node.js 编写 Fabric 链码的原因。

6.3.2　整体架构

Fabric 充分利用了模块化的设计、容器技术和密码学技术,使得系统具有可扩展、灵活和安全等特性。总的来说,在具体架构设计上,Fabric 采用了以下几个核心思想:

1)灵活的链码(Chaincode)信任机制。在 Fabric 系统中,链码即智能合约。智能合约写在链码里并在区块链外部应用程序要和账本发生交易的时候被外部应用程序调用。在大多数情况下,链码只和账本的数据库组件交互,而不会与交易日志交互。链码的运行与交易背书、区块链打包在功能上被分割为由不同的角色完成,且区块的打包可以由一组节点共同承担,从而实现对部分节点失败或者错误行为的容忍。对于每一个链码,背书节点可以是不同的节点,这保证了交易执行的隐私性、可靠性。

2)高效的可扩展性。与其他区块链系统中所有节点对等的设计方式相比,Fabric 中交易的背书节点与区块链打包的 Orderer 节点解耦,这能使系统具有更好的伸缩性。特别是当不同链码指定了相互独立的背书节点时,不同链码的执行将相互独立,允许不同的背书并行执行。

3)隐私保护。为了保护用户、交易的隐私及安全,Fabric 制订了一套完整的数据加密、处理机制。同时,将不同的业务或用户通过通道隔离,实现了数据的隔离,以进一步保护隐私。

4）共识算法模块化。系统的共识由 Orderer 节点完成，并且在 Fabric 中允许各类共识算法以插件的形式应用于 Orderer 节点，比如 Solo 共识、Kafka 共识、PBFT 共识。

从系统的逻辑架构来看，Fabric 大致分为底层的网络层、权限管理模块、区块链应用模块，通过 SDK 和 API 对应用开发者提供服务，如图 6-2 所示。Fabric 系统主要提供成员管理、区块链服务、智能合约服务、监听服务等功能，如图 6-3 所示。

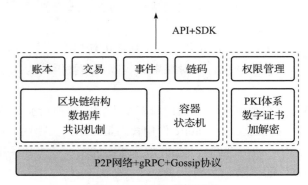

图 6-2　Fabric 逻辑架构

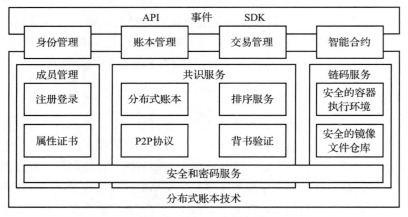

图 6-3　Fabric 实现架构

身份管理

身份管理为网络节点提供了管理身份、隐私、机密和审计的功能。Fabric 采用了 PKI 公钥体系，每个网络节点首先需要从证书颁发机构（CA）获取身份证书，然后使用身份证书加入 Fabric 网络。节点发起操作时，需要带上节点的签名，系统会检查交易是否合法以及是否具有指定的交易或者管理权限。

账本管理与交易管理

区块链服务主要包含交易管理和账本管理，Fabric 中客户端提交请求，背书节点进行背

书，通过共识管理模块将交易排序打包生成区块文件，主记账节点获取到区块之后，通过
P2P 网络协议进行广播，将区块广播到其他记账节点中，拿到区块后，记账节点通过账本存
储管理模块写入本地账本中，上层的应用还可以通过账本管理来查询交易信息，包括交易
号、区块号等。

链码管理

Fabric 采用 Docker 作为其链码的安全执行环境。一方面可以确保链码执行和用户本地数
据隔离，保证安全，另一方面也更加容易支持多种语言的链代码提供智能合约开发的灵活性。

从系统部署架构的角度来看，Fabric 系统常见的网络部署如图 6-4 所示，在常见的部
署方式中，Fabric 区块链系统一般由多个组织构成，每个组织有自己的 Orderer 节点、背书
节点、主节点和记账节点。系统中主要包含 CA、客户端、Orderer 节点和 Peer 节点。其中
Orderer 节点功能比较单一，主要完成交易排序的功能。Peer 节点根据不同功能可以划分为
背书节点、记账节点、主节点。某一个 Peer 网络节点可能有多个功能，因为 Peer 节点的功
能独立，所以节点的加入与退出比较灵活。

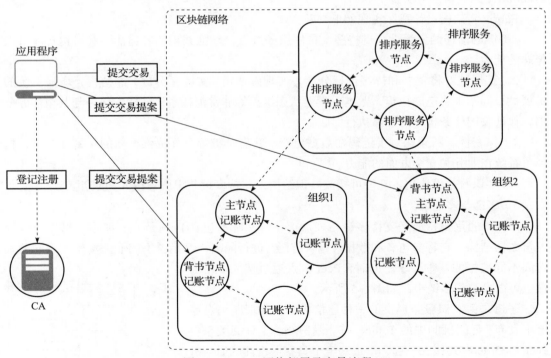

图 6-4　Fabric 网络部署及交易流程

Peer 节点是整个 Fabric 系统中的核心节点，同时承载着背书（Endorser）与提交者
（Committer）两个身份，其作用具体如下。

● Endorser：被某个客户端指定的 Endorser 需要完成相应交易提案的背书处理。具体

的背书过程为：收到客户端的交易提案后，首先进行合法性和权限的检查，若检查通过，则 Endorser 在本地对交易所调用的链码进行模拟执行，并对由交易导致的状态变化进行背书并返回给客户端。

- Committer：负责维护区块链账本结构。

主节点会定期从 Orderer 获取排序后的批量交易区块结构，对这些交易进行检查，并最终将其写入账本，主节点一般也是记账节点。

Orderer 是负责对交易进行排序的节点。Orderer 为网络中所有合法交易进行全局排序，并将一批排序后的交易组织成区块结构，传送至 Committer 节点写入区块链中。

CA 负责网络中所有证书的管理，实现标准的 PKI 架构。

客户端是调用 Fabric 服务的节点，要发出一个对 Fabric 系统的访问，首先客户端需要获取合法的身份证书来加入 Fabric 网络的应用通道。客户端在发起交易时，要构造交易提案，将其提交给 Endorser 进行背书。在收集到足够的背书后，可以组装背书结果构造一个合法的交易请求，发送给 Orderer 进行排序处理，Orderer 排序确认后最终被发送至 Committer 完成写入区块链中。

Fabric 新架构设计意在实现如下突破：

1）链码信任的灵活性。支持多个排序服务节点，增强共识的容错能力和对抗排序节点作恶的能力。

2）扩展性。将背书和排序进行分离，实现多通道（实际是分区）的结构，增强系统的扩展性；同时也将链码执行、账本、世界状态维护等非常消耗系统性能的任务与共识任务分离，保证关键任务排序的可靠执行。

3）保密性。新架构对于链码在数据更新、状态维护等方面提供了新的保密性要求，提高了系统在业务和安全方面的能力。

4）共识服务模块化。支持可插拔共识结构，支持多种共识服务接入和服务实现。

5）多链与多通道。

Fabric 的重要特征是支持多链与多通道。链实际上包含 Peer 节点、账本、排序通道的逻辑数据结构，它将参与者和数据（包含链码）进行隔离，满足了不同业务场景下不同的人访问不同数据的基本要求。同时，Peer 节点通过接入多个通道也可以参与到多链中，如图 6-5 所示。

通道是由共识服务提供的一种通信机制，类似于消息系统中发布 / 订阅机制中的 Topic；基于这种发布 / 订阅关系将 Peer 与 Orderer 连接在一起，形成一个个具有保密性的通信链路（虚拟），实现业务隔离要求。通道与账本状态密切相关。

关于多通道的特性可以参考下面的例子：共识服务与 (P_1, P_N)、(P_1, P_2, P_3)、(P_2, P_3) 组成了三个独立的通道，加入不同通道的 Peer 能够维护各个通道对应的账本和状态，

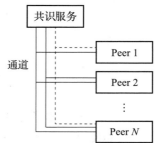

图 6-5　Fabric 多链与多通道

其实也对应现实世界中不同业务场景下的参与方，如银行、保险公司、物流企业、生产企业等实体结构。可以看到，通道机制使得 Fabric 建模实际业务流程的能力大大增强。

6.3.3 交易流程

与比特币的 UTXO 模型不同，Fabric 使用的是与以太坊共享的账户 / 余额模型。账户 / 余额模型更加简单和高效，基于 Fabric 的智能合约开发者可以直观地根据账户中是否有足够的余额来判断交易是否可以进行，因此也可以开发出更加复杂的智能合约。

在 Fabric 中，账户信息存储在世界状态对象中，世界状态代表了系统中所有账户的最新值，用户可以根据账户获取最新的账户信息，而不需要遍历整个区块文件进行计算。世界状态一般是通过 key-value 对象进行存储的，每一笔交易都会对世界状态中某个或者多个 key 进行读取、更新或者删除操作，Fabric 将这种交易结果抽象成读写对象。读集包含了链码中对世界状态中 key 的所有读操作以及对应的读操作读取到的版本，版本用对应 key 最后一次合法交易更新的交易所在区块的编号表示；写集包含了待更新的所有 key 和对应的 value。Fabric 利用交易的读写集来保证对世界状态更新的全局一致性。交易过程如图 6-6 所示。

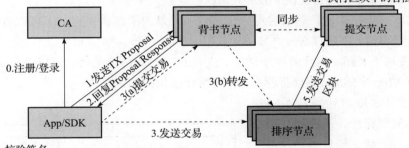

图 6-6 Fabric 交易过程

1）客户端 SDK 发送提案给 Endorser，提案中包含调用者的签名和应用程序生成的交易号，Endorser 和 Committer 可以通过检查确定是否有重复的交易。

2）Endorser 调用对应的链码程序执行交易，生成读写集。链码程序会查询世界状态中对应的 key 值生成读集，然后执行一系列链码中所写的业务逻辑，最后计算出对应世界状态中的 key-value 更新。Endorser 对该过程进行记录，最后的结果是生成一个读写集对象。

3）Endorser 将背书结果返回给客户端 SDK，其中包含了读写集对象。

4）客户端 SDK 将包含读写集的背书结果打包成交易发送给 Orderer。

5）Orderer 会接收到来自不同客户端的并行交易，它在内部将交易进行排序编号，然后组装成区块。

6）Committer 从 Orderer 拉取区块。

7）Committer 验证区块合法性，例如是否符合背书规则、是否存在双花等。如果交易验证通过，则将区块写入本地区块链账本中，同时将区块中合法交易包含的写集写入世界状态数据库中。这样就完成了一次完整的交易。

6.3.4 可插拔的共识

共识机制在 Fabric 系统中占有十分重要的地位。所有交易被发送到 Fabric 系统中后，都要通过共识服务对交易服务进行排序共识，然后将交易按顺序打包进区块链，以保证每一笔交易在区块链中的位置，以及在整个 Fabric 系统中各节点的一致性和唯一性。

在 Fabric 1.0 之后，共识服务被抽象成单独的功能模块，可以独立地对外提供共识服务，同时定义了共识服务的标准接口，以供开发者开发新的共识方法来支撑共识服务。

Fabric 对事务的排序与执行事务和维持账本在逻辑上是解耦的。具体来说，共识机制可以根据具体的部署方案和信任假设来挑选。在目前的版本中，Fabric 提供的共识包括 Kafka 和 Solo。在接下来的版本中，还会提供 PBFT 共识。

- Solo：提供单点排序功能，只能启用一个节点，只是为了测试使用，不可以进行扩展，也不支持容错，不建议在生产环境中使用。

- Kafka：提供基于 Kafka 集群的排序功能。支持 CFT，支持持久化，可以进行扩展，是允许 CFT 情况下 Fabric 当前推荐在生产环境中使用的共识方法。

- PBFT：实用拜占庭容错算法是一种状态副本复制算法，不同的共识节点保存了一个状态机副本，该副本里保存了服务的操作和状态。在系统中可能存在 f 个失效节点的情况下，如果能保证系统总的节点数大于 $3f+1$，那么在 PBFT 算法下系统总能够达成一致状态。

从模块内部看，共识服务模块主要包含对外接口、共识方法、共识账本、共用模块，其结构如图 6-7 所示。

- 对外接口：主要包括 Broadcast 和 Deliver 两个接口，分别用于接收客

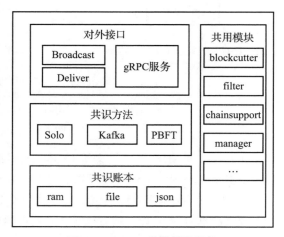

图 6-7　Fabric 共识模块架构

户端发来的交易和处理 Fabric 系统中各类节点发来的获取区块的请求。

- 共识方法：主要用于对接收到的交易进行排序，保证交易在区块链中的顺序在所有节点中一致。目前，开源的 Fabric 系统主要依靠 Solo 和 Kafka 两种共识算法实现。
- 共识账本：主要用于提供区块链的存储方式，当前支持 ram、file 和 json 三种方式存储区块链，其他模块可以通过简单接口存入或者读取区块链。
- 共用模块：主要用于为其他基础模块提供一些共用功能。

6.3.5　智能合约

智能合约在 Fabric 中也可以称为链码（Chaincode），是一个可信的分布式应用，它的安全基础源自底层区块链和共识协议。关于智能合约，有以下三点需要注意：

- 网络中可能同时运行多个智能合约。
- 智能合约可以被动态部署（在任何时刻被任何人部署）。
- 每个智能合约都可能是恶意的。

Fabric 中链码包含链码代码和链码管理命令两部分。

- 链码代码是业务的承载体，负责具体的业务逻辑。
- 链码管理命令负责链码的部署、安装、维护等工作。

Fabric 的链码是一段运行在 Docker 容器中的程序。链码是客户端程序和 Fabric 之间的桥梁。通过链码，客户端程序可以发起交易、查询交易。由于链码运行在 Docker 容器中，因此相对来说比较安全。目前支持 Java、Node.js、Go 语言，其中 Go 语言是最稳定的。链码管理命令主要用来对链码进行安装、实例化、调用、打包和签名操作。一旦链码容器被启动，它就会通过 gRPC 与该链码的节点进行连接。

智能合约分为系统智能合约和用户智能合约，系统智能合约是系统层面的代码，包括 Endorsement System Chaincode（ESCC）、Validation System Chaincode（VSCC）、Life-Cycle System Chaincode（LCSCC）和 Committer System Chaincode（CSCC）。ESCC 对提议进行背书，包括提议的哈希、读写对和签名；VSCC 对批量的交易进行验证；所有的用户智能合约在部署前都需要经过 LCSCC 的验证，验证通过后才可以部署上链；CSCC 将信息写入区块。用户智能合约即我们平常所指的智能合约，主要实现用户逻辑功能。图 6-8 展现了一份用户智能合约从验证部署到执行交易的全过程。

1）客户端 SDK 向节点发送用户智能合约请求。

2）节点验证客户端签名成功后，调用 LCSCC 对该用户智能合约进行验证，若验证通过，向节点发送通过通知。

3）节点再调用 ESCC，对该用户智能合约进行背书，若通过则执行部署。

4）该用户智能合约部署成功后，执行交易，客户端向节点发送交易请求。

5）节点验证客户端签名成功后，向全网进行广播，进行排序共识。

6）调用 VSCC 进行验证，若验证通过则调用 CSCC 将信息写入区块。

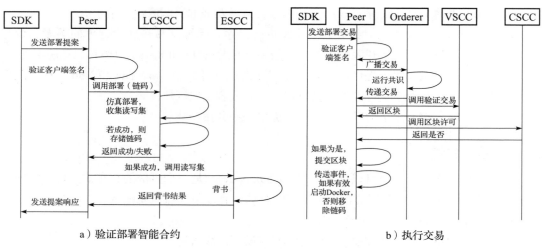

a）验证部署智能合约　　　　　　　　　　　b）执行交易

图 6-8　Fabric 用户智能合约执行过程

6.3.6　账本结构

账本由区块链和全局状态组成。区块链记录了交易的历史，区块链的数据结构与比特币相同，不同点在于区块体即交易细节的数据结构。因为 Fabric 的交易是通过智能合约发起的，所以在交易细节中，除了比特币交易细节中所记录的信息之外，还额外记录了智能合约的 ID。全局状态记录了交易的现状。世界状态是一个 key-value 数据库。当交易执行后，链码会将状态存在里面。

一个 Peer 节点的世界状态是所有部署的链码的状态的集合。一个链码的状态由键值对的集合来描述。因为设计者希望网络里的节点拥有一致的世界状态，所以会通过计算世界状态的哈希值来进行比较，但这会消耗比较多的算力，为此需要设计一个高效的计算方法，故引入 Bucket Tree 来实现世界状态的组织。

世界状态的 key 的表示为 {chaincodeID, ckey}，可以这样来描述 key：key=chaincodeID+nil+ckey。世界状态的 key-value 会存到一个哈希表中，这个哈希表由预先定义好数量的桶（bucket）组成。一个哈希函数会定义哪些桶会包含哪个 key。这些 bucket 都将作为 Merkle 树的叶子节点，编号最小的 bucket 作为 Merkle 树最左边的叶子节点。约定好 Merkle 是 N 叉树，直到构建出根节点，如果最后一层叶子节点的数目不是 N 的倍数，则将最后一个节点进行复制，直道可以构建一个 N 叉树。整个区块结构分为文件系统存储的区块结构和数据库维护的状态。其中状态的存储结构是可以替换的，可选的实现包括各种 KV 数据库，如 LevelDB、CouchDB 等。

6.3.7　链码示例

Chaincode 中文称为链码，是超级账本中的智能合约，链码本质上是一个程序，由 Go、

Node.js 或者 Java 编写，来实现一些预定义的接口。链码运行在一个和背书节点进程隔离的安全的 Docker 容器中。链码的初始化和账本状态的管理通过应用提交的交易来实现，超级账本通过链码实现对账本数据的读取和修改操作，同时也会把操作的日志保存到超级账本数据库中。由一个链码创建的状态仅限于该链码有权限访问。链码的生命周期包括打包、安装、实例化和升级四个部分。

链码一般处理网络中成员一致认可的商业逻辑，所以它类似于"智能合约"。链码在交易提案中被调用以升级或者查询账本。被赋予适当的权限后，链码就可以调用其他链码来访问它的状态，不管是在同一个通道还是在不同的通道。注意，如果被调用的链码和当前链码在不同的通道，就只能执行只读查询。也就是说，调用不同通道的链码只能进行"查询"，在提交的子语句中不能参与状态的合法性检查。

下面将以一个用 Go 语言实现的链码作为具体的链码编程实例进行介绍。每个链码程序必须实现链码接口，该接口的方法被调用以响应收到的事务。

链码接口包含两个方法：Init 方法和 Invoke 方法。Go 语言中的链码接口代码如下所示：

```
Type Chaincode  interface{
    // 初始化工作，一般情况下仅被调用一次
    Init(stub shim.ChaincodeStubInterface) peer.Response
    // 查询或者更新世界状态，可被多次调用
    Invoke(stub shim.ChaincodeStubInterface) peer.Response
}
```

链码要实现 Invoke 方法，客户端调用该方法来提交交易请求。Invoke 方法允许使用链码在通道分类账上读取和写入数据。链码还包括一个用作链码初始化函数的 Init 方法。在启动或升级链码时，将调用此方法对其进行初始化。默认情况下，此功能从不执行。但是，可以使用链码定义来请求 Init 执行该功能。如果 Init 请求执行，Fabric 将确保 Init 先调用该函数再调用其他函数，并且保证 Init 函数只调用一次。通过此选项，链码可以进一步控制哪些用户可以初始化链码以及向账本添加初始数据的功能。

链码 shim API 中的另一个接口是 ChaincodeStubInterface，用来访问和修改账本，并且可以调用链码。本节将通过实现一个管理简单资产的示例链码应用来演示如何使用这些 API。

每一个链码都要实现链码接口中的 Init 和 Invoke 方法。所以，我们先使用 Go 语言中的 import 语句来导入链码必要的依赖。我们将导入链码 shim 包和 peer protobuf 包。然后，加入一个 SimpleAsset 结构体来作为链码 shim 方法的接收者。

```
package main

import (
    "fmt"
```

```
    "github.com/hyperledger/fabric-chaincode-go/shim"
    "github.com/hyperledger/fabric-protos-go/peer"
)

// SimpleAsset 实现一个简单的链码来管理资产
type SimpleAsset struct {
}
```

1. 初始化链码

下面，我们将实现 Init 方法。注意，链码升级的时候也要调用这个方法。当升级一个已存在的链码的时候，请确保合理更改 Init 方法。特别地，当没有更改或者初始化不是升级的一部分时，可以提供一个空的 Init 方法。

```
// Init 在链码初始化阶段初始化数据时被调用
func (t *SimpleAsset) Init(stub shim.ChaincodeStubInterface) peer.Response {

}
```

然后，我们将使用 ChaincodeStubInterface.GetStringArgs 方法取回调用 Init 的参数，并且检查合法性。在该用例中，我们希望得到一个键值对。

```
func (t *SimpleAsset) Init(stub shim.ChaincodeStubInterface) peer.Response {
    // 从交易提案中获取参数
    args := stub.GetStringArgs()
    if len(args) != 2 {
        return shim.Error("Incorrect arguments.Expecting a key and a value")
    }
}
```

我们已经确定调用是合法的，因此将把初始状态存入账本中。我们调用 ChaincodeStubInterface.PutState 并将键和值作为参数传递给它。假设一切正常，将返回一个 peer.Response 对象，表明初始化成功。

```
func (t *SimpleAsset) Init(stub shim.ChaincodeStubInterface) peer.Response {
    // 从交易提案中获取参数
    args := stub. GetStringArgs()
    if len(args) != 2 {
        return shim.Error("Incorrect arguments. Expecting a key and a value")
    }
    // 通过调用 stub.PutState() 来设置变量和资产

    // 在账本中存储键值对
    err := stub. PutState(args [0], [] byte(args[1]))
    if err != nil{
        return shim.Error(fmt.Sprintf("Failed to create asset: %s", args [0]))
    }
    return shim. Success(nil)
}
```

2. 调用链码

首先，增加一个 Invoke 函数的签名。就像上面的 Init 函数一样，我们需要从 Chaincode-StubInterface 中解析参数。Invoke 函数的参数是将要调用的链码应用程序的函数名。在我们的用例中将有两个方法，即 set 和 get，分别用来设置和获取资产当前的状态。我们先调用 ChaincodeStubInterface.GetFunctionAndParameters 来解析链码应用程序方法的方法名和参数。

```
// 在链码上的每个交易调用 invoke，每个事务都是 Init 函数创建的资产上的 "get" 或 "set"。
// Set 方法可以通过指定新的键值对来创建新资产
func (t *SimpleAsset) Invoke(stub shim.ChaincodeStubInterface) peer.Response {
    // 从交易提案中获得函数和参数
    fn, args := stub.GetFunctionAndParameters()
}
```

然后，我们将验证函数名是否为 set 或者 get，并执行链码应用程序的方法，通过 shim.Success 或 shim.Error 返回一个适当的响应，这个响应将被序列化为 gRPC protobuf 消息。

```
// 在链码上的每个交易调用 invoke，每个事务都是 Init 函数创建的资产上的 "get" 或 "set"。
// Set 方法可以通过指定新的键值对来创建新资产
func (t *SimpleAsset) Invoke(stub shim.ChaincodeStubInterface) peer.Response {
    // 从交易提案中获得函数和参数
    fn, args := stub.GetFunctionAndParameters()
    var result string
    var err error
    if fn == "set" {
            result, err = set(stub, args)
    } else {
            result, err = get(stub, args)
    }

    if err != nil {
            return shim.Error(err.Error())
    }

    // 将结果作为操作成功的返回值返回
    return shim. Success( [] byte(result))
}
```

3. 实现链码应用程序

我们的链码应用程序实现了两个功能，可以通过 Invoke 方法调用。下面来实现这些方法。注意之前提到的，要访问账本状态，需要使用链码 shim API 中的 ChaincodeStubInterface.PutState 和 ChaincodeStubInterface.GetState 方法。

```
// Set 函数将资产存储在账本上。若键存在，它将用新值覆盖
func set(stub shim.ChaincodeStubInterface, args []string) (string, error) {
    if len(args) != 2 {
```

```
                    return"", fmt.Errorf("Incorrect arguments. Expecting a key and a value")
        }

        err := stub.PutState(args[0], []byte(args [1]))
if err !=nil{
                    return"", fmt.Errorf("Failed to set asset: %s", args [0])
        }
        return args[1], nil
}

// Get 函数返回指定资产键的值
func get (stub shim.ChaincodeStubInterface, args []string) (string, error) {
        if len(args) != 1 {
                    return "", fmt. Errorf("Incorrect arguments. Expecting a key")
        }

        value, err := stub. GetState(args [0] )
        if err != nil{
                    return "", fmt.Errorf("Failed to get asset: %s with error: %s",
                        args[0], err)
        }
        if value == nil {
                    return "", fmt.Errorf("Asset not found: %s", args[0])
        }
        return string(value), nil
}
```

4. 把它们组合在一起

最后，增加一个 main 方法，main 方法是 Go 语言程序执行的入口函数，将被 shim.Start 函数调用。当在节点部署链码时，就会执行 main 方法里的内容。

```
func main() {
    if err := shim.Start (new(SimpleAsset)); err != nil {
                fmt. Printf("Error starting SimpleAsset chaincode: %s", err)
    }
}
```

5. 其他函数

在链码接口中，还可以实现 Query 方法（本例中没有使用），只要在区块链上执行任何查询相关操作，就会调用 Query 方法。Query 方法不会修改区块链状态，因此不会运行在交易的上下文中。如果尝试在 Query 方法内修改区块链的状态，将会出现一个错误。另外，因为此方法仅用于读取区块链得到状态，所以对它的调用不会记录在区块链上。

实现了上述代码后就可以操作这个链码了，Fabric 提供了 4 个命令管理链码：

● package：打包由链码本身、一个可选的实例化策略以及链码拥有者的一组签名组成。在区块链上，链码被实例化进行交易时，可被对应的实例化策略验证。签名的作用

有三点：建立链码所有权；对包的内容进行验证；检测包是否被篡改。打包的方式
有两种：第一种，就是当链码有多个所有者时，需要让链码包被多个所有者签名；
第二种是在已签名的节点上用 install 命令安装链码。

- install：安装。
- instantiate：实例化。
- upgrade：更新。

首先通过 package 命令将链码打包，然后使用 install 命令安装链码，再通过 instantiate
命令实现链码的实例化。如果需要更新链码，则需要先安装新版本的链码，再通过 upgrade
命令对其进行升级。链码的安装有两种方法：一是直接将链码进行安装；二是通过 package
打包并签名链码，然后通过 install 命令来安装链码。链码的生命周期如图 6-9 所示。

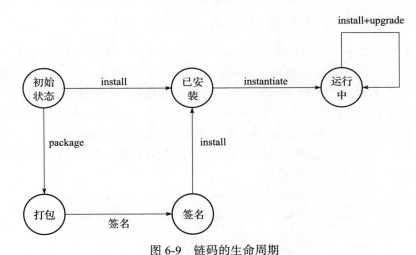

图 6-9　链码的生命周期

6.3.8　超级账本开发实例——Fabcar 区块链应用

本节将介绍 Fabric 官网中的一个区块链应用实例——Fabcar（https://hyperledger-fabric.
readthedocs.io/zh_CN/latest/write_first_app.html）。Fabcar 是一个基于 NODE SDK 的带
有智能合约链码的示例，NODE SDK 是 Fabric 官方提供的 JavaScript 软件开发工具包，
可以用来与 Fabric 网络进行交互，通过该示例的学习，我们可以了解 NODE SDK 的使用
方法。

Fabcar 应用程序实现了包含两种用户角色的汽车数据管理功能。管理员用来更新和管
理汽车数据；普通用户用来查询汽车数据。

1. Fabric 网络

在 Fabric 网络中，一个应用首先需要通过开发者证书的确认，通过确认后才能执行链
码，链码可以更新区块链网络。区块链网络更新成功后再通知应用，如图 6-10 所示。

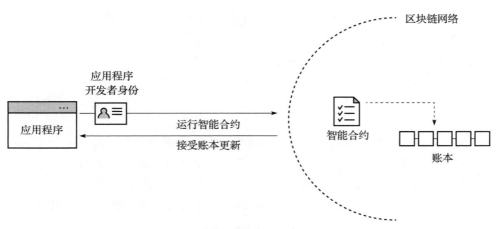

图 6-10　超级账本应用程序执行流程

在 fabcar 文件夹下，使用 startFabric.sh 命令启动网络。这个命令将启动一个区块链网络，这个网络由 Peer 节点、排序节点和证书授权服务等组成。同时也将安装和初始化 JavaScript 版的 Fabcar 链码，应用程序将通过它来控制账本。并在 JavaScript 文件目录下使用 npm install 命令来安装应用程序所需要的 Fabric 依赖。这个指令将安装应用程序的主要依赖，这些依赖定义在 package.json 中。其中最重要的是 fabric-network 类；它使得应用程序可以使用身份、钱包和连接到通道的网关，以及提交交易和等待通知。如果安装成功，将看到该目录下的文件如图 6-11 所示。

```
enrollAdmin.js          invoke.js          node_modules
package-lock.json       package.json       query.js
registerUser.js         wallet
```

图 6-11　npm install 安装结果

2. 管理员登记

当创建网络的时候，一个管理员用户（admin）被证书授权服务器（CA）创建成登记员。第一步要使用 enroll.js 程序为 admin 生成私钥、公钥和 x.509 证书。这个程序使用一个证书签名请求（CSR）在本地生成公钥和私钥，然后把公钥发送到 CA，CA 会发布一个让应用程序使用的证书。这三个证书保存在钱包中，以便于以管理员的身份使用 CA。

注册和登记一个新的应用程序用户，Fabcar 将使用这个用户来通过应用程序和区块链交互。我们使用 node enrollAdmin.js 命令登记一个 admin 用户。这个命令将 CA 管理员的证书保存在 wallet 目录中。运行结果如下所示。

```
Successfully enrolled admin user "admin" and imported it into the wallet
```

3. 注册并登记 user1

可以使用 node registerUser.js 命令来登记一个新用户 user1，它可以查询账本。

4. 查询账本

区块链网络中的每个节点都拥有一个账本的副本，应用程序可以通过执行链码查询账本上最新的数据来查询账本，并将查询结果返回给应用程序，工作流程如图 6-12 所示。

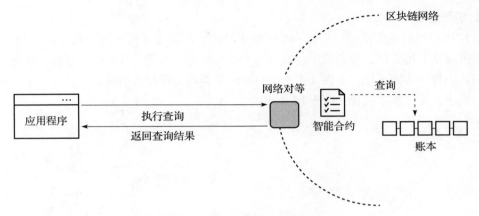

图 6-12　查询账本工作流程

应用程序从 ledger 读取数据。最常用的查询是查询账本中当前的值，即世界状态。世界状态是一个键值对的集合，应用程序可以根据一个键或者多个键来查询数据。而且，当键值对是以 JSON 值模式组织的时候，世界状态可以通过配置使用数据库（如 CouchDB）来支持富查询。这对于查询所有资产来匹配特定的键的值是很有用的，比如查询一个人的所有汽车。

运行 query.js 程序来返回账本上所有汽车的信息。这个程序使用第二个身份来操作账本，执行命令 node query.js，得到如图 6-13 所示的结果。

```
Wallet path: ...fabric-samples/fabcar/javascript/wallet
Transaction has been evaluated, result is:
[{"Key":"CAR0", "Record":{"colour":"blue","make":"Toyota","model":"Prius","owner":"Tomoko"}},
{"Key":"CAR1", "Record":{"colour":"red","make":"Ford","model":"Mustang","owner":"Brad"}},
{"Key":"CAR2", "Record":{"colour":"green","make":"Hyundai","model":"Tucson","owner":"Jin Soo"}},
{"Key":"CAR3", "Record":{"colour":"yellow","make":"Volkswagen","model":"Passat","owner":"Max"}},
{"Key":"CAR4", "Record":{"colour":"black","make":"Tesla","model":"S","owner":"Adriana"}},
{"Key":"CAR5", "Record":{"colour":"purple","make":"Peugeot","model":"205","owner":"Michel"}},
{"Key":"CAR6", "Record":{"colour":"white","make":"Chery","model":"S22L","owner":"Aarav"}},
{"Key":"CAR7", "Record":{"colour":"violet","make":"Fiat","model":"Punto","owner":"Pari"}},
{"Key":"CAR8", "Record":{"colour":"indigo","make":"Tata","model":"Nano","owner":"Valeria"}},
{"Key":"CAR9", "Record":{"colour":"brown","make":"Holden","model":"Barina","owner":"Shotaro"}}]
```

图 6-13　查询车辆结果

如果想要查找特定车辆的信息，可以改变 query.js 程序，更改 evaluateTransaction 的请求来查询 CAR6。query.js 程序的代码段更改为：

```
const result = await contract.evaluateTransaction('queryCar', 'CAR6');
```

保存程序，再次运行 query.js 程序，得到如图 6-14 所示的结果。

```
Transaction has been evaluated, result is: {"color":"white","docType":
"car","make":"Chery","model":"S22L","owner":"Aarav"}
```

图 6-14 查询 CAR6 的结果

5. 更新账本

从应用程序的角度来说，更新一个账本很简单。应用程序向区块链网络提交一个交易，当交易被验证和提交后，应用程序会收到一个交易成功的提醒。在底层，区块链网络中各组件中的共识程序协同工作，来保证账本的每一个更新提案都是合法的，而且有一个大家一致认可的顺序，更新账本流程如图 6-15 所示。

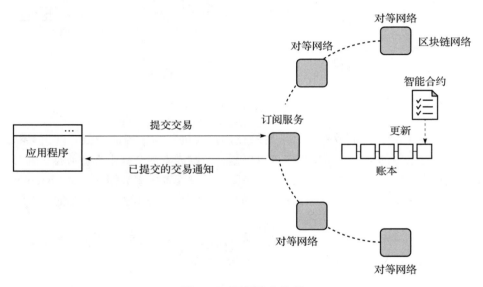

图 6-15 更新账本流程

从图 6-16 中，我们可以看到完成这项工作的主要组件。同时，多个节点中每一个节点都拥有一份账本的副本，并可选地拥有一份智能合约的副本，网络中也有一个排序服务。排序服务保证网络中交易的一致性；它也将连接到网络中不同的应用程序的交易以定义好的顺序生成区块。

对账本的更新是创建一辆新车。有一个单独的程序 invoke.js，用来更新账本。和查询一样，使用一个编辑器打开程序，定位到构建和提交交易到网络的代码段：

```
await contract.submitTransaction('createCar', 'CAR12', 'Honda', 'Accord', 'Black', 'Tom');
```

应用程序调用智能合约的交易 createCar 来创建一辆车主为 Tom 的黑色 Honda Accord 汽车。使用 CAR12 作为这里的键，这也说明不必使用连续的键。保存并运行程序：node invoke.js。如果执行成功将看到如图 6-16 所示的结果。

```
Transaction has been submitted
```

图 6-16　invoke.js 执行结果

执行 query.js 来查看 CAR12 的信息，可以发现，CAR12 已经被成功添加到账本中，如图 6-17 所示。

```
Transaction has been evaluated, result is: {"color":"Black","docType":"car","make":"Honda","model":
"Accord","owner":"Tom"}
```

图 6-17　查询 CAR12 结果

假设 Tom 很大方，想把他的 Honda Accord 送给一个叫 Dave 的人。为了完成这个更新，返回到 invoke.js 然后利用输入的参数，将智能合约的交易从 createCar 改为 changeCarOwner，将 invoke.js 程序的代码段更改为：

```
await contract.submitTransaction('changeCarOwner', 'CAR12', 'Dave');
```

参数 CAR12 表示将要易主的车，参数 Dave 表示车的新主人，保存并运行程序：node invoke.js。当再执行 query.js 来查看 CAR12 的信息时，可以发现，CAR12 的所有者已经成功更改为 Dave，如图 6-18 所示。

```
Transaction has been evaluated, result is: {"color":"Black","docType":"car","make":"Honda","model":
"Accord","owner":"Dave"}
```

图 6-18　更改 CAR12 所有者结果

6. 总结

本节介绍了超级账本的 Fabcar 区块链应用，该应用程序完成了对车辆世界状态的账本查询和更新，实现了添加车辆信息、查询所有车辆信息、查询特定车辆特征、更新车辆属性等功能，该应用功能如图 6-19 所示。通过本节内容，读者应该已经了解如何通过智能合约和区块链网络进行交互来查询和更新账本，感兴趣的读者可以去 Fabric 官网查看详细介绍（https://hyperledger-fabric.readthedocs.io/zh_CN/latest/write_first_app.html）。

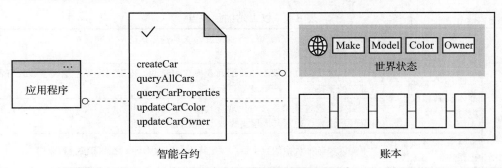

图 6-19　Fabcar 功能

6.4 超级账本与以太坊的对比

比特币是区块链最早的应用，或者说因为比特币的成功落地，区块链技术得以产生并被人们发现和重视。以太坊是对比特币技术的升级，扩展了比特币的功能，超级账本则更多是基于区块链技术而产生的。接下来将着重比较超级账本和以太坊之间的异同点以及优劣。

超级账本和以太坊的共同点体现在四个方面：

- 两者都采用由比特币发展而来的分布式账本。
- 两者采用类似的底层网络传输协议。
- 两者都借用图灵完备的语言建立区块链上的程序。
- 注重区块链上的数据隐私和安全，并且具备可追溯、难篡改的特性。同时，在数据隐私方面，两者都面临同态加密、零知识证明等密码学的挑战。

超级账本和以太坊之间的差异在于：

- 在设计思路上，以太坊继承了比特币的系统设计思路，在算法、智能合约和账本扩展性方面做了较大改善，以太坊都是以公有链为设计出发点的；超级账本是一个平台化设计，支持插件式共识算法的更换，以智能合约设计为中心，侧重于对生态圈商用网络业务的支持。
- 在网络准入机制和权限管控方面，因为以太坊是一个公有链，任何人都可以参与，所以没有权限管控；而超级账本是联盟链，只有生态圈业务网络内的成员才能参与，必须要有权限管控，另外还设有监管节点。
- 对数字货币的处理，以太坊自带货币系统，可以用来支付交易的手续费，以太坊目前的货币交易量为全球加密货币的第二名，交易速度和交易容量均大于比特币；而超级账本不自带货币系统，却可以使用、承载各类货币，包括主权货币与非主权货币、数字货币、电子货币以及以上 4 种货币的任意组合，并在处理上可以采用集中式或分布式架构。

上述设计思想的差异导致这两项不同的技术建立的项目也有所不同，如表 6-1 与表 6-2 所示。

表 6-1　以太坊的优缺点

优点	系统整体设计	对现有的社会、政治和经济制度及模式具备更大的潜在颠覆性。产业界、学术界对其颠覆性有更大关注
缺点	智能合约设计、准入机制和权限管控方面	基于以太坊建立的缺乏监督的商业模式和模型，得不到世界上绝大多数政府和监管部门的支持
		希冀完全通过技术手段取代现金政治，通过法律和经济手段来建立去中心化的新社会经济模式，也对其底层支撑技术带来极大的挑战
	自带数字加密货币系统	不同区块链平台中的数字资产（比特币、以太币等）之间无法进行兼容

表 6-2　超级账本的优缺点

优点	系统整体设计	超级账本的设计在于降低生态圈商业网络业务开展的阻滞与摩擦,提供高效率实现生态圈内跨企业的业务和 IT 治理
	智能合约设计、准入机制和权限管控方面	目标比较实际,有利于采用现有较为成熟的分布式计算技术得以实现企业级且具有稳定性、可扩展性和安全性的系统
		引入监管机制,实现可控的隐私性和匿名性,得到各国政府的接受
		强调生态商业网络的业务高效推进,而非纯粹的颠覆和取悦,也能得到绝大多数金融机构的接纳、使用和推广
		类似于对以太坊各种出现的攻击,在超级账本技术方面不会出现
	不带数字加密货币系统	自由支持任何客户所要求的货币,包括主权货币,更易被政府、监管、金融机构和参与的企业所接受
缺点	系统整体设计	超级账本设计着眼于当前和近期,技术缺乏超越现金时代的前瞻性

Chapter 7 第7章

区块链技术架构

7.1 区块链的特征

相对于传统的分布式数据库，区块链具有以下几个对比特征。

一是从复式记账演进到分布式记账。传统的信息系统，每位会计各自记录，每次对账时存在多个不同账本。区块链打破了原有的复式记账，使用"全网共享"的分布式账本，参与记账的各方之间通过同步协调机制，保证数据的防篡改性和一致性，规避了复杂的多方对账过程。

二是从"增删改查"变为仅"增查"两个操作。传统的数据库具有增加、删除、修改和查询四个经典操作。对于全网账本而言，区块链技术相当于放弃了删除和修改两个操作，只留下增加和查询两个操作，通过区块和链表这样的"块链式"结构，加上相应的时间戳进行凭证固化，形成环环相扣、难以篡改的可信数据集合。

三是从单方维护变成多方维护。针对各个主体而言，传统的数据库是一种单方维护的信息系统，不论是分布式架构，还是集中式架构，都对数据记录具有高度控制权。区块链引入了分布式账本，这是一种多方共同维护、不存在单点故障的分布式信息系统，数据的写入和同步不仅局限在一个主体范围之内，而是需要通过多方验证数据、形成共识，再决定哪些数据可以写入。

四是从外挂合约发展为内置合约。传统上，财务的资金流和商务的信息流是两个截然不同的业务流程，商务合作签订的合约，在人工审核、鉴定成果后，再通知财务进行打款，形成相应的资金流。智能合约基于事先约定的规则，通过代码运行来独立执行、协同写入，通过算法代码形成了一种将信息流和资金流整合到一起的"内置合约"。

7.2　区块链适用的场景条件

作为一项新兴技术，区块链具有在诸多领域开展应用的潜力。然而区块链不是万能的，技术上去中心化、难以篡改的鲜明特点，使其在限定场景中具有较高的应用价值，可以总结为"新型数据库、多业务主体、彼此不互信、业务强相关"。

首先，源自应用场景对数据库的需要。区块链本质上是一种带时间戳的新型数据库，从对数据真实、有效、不可伪造、难以篡改的组织需求角度出发，相对于传统的数据库来说，可谓是一个新的起点和新的要求。

其次，需要一个跨主体、多方写入的应用场景。多个主体各自维护账本，往往因为数据信息不共享、业务逻辑不统一等，导致"账对不齐"的现象。与之相反，区块链中的每个主体都可以拥有一个完整的账本副本，通过即时结算的模式，保证多个主体之间数据的一致性，规避了复杂的对账过程。

再次，适合在不可信的环境中建立基于数学的信任。由于区块链在技术层面保证了系统的数据可信（密码学算法、数字签名、时间戳）、结果可信（智能合约、公式算法）和历史可信（链式结构、时间戳），因此区块链提供了一种"机器中介"，尤其适用于协作方不可信、利益不一致或缺乏权威第三方介入的行业应用。

最后，根据系统控制权和交易信息公开与否进行归类。公有链允许任一节点的加入，不对信息的传播加以限制，信息对整个系统公开；联盟链只允许认证后的机构参与共识，交易信息根据共识机制进行局部公开；相比而言，私有链范围最窄，只适用于限定的机构之内；如图 7-1 所示。

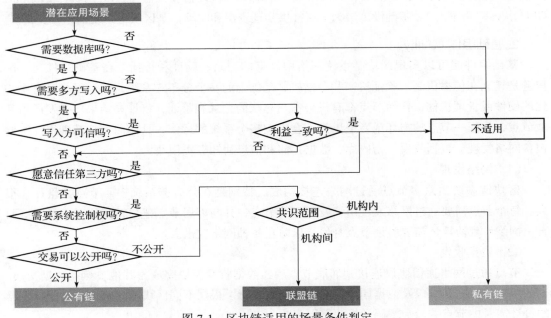

图 7-1　区块链适用的场景条件判定

7.3 区块链关键技术架构和发展趋势

7.3.1 区块链的关键技术架构

各类区块链虽然在具体实现上各有不同，其整体架构却存在共性，图 7-2 给出了一种可划分为基础设施、基础组件、账本、共识、智能合约、系统管理、接口、应用和操作运维 9 部分的架构。

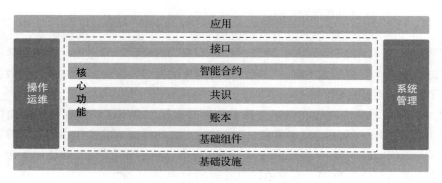

图 7-2　区块链的关键技术架构

1. 基础设施（Infrastructure）

基础设施层提供区块链系统正常运行所需的操作环境和硬件设施（物理机、云等），具体包括网络资源（网卡、交换机、路由器等）、存储资源（硬盘和云盘等）和计算资源（CPU、GPU、ASIC 等芯片）。基础设施层为上层提供物理资源和驱动，是区块链系统的基础支持。

2. 基础组件（Utility）

基础组件层可以实现区块链系统网络中信息的记录、验证和传播。在基础组件层，区块链是建立在传播机制、验证机制和存储机制基础上的一个分布式系统，整个网络没有中心化的硬件或管理机构，任何节点都有机会参与总账的记录和验证，将计算结果广播发送给其他节点，且任一节点的损坏或者退出都不会影响整个系统的运作。具体而言，基础组件主要包含网络发现、数据收发、密码库、数据存储和消息通知五类模块。

（1）网络发现

区块链系统由众多节点通过网络连接构成。特别是在公有链系统中，节点数量往往很大。每个节点需要通过网络发现协议发现邻居节点，并与邻居节点建立链路。对于联盟链而言，网络发现协议还需要验证节点身份，以防止各种网络攻击。

（2）数据收发

节点通过网络通信协议连接到邻居节点后，数据收发模块完成与其他节点的数据交换。事务广播、消息共识以及数据同步等都由该模块执行。根据不同区块链的架构，数据收发器的设计需考虑节点数量、密码学算法等因素。

（3）密码库

区块链中有多个环节使用了密码学算法。密码库为上层组件提供基本的密码学算法支持，包括各种常用的编码算法、哈希算法、签名算法、隐私保护算法等。与此同时，密码库还涉及诸如密钥的维护和存储之类的功能。

（4）数据存储

根据数据类型和系统结构设计，区块链系统中的数据使用不同的数据存储模式。存储模式包括关系数据库（如 MySQL）和非关系数据库（如 LevelDB）。通常，需要保存的数据包括公共数据（如交易数据、事务数据、状态数据等）和本地的私有数据等。

（5）消息通知

消息通知模块为区块链中不同组件之间以及不同节点之间提供消息通知服务。交易成功之后，客户通常需要跟踪交易执行期间的记录并获取交易执行的结果。消息通知模块可以完成消息的生成、分发、存储和其他功能，以满足区块链系统的需要。

3. 账本（Ledger）

账本层负责区块链系统的信息存储，包括收集交易数据、生成数据区块、对本地数据进行合法性校验，以及将校验通过的区块加到链上。账本层将上一个区块的签名嵌入下一个区块中组成块链式数据结构，使数据完整性和真实性得到保障，这正是区块链系统防篡改、可追溯特性的来源。典型的区块链系统数据账本设计，采用了一种按时间顺序存储的块链式数据结构。

账本层有两种数据记录方式，分别是基于资产和基于账户。在基于资产的模型中，首先以资产为核心进行建模，然后记录资产的所有权，即所有权是资产的一个字段。在基于账户的模型中，建立账户作为资产和交易的对象，资产是账户下的一个字段。相比而言，基于账户的数据模型可以更方便地记录、查询账户相关信息，基于资产的数据模型可以更好地适应并发环境。为了获取高并发的处理性能、及时查询账户的状态信息，多个区块链平台正向两种数据模型的混合模式发展。两种模型的对比如表 7-1 所示。

表 7-1　账本层两种模型对比

	基于资产	基于账户
建模对象	资产	用户
记录内容	记录资产所有权	记录账户操作
系统中心	状态（交易）	事件（操作）
计算重心	计算发生在客户端	计算发生在节点
判断依赖	方便判断交易依赖	较难判断交易依赖
并行	适合并行	较难并行
账户管理	难以管理账户元数据	方便管理账户元数据
适用的查询场景	方便获取资产最终状态	方便获取账户资产余额
客户端	客户端复杂	客户端简单
举例	比特币、R3 Corda	以太坊、超级账本 Fabric

4. 共识（Consensus）

共识层负责协调保证全网各节点数据记录的一致性。区块链系统中的数据由所有节点独立存储，在共识机制的协调下，共识层同步各节点的账本，从而实现节点选举、数据一致性验证和数据同步控制等功能。数据同步和一致性协调使区块链系统具有信息透明、数据共享的特性。

区块链有两类现行的共识机制，根据数据写入的先后顺序判定，如表 7-2 所示。从业务应用的需求看，共识算法的实现应综合考虑应用环境、性能等诸多要求。一般来说，许可链采用节点投票的共识机制，以降低安全为代价，提升系统性能。非许可链采用基于工作量、权益证明等的共识机制，主要强调系统安全性，但性能较差。为了鼓励各节点共同参与进来，维护区块链系统的安全运行，非许可链采用发行 Token 的方式，作为参与方的酬劳和激励机制，即通过经济平衡的手段来防止对总账本的内容进行篡改。因此，根据运行环境和信任分级，选择适用的共识机制是区块链应用落地应当考虑的重要因素之一。各个共识算法的对比如表 7-3 所示。

表 7-2　两类共识机制对比

比较项	第一类共识机制	第二类共识机制
写入顺序	先写入后共识	先共识后写入
算法代表	PoW、PoS、DPoS	PBFT 及 BFT 变种
共识过程	大概率一致就共识 工程学最后确认	确认一致后再共识 共识即确认
复杂性	计算复杂度高	网络复杂度高
仲裁机制	如果一次共识同时出现多个记账节点，就产生分叉，最终以最长链为准	法定人数投票，各节点间 P2P 广播沟通达成一致
是否分叉	有分叉	无分叉
安全阈值	恶意节点权益之和不超过 1/2	恶意节点数不超过 1/3 总节点数
节点数量	节点数量可以随意改变，节点数越多、系统越稳定	随着节点数增加，性能下降，节点数量不能随意改变
应用场景	多用于非许可链	用于许可链

表 7-3　共识算法对比

比较项	PoW	PoS	DPoS	PBFT	VRF
节点管理	无许可	无许可	无许可	需许可	需许可
交易延时	高（分钟）	低（秒级）	低（秒级）	低（毫秒级）	低（毫秒级）
吞吐量	低	高	高	高	高
节能	否	是	是	是	是
安全边界	恶意算力不超过 1/2	恶意权益不超过 1/2	恶意权益不超过 1/2	恶意节点不超过 1/3	恶意节点不超过 1/3
代表应用	Bitcoin、Ethereum	Peercoin	Bitshare	Fabirc（Rev0.6）	Algorand
扩展性	好	好	好	差	差

5. 智能合约（Smart Contract）

智能合约层负责将区块链系统的业务逻辑以代码的形式实现、编译并部署，完成既定规则的条件触发和自动执行，最大限度地减少人工干预。智能合约的操作对象大多为数字资产，数据上链后难以修改、触发条件强等特性决定了智能合约的使用具有高价值和高风险，如何规避风险并发挥价值是当前智能合约大范围应用的难点。

智能合约根据图灵完备[⊖]与否可以分为两类，即图灵完备和非图灵完备。影响实现图灵完备的常见原因包括：循环或递归受限、无法实现数组或更复杂的数据结构等。图灵完备的智能合约有较强适应性，可以对逻辑较复杂的业务操作进行编程，但有陷入死循环的可能。对比而言，图灵不完备的智能合约虽然不能进行复杂逻辑操作，但更加简单、高效和安全。部分区块链系统的智能合约特性如表 7-4 所示。

表 7-4　部分区块链系统的智能合约特性

区块链平台	是否图灵完备	开发语言
比特币	不完备	Bitcoin Script
以太坊	完备	Solidity
EOS	完备	C++
Hyperledger Fabric	完备	Go
Hyperledger Sawtooth	完备	Python
R3 Corda	完备	Kotlin/Java

当前智能合约的应用仍处于比较初级的阶段，智能合约成为区块链安全的"重灾区"。从历次智能合约漏洞引发的安全事件看，合约编写存在较多安全漏洞，对其安全性带来了巨大挑战。目前，提升智能合约安全性有几个思路：一是形式化验证（Formal Verification），通过严密的数学证明来确保合约代码所表达的逻辑符合意图，此方法逻辑严密，但难度较大，一般需要委托第三方专业机构进行审计；二是智能合约加密，智能合约不能被第三方明文读取，以此减少智能合约因逻辑上的安全漏洞而被攻击，此法成本较低，但无法用于开源应用；三是严格规范合约语言的语法格式。总结智能合约优秀模式，开发标准智能合约模板，以一定标准规范智能合约的编写可以提高智能合约的质量和安全性。

6. 系统管理（System Management）

系统管理层负责对区块链体系结构中的其他部分进行管理，主要包括权限管理和节点管理两类功能。权限管理是区块链技术的关键部分，对于对数据访问有更多要求的许可链而言更是如此。权限管理可以通过以下几种方式实现：将权限列表提交给账本层，并实现分散权限控制；使用访问控制列表实现访问控制；使用权限控制，例如评分/子区域。通过权限

⊖　图灵完备（Turing Completeness）：指一系列操作数据的规则（如指令集、编程语言、细胞自动机）可以用来模拟单带图灵机的可计算性系统。（GANNON P.Colossus: Bletchley Park's Greatest Secret［M］. London: Atlantic Books, 2006. ISBN 978-184-354-330-5）

管理，可以确保数据和函数调用只能由相应的操作员操作。

节点管理的核心是节点标识的识别，通常使用以下技术实现：CA 认证，即集中式颁发 CA 证书给系统中的各种应用程序，身份和权限管理由这些证书进行认证和确认；PKI 认证，即身份由基于 PKI 的地址确认；第三方身份验证，即身份由第三方提供的认证信息确认。由于各种区块链具有不同的应用场景，因此节点管理具有更多差异。现有的业务扩展可以与现有的身份验证和权限管理进行交互。

7. 接口（Interface）

接口层主要用于完成功能模块的封装，为应用层提供简洁的调用方式。应用层通过调用 RPC 接口与其他节点进行通信，通过调用 SDK 工具包对本地账本数据进行访问、写入等操作。同时，RPC 和 SDK 应遵守以下规则：一是功能齐全，能够完成交易和维护分布式账本，有完善的干预策略和权限管理机制；二是可移植性好，可以用于多种环境中的多种应用，而不仅限于某些绝对的软件或硬件平台；三是可扩展和兼容，应尽可能向前和向后兼容，并在设计中考虑可扩展性；四是易于使用，应使用结构化设计和良好的命名方法以方便开发人员使用。常见的实现技术包括调用控制和序列化对象等。

8. 应用（Application）

应用层作为最终呈现给用户的部分，主要作用是调用智能合约层的接口，适配区块链的各类应用场景，为用户提供各种服务和应用。

由于区块链具有数据确权属性以及价值网络特征，目前产品应用中很多工作都可以交由底层的区块链平台处理。在开发区块链应用的过程中，前期工作须非常慎重，应当合理选择去中心化的公有链、高效的联盟链或安全的私有链作为底层架构，以确保在设计阶段核心算法无致命错误问题。因此，合理封装底层区块链技术，并提供一站式区块链开发平台将是应用层发展的必然趋势。同时，跨链技术的成熟可以让应用层在选择系统架构时具备一定的灵活性。

根据实现方式和作用目的的不同，当前基于区块链技术的应用可以划分为三类场景（如表 7-5 所示）：一是价值转移类，数字资产在不同账户之间转移，如跨境支付；二是存证类，将信息记录到区块链上，但无资产转移，如电子合同；三是授权管理类，利用智能合约控制数据访问，如数据共享。此外，随着应用需求的不断升级，还存在多类型融合的场景。

表 7-5 区块链应用场景分类

类型	政府	金融	工业	医疗	法律	版权
价值转移		数字票据跨境支付应收账款供应链金融	能源交易	医疗保险		
存证	电子发票电子证照精准扶贫	现钞冠字号溯源供应链金融	防伪溯源	电子病历药品追溯	公证电子存证网络仲裁	版权确权
授权管理	政府数据共享	征信		健康数据共享		版权管理

9. 操作运维（Operation and Maintenance）

操作运维层负责区块链系统的日常运维工作，包括日志库、监视库、管理库和扩展库等。在统一的架构之下，各主流平台根据自身需求及定位不同，其区块链体系中存储模块、数据模型、数据结构、编程语言、沙盒环境的选择亦存在差异（如表 7-6 所示），给区块链平台的操作运维带来较大的挑战。

表 7-6　主流平台区块链技术体系架构对比

层级	平台差异	比特币	以太坊	Hyperledger Fabric	R3 Corda
应用	—	比特币	DApp/ 以太币	企业级分布式账本	CorDapp
智能合约	编程语言	Script	Solidity/Serpent	Go/Java	Java/Kotlin
	沙盒环境	—	EVM	Docker	JVM
共识（数据准入）	—	PoW	PoW/PoS	PBFT/SBFT/Kafka	Raft
账本	数据结构	Merkle 树 / 区块链表	Merkle Patricia 树 / 区块链表	Merkle Bucket 树 / 区块链表	无区块连接交易
	数据模型	基于资产	基于账户	基于账户	基于资产
	区块存储	文件存储	LevelDB	LevelDB/CouchDB	关系数据库
基础组件层		TCP、P2P	TCP、P2P	HTTP 2、P2P	AMQP(TLS)、P2P

7.3.2　区块链技术架构现状

区块链实现技术持续演进。在功能架构保持稳定的同时，不同系统的实现技术出现很多新的变化。

- 账本层：随着区块链系统存储总量的不断增加，区块链存储及节点的可扩展性问题逐渐凸显。这一问题的解决方案主要有两个方向：通过弱化区块链的可追溯性来降低单链的存储负担，如归档功能通过删除部分冷数据来减少存储量；通过多链融合和跨链互操作实现区块链系统的可扩展，如同构多链和异构多链，多链协同成为主要发展方向。

- 共识层：区块链系统的共识机制在交易吞吐量与共识节点数上同样存在可扩展性问题。解决该问题的三个探索方向分别是：采用混合共识，通过组合不同共识机制来提升共识效率，如 Ontology；采用分片并行共识，将区块链网络进行分片，多个网络分片中的共识机制并行，如以太坊 2.0；采用双层网络构造，分担底层网络共识负载，如闪电网络、Nervos。

- 智能合约层：多样性竞争激烈，发展势头猛烈，应用场景也大幅增加。智能合约不再仅仅作为区块链系统的一个技术组件，而是作为一项日益独立的新技术进行研究和应用。智能合约的治理模式逐渐改善并被业内接受，公平治理成为新趋势。新版架构图在智能合约层添加了这两个发展方向。多种成熟虚拟机和解释器被引入智能合约应用，如 JVM 和 Python。

- 运维管理：区块链系统的管理水平逐步提升，运维成熟度显著提高。随着区块链系统中各个模块的不断发展，区块链技术架构的模块化程度也变得越来越高。DevOps的运维理念被引入区块链，多种成熟的运维工具开始被用于区块链。区块链和云管理理念融合而生的区块链服务应用模式大幅提高了区块链的可用性。区块链即服务（BaaS）逐渐成熟。区块链即服务作为一种新的系统交付形态，与原有部署模式相比，在系统扩展性、易用性、安全性、运维管理等方面有很大优势。BaaS 把云计算与区块链结合起来，采用容器、微服务以及可伸缩的分布式云存储技术等创新方案，也提供多种不同底层链的技术选项，有助于简化区块链的开发、部署及系统交付形态。主流云厂商和区块链技术公司纷纷推出了 BaaS 服务。

7.3.3 区块链技术发展趋势

1. 架构方面，公有链和联盟链融合持续演进

联盟链是区块链现阶段的重要落地方式，但联盟链不具备公有链的可扩展性、匿名性和社区激励。随着应用场景日趋复杂，公有链和联盟链的架构模式开始融合，出现了公有链在底层面向大众、联盟链在上层面向企业的混合架构模式，结合钱包、交易所等入口，形成一种新的技术生态。例如，在公有链中选取验证节点时，共识算法层面存在 PoS 不确定性高、PoW 资源消耗严重、PBFT 无法支持大量节点进行共识等问题，Algorand 算法通过密码学的方法，从大量节点中选出少量节点，再用 PBFT 算法在少量节点之间达成共识的方式，为公有链和联盟链的混合架构提供了可能。

2. 部署方面，区块链即服务加速应用落地

区块链与云计算结合，将有效降低区块链部署成本。一方面，预配置的网络、通用的分布式账本架构、相似的身份管理、分布式商业监控系统底层逻辑、相似的节点连接逻辑等被模块化、抽象成区块链服务，向外支撑起不同客户的上层应用。用云计算快速搭建的区块链服务，可快速验证概念和模型可行性。另一方面，云计算按使用量收费，利用已有基础服务设施或根据实际需求做适应性调整，可加速应用开发流程，降低部署成本，满足未来区块链生态系统中初创企业、学术机构、开源组织、联盟和金融机构等对区块链应用的服务需求。

在云计算当前主要提供的 3 种类型服务（IaaS、PaaS、SaaS）基础之上，区块链与云计算结合发展出 BaaS（Blockchain as a Service，区块链即服务）。BaaS 服务提供商旨在为用户提供更好的区块链服务，因此 BaaS 服务提供商比区块链底层技术提供商更注重与垂直行业的对接，提供合理的智能合约模板、良好的账户体系管理、良好的资源管理工具和定制化的数据分析和报表系统。

现阶段，在后台数据存储、应用数据分析、移动终端、应用发布、信息识别等方面都有 BaaS 服务供应商支撑。以云计算平台为依托，区块链开发者可以专注于将区块链技术应

用到不同的业务场景，帮助用户更低门槛、更高效地构建区块链服务，同时推动自有产业转型升级，为客户创造全新的产品、业务和商业模式。

3. 性能方面，跨链及高性能的需求日益凸显

让价值跨过链和链之间的障碍进行直接的流通是区块链越来越凸显的需求之一。跨链技术使区块链适合应用于场景复杂的行业，以实现多个区块链之间的数字资产转移，如金融质押、资产证券化等。目前主流的跨链技术包括公证人机制（Notary Scheme）、侧链 / 中继（Sidechain/Relay）和哈希锁定（Hash-Locking），如表 7-7 所示。

表 7-7　跨链技术对比

类别	公证人机制	侧链 / 中继	哈希锁定
跨链方向	双向	双向 / 单向	双向
资产交换	支持	支持	支持
资产转移	支持	支持	不支持
信任	需要第三方	不需要第三方	不需要第三方
类型	协议	技术架构	算法
难度	中等	困难	容易
案例	Ripple	BTC Relay、Polkadot、Cosmos	闪电网络

为了提高区块链系统的吞吐量，区块链技术和学术专家提出了多种高性能方案，如表 7-8 所示。

表 7-8　高性能方案对比

类别	DAG	减少共识节点数	并行
优化层面	拓扑	共识	架构
安全性	高	可能降低	高
资源消耗	低	低	低
扩展能力	好	一般	好
难度	较难	保证安全性方案较难	中等
性能	高	中	高
案例	IOTA、Byteball、Hashgraph	Algorand、Bitcoin-NG PoS	Ethereum（分片）、TrustSQL（子链）、Fabric（多通道）

第一类高性能方案是将块链式拓扑结构更改为基于交易的有向无环图（Directed Acyclic Graph，DAG）。在这种拓扑结构下，交易请求发起后，广播全网确认，形成交易网络，无打包流程，交易可以从网络中剥离出来或者合并回去。基于 DAG 的设计没有区块的概念，扩容不受区块大小的限制，其可伸缩性取决于网络带宽、CPU 处理速度和存储容量的限制。这种拓扑结构可以应对安全问题、高并发问题、可扩展性问题和数据增长问题，并且适应小额支付场景。

第二类高性能方案是改变共识策略，通过减少一次参与共识的节点数量以提高吞吐量。这类方案中，为了提高性能，尽量在不影响安全的前提下减少参与共识的节点数，用算法控制一次参与共识的节点不被提前预知。虽然这种方案可以提高性能，但保证安全性的策略实现起来难度较大。

第三类高性能方案是通过提高系统横向扩展能力来提高系统整体吞吐量，代表有分片、子链、多通道等技术。对于这类技术，片区内、子链内、通道内需保持数据同步，片区间、子链间、通道间则是数据异步的。分片技术（Sharding）是把整个 P2P 网络中的节点分为若干相对独立的片区，以实现系统的水平扩展。分片的情况下，通过把交易引导至不同节点，多个网络片区并行分担验证交易的工作。目前的分片策略包括网络分片（Network Sharding）、交易分片（Transaction Sharding）和计算分片（Computational Sharding）。子链技术是在主链上派生出来的具有独立功能的区块链，子链依赖主链而存在，并且可以定义自己的共识方式和执行模块。通过定义不同的子链，系统的可扩展性、可用性和性能均得到提高。多通道技术是指系统中多个节点组成一个通道，每个节点也可以加入不同的通道，通道之间互相隔离，通过锚节点互相通信。多通道技术可以消除网络瓶颈，提高系统可扩展性。

4. 共识方面，共识机制从单一向混合方式演变

共识机制由于在区块链中扮演着核心的角色，决定了谁有记账的权利，以及记账权利的选择过程和理由，因此一直是区块链技术研究的重点。常见的共识机制包括 PoW、PoS、DPoS、拜占庭容错等，根据适用场景的不同，也呈现出不同的优势和劣势。单一共识机制各自有其缺陷，例如 PoS 依赖代币且安全性低，PoW 非终局且能耗较高。为提升效率，需在安全性、可靠性、开放性等方面进行取舍。区块链正呈现出根据场景切换共识机制的趋势，并且将从单一的共识机制向多类混合的共识机制演进，运行过程中支持共识机制动态可配置或系统根据当前需要自动选择相符的共识机制。共识机制的适用场景如表 7-9 所示。

表 7-9　共识机制的适用场景

场景	共识机制	算法举例
不可信环境、节点数未确定	权益类	PoW、PoS、DPoS
不可信环境、节点数已确定	拜占庭类	PBFT 等
可信环境、节点数未确定	非拜占庭类	Raft 等
可信环境、节点数已确定	消息分发机制	Kafka 等

5. 合约方面，可插拔、易用性、安全性成为发展重点

智能合约应用是否丰富，取决于智能合约自身及其所在区块链对于智能合约应用的支撑能力，而智能合约的开发和执行效率则取决于开发语言和执行虚拟机。在目前的生态系统中，智能合约的开发语言不够规范，为了适应智能合约，需要创造新的合约语言或为现有语言增加形式更为严格的规范和校验。智能合约在轻量级的执行环境中将实现较短的启动时间和较高的执行效率。

智能合约的发展方向包括如下几点：

1）可插拔的执行环境架构：默认的执行环境应该不提供持久化存储，让合约默认是一种类似于微服务的无状态函数，从而直接进行并发处理。

2）明示化的调用关系：只提供静态调用的功能，从而使得程序的调用关系可以在运行它之前就整理清楚。

3）可链外存储的合约代码：通过链上存储散列值、链外存储合约代码实现存储空间的扩展性。

4）低耦合度的设计：降低合约语言、执行环境、区块链之间的耦合度，提高智能合约系统的通用性。

5）完整安全的防护体系：代码定型与发布时的验证与检查，节点在执行合约中的动态验证，合约执行完毕的合理性判断，相关利益方的申诉机制与自动判决技术。

7.3.4　区块链技术发展热点

区块链技术仍然处于高速发展阶段，各种创新方案不断涌现，发展热点主要体现在以下几个方面。

一是多种技术措施保障区块链安全。在账本数据、密码算法、网络通信、智能合约、硬件等方面采用技术措施保障区块链安全。在账本数据方面，为满足账本数据的一致性和可用性等安全要求，业界普遍采用数据校验、数据容灾备份等技术方案，以保证各节点数据在上链过程中的一致性，及链上数据因系统故障导致丢失或损毁后能及时恢复，同时国内已有多家区块链技术提供商采用数据归档技术来应对账本数据日益增加带来的挑战。在密码算法方面，随着区块链技术在供应链金融、司法存证、政务数据共享等对数据安全有强烈需求的领域推广落地，在签名验签、链上数据授权访问等业务流程中，国密加密逐渐成为区块链应用的主流选择。在网络通信方面，节点认证机制、账本隔离技术、数据分片技术等网络准入技术及网络防护不断完善，攻击者利用网络协议漏洞进行日蚀攻击、路由攻击及 DDoS 攻击（分布式拒绝服务攻击）的威胁程度在不断降低。在智能合约方面，智能合约问题主要集中在合约代码漏洞、业务逻辑漏洞、合约运行环境问题及区块链系统自身源码存在的接口漏洞上，随着形式化验证技术更加完善，代码审计手段日益丰富，由合约漏洞导致的安全事件也有所降低。在硬件方面，为平衡安全性与性能之间的矛盾，防止代码在运行过程中被篡改，主流硬件提供商在近几年纷纷推出了以可信执行环境（TEE）为代表的硬件安全防护解决方案，目的是为链上数据及运行过程中产生的中间数据提供一个受保护的存储和执行环境的安全策略。例如 Intel 的 SGX、ARM 的 TrustZone、RISC-V 的 KeyStone、AMD 的 SME/SEV 等。可信执行环境结合区块链技术，实现了一种可行的速度快、成本低的数据安全防护方案。

二是隐私保护手段日趋多样化。在以比特币为代表的区块链系统发展的早期阶段，隐私保护的主要手段是通过"假名"来实现用户真实身份的匿名化。但随着区块链技术的深入发展，"假名"的隐私方案已经满足不了现实的需求，诸多公有链、联盟链项目在积极探索隐私保护方案。从保护的对象来看，隐私保护手段可以分为三类：一是交易信息的隐私保护，对交易的发送者、交易的接收者以及交易金额的隐私保护，有混币、环签名、机密交易（Confidential Transaction）和 MimbleWimble 方案等；二是智能合约的隐私保护，针对合约业务数据的保护方案，包含零知识证明、安全多方计算（MPC）、同态加密等；三是链上数据的隐私保护，主要有账本隔离、私有数据和数据加密授权访问等解决方案。目前，混币、机密交易、零知识证明等方案多出现在公有链项目中，在供应链金融等对隐私保护有强烈需求的应用场景中，则由以往以数据加密、账本隔离为主的实现方式，逐步出现了基于零知识证明、安全多方计算等隐私保护技术的应用落地。

三是互操作性成为应用需求的新热点。区块链技术在发展早期聚焦于各个独立链自身的技术创新与生态建设，网络逐渐被拥有特定利益的子群体隔离，当前多链并存的情况下，区块链的互操作性由于可以带来价值自由流动，促进链间协同工作，是区块链向着网络效应规模化发展的强力推手，因此逐渐成为应用需求的新热点。互操作性技术包括哈希锁定、公证人机制、侧链与中继链等技术，如表 7-10 所示。应用场景从双链资产互通逐步过渡到多链间全状态的自由流通，同时中继链这一融合公证人机制与侧链的技术在新型区块链互操作性平台中也发挥着影响力。虽然当前区块链的网络效应初显，但仍需要在技术上针对相关组件进行趋同化设计，如各链统一跨链消息的输入/输出口径、构建标准消息格式、设计高效可验证的数据结构等，同时需要提升应用层交互的用户体验，增进链上与链下现实世界互操作性的认知。区块链互操作性目前处于技术发展早期，从业者的持续研究将会加速技术的不断突破，带来应用的不断迭代与创新。

表 7-10 互操作性相关技术性能对比

比较项	哈希锁定	公证人机制	侧链	中继链
信任模型	链自身安全	大多数诚实的公证人	链自身安全	大多数诚实的中继链验证人或接入链自身安全
传递消息类别	仅限资产	不限	不限	不限
参与链数量	双链	使用中间路由连接实现多链	双链	多链
实现难度	简单	中等	中等	困难
局限性	场景单一，发起人握有主动权，可挑选时机完成交易套利	依赖第三方公证人集合	有效性验证对区块数据结构有要求	适合拥有绝对一致性共识的链接入

四是链上存储可扩展性需求日益迫切。区块链采用链式累加的方式对增长的数据进行管理，但存储会随着时间推移而不断扩大，并没有上限控制，导致运行全节点需要更多的存储资源，提高了全节点的运行门槛，造成当前全节点数量减少、网络分布式程度降低；同时，存储受限于单节点的存储瓶颈，上层应用业务数据膨胀将会带来巨大的运维成本，数据

迁移也将变得十分复杂。因此，链上存储的潜在问题逐渐引起行业重视，为了提高链上存储的可扩展性，涌现出两种解决方案。第一种方案从单点存储转换为多点分布式存储，将存储与计算进行隔离，从而缓解节点压力；第二种方案则为了追求性能和存储可扩展性，降低链上数据可追溯性效率，链动态维护最新状态快照，而放弃维护不同链高度对应的状态，从而方便链上数据裁剪，链上逻辑主要聚焦在事务性和一致性，有关查询追溯的工作交在链外完成。总之，随着区块链技术的不断发展，需要对链上存储的可扩展性加强研究，以便支撑业务数据爆发的场景。

五是可维护性需求日益受到关注。区块链的可维护性主要体现在越来越多的项目更加重视区块链的自动化运维，通过引入传统互联网的一些成功经验，区块链产品在代码的研发、单元测试、性能测试、自动化部署、自动化运维等方面均与已有的最佳实践结合，大大提高了区块链产品的工程开发效率，降低了区块链底层链的接入门槛。

公 有 链

公有链是指任何人都可以参与、无访问限制（Permissionless）的区块链。每个互联网用户都可以在公有链上发布、验证、接收交易，都有机会参与记账。公有链不仅是一个单纯的技术产品，其"共有、共建、共治、共享"的核心特征，使其具有在全球范围内提供一般信任服务的潜力。公有链虽由技术驱动，但可能对经济、金融、社会的组织形态及治理产生深刻影响，受到全球各界的高度关注。

目前，公有链的发展还处于早期阶段，总体上呈现技术热、应用冷的态势。全球公有链的应用高度集中在加密数字资产领域，而且呈现明显的头部效应，由于存在合规的链上身份系统缺乏、合约隐私性保护不足、与现有法律制度不协调等问题，因此与实体经济的对接还在探索中，"杀手级"应用尚未出现。但与此同时，公有链为区块链的技术创新发展提供了全球化的试验场，各种技术路线百花齐放，提升区块链可扩展性、互操作性、隐私性及安全性的技术方案不断涌现。

本章介绍公有链的起源、概念、特性及其创新价值，分析当前全球公有链的技术、应用、治理等方面的现状及趋势，探讨公有链发展面临的挑战。

8.1 公有链的起源和概念

自 20 世纪末的密码朋克（Cypherpunk）运动以来，极客们不断地尝试和探索不依赖第三方的电子现金系统。从 1982 年大卫·乔姆（David Chaum）发布的关于盲签名（Blind signatures）技术的论文，到戴维（Wei Dai）提出匿名的、分布式的电子加密货币系统 B-Money，再到 2004 年哈尔·芬尼（Hal Finney）把哈希现金算法改进为"可复用的工作量证明机制"（Reusable Proofs of Work），技术极客们前赴后继，但却无法获得真正的成功。

中本聪将非对称加密、点对点技术、工作量证明三项关键技术结合在一起，创造了第一个不依赖于中心化机构的点对点电子现金系统，并且在全球大规模部署。比特币系统的底层是一个由多方共同维护、使用密码学保证传输和访问安全、实现数据一致存储、难以篡改、防止抵赖的分布式账本，也称为区块链。

在后续发展过程中，区块链技术逐渐从比特币和电子现金的领域向其他领域扩展，产生了公有链以及联盟链的应用方向，如图 8-1 所示。

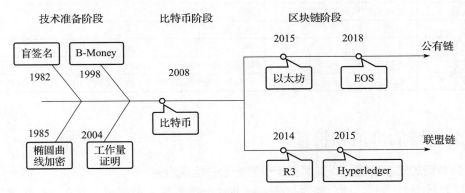

图 8-1　从电子现金到区块链

2014 年，以太坊的出现极大地扩展了区块链的可编程性。以太坊（ETH）提出了智能合约的概念，用户可编写智能合约的程序并将其部署在区块链上，使得区块链从主要用于记录电子现金转账的"专有账本"，升级为可记录计算状态机（state machine）的"通用账本"，区块链进入可编程时代，这在很大程度上丰富了区块链的应用潜力。

几乎在以太坊出现的同时，一些大型机构也开始将区块链思想引入 IT 系统的变革中，逐渐兴起了联盟链（又称许可链）的范式。2014 年，R3 公司联合 9 家金融机构（巴克莱银行、毕尔巴鄂比斯开银行、澳大利亚联邦银行、瑞士信贷、高盛、摩根大通、苏格兰皇家银行、道富银行和瑞银集团）组建了 R3 金融区块链联盟。2015 年，超级账本由 Linux Foundation 创立，旨在帮助企业开发、应用区块链技术，其成员包括 IBM、Intel、思科、德意志银行、NEC、日立、百度、万达、华为等 280 个会员单位。联盟链方案促使企业家和管理人员将区块链技术应用于供应链管理、司法记录、数字版权、食药溯源等各个方面，联盟链（许可链）一般由行业联盟或科技公司设计、实现和推动，具有高性能，注重金融和企业场景。

自此，区块链的发展范式分化为公有链和联盟链（许可链）两条路径。

- 公有链：公有链是指任何人都可以参与、无访问限制的区块链。每个互联网用户都可以在公有链上发布、验证、接收交易，都可以竞争记账权。比特币、以太坊是公有链的典型代表。

- 联盟链：联盟链是由符合某种条件的成员组成的联盟来管理的区块链。它不像公有链那样对全社会开放，只有经过许可的可信节点才能参与该联盟链的记账，其他用户仅有部分权限。联盟链的一个例子是各大银行之间为了协同合作而构造和维护的区块链。

公有链和联盟链之间的对比如表 8-1 所示。

表 8-1　公有链和联盟链之间的对比

比较项	公有链	联盟链
激励机制	区块奖励记账手续费等	无
Token	必须	不必须
节点准入限制	无	有
服务对象	不特定对象	特定对象
典型场景	数字资产、智能合约平台等	供应链金融、司法存证、政务协同、食药溯源、跨境支付等

8.2　公有链的价值和特征

1. 公有链的核心价值——提供基于机器的公共信任服务

信任是社会秩序的基础，缺少信任，任何社会关系都不可能持久存在。信任增强社会成员的向心力，降低社会运行的成本从而提高效率，也是稳定社会关系的基本因素。社会学家尼克拉斯·卢曼（Niklas Luhmann）把信任分为人际信任与制度信任。

人际信任以血缘社区为基础，建立在私人关系和家庭或准家族的关系上，其基础是经验性的"道德人格"，并以熟人社会的舆论场来维护。人际信任是一切信任的基础，是主观化、人格化的信任。人际信任的特性是具体的，缺乏普遍性，信任感及信任程度随着对象的变化而变化。同时，人际信任的范围也极为有限，且需要大量的时间进行培育，但人际信任的内容和灵活度却是最高的。

制度信任是以契约、法规、制度作为约束的信任。制度信任不以关系和人情为基础，而是以正式的规章、制度和法律为保障，如果当事人未按规章制度和法律条文行事，则会受到惩罚。制度信任是一种不以人的意志为转移的社会选择。违法必罚的法律逻辑所形成的稳定行为预期，是人们产生制度信任的基础。制度信任主导是现代社会运行的基本准则。信任机制的发展历程如图 8-2 所示。

相比于人际信任，制度信任是一种信任中介，它把人与人的信任转化为人与制度的信任关系。因此，制度信任是一种客观的、普遍的、抽象的、确定的、公共性的信任机制，是以实际法律规范和审判制度为保障的信用（credit）体系。简单来说，制度信任是不依靠具体人的信任，在制度信任的框架下，双方无须有真正意义上的"人际信任"，却可以依靠共同的制度信任保证互相行为在预期中完成。从历史上看，制度信任的出现极大地扩展了人类社会的信任范围，陌生人之间只需信任共同的"制度"便可完成信用活动。但制度信任需要建立社会契约和立法，而其范围是制度约束和订立的人群内，信任内容则包含了制度所明文制定的内容。

图 8-2 信任机制的发展历程

公有链的信任是一种人类信任协作的新形态，它有着最为广泛的信任范围。正如宾夕法尼亚大学教授 Kevin Werbach 在其论述区块链信任的专著中所述："为所有的使用者提供最为一般化的信任（信用）服务是公有链最为核心的价值，它使得人类首次在全球范围内达成自发性信任。"

区块链信任的基础在于各方在平权、分散的网络中，独立地记账、验证过程。各个参与者在公有链无门槛、自由出入、多方持有、多方维护的公共账本上独立地记录、验证每一笔交易及合约。在共识机制的作用下，每一个网络参与者都有可能成为会计（记账人），而在交易确认验证的机制下，每一个网络（全节点）都是审计人。因此，公有区块链是一个全球记账、全球审计的网络。共识机制保证了记账的随机性、分散性、不可伪造性，交易确认验证保证了记账的合法性，内在的经济和博弈论原理又使记账人基于经济理性原则不会破坏整个系统。

因此，区块链信任也是一种信任中介，它把人与人的信任转化为人与机器的信任。对于公有区块链的使用者来说，他无须信任任何具体参与这个网络生态的成员，就可以完成对于记账和合约计算的信任。公有链在信任范围上是全球的，任何国家和地区素未谋面的人在不依赖制度信任的前提下即可完成可信交易。并且，只要公有区块链系统健康运行，非法和无效的交易就无法通过全球记账、全球审计的共识确认过程，因此也不存在违约和失信的情况。但是目前来看，区块链信任的使用场景仍较为有限，仅能用在纯粹记账和封闭性合约的领域中，灵活度较低。

总的来说，公有链信任创造性地扩大了信任的范围，降低了信任的成本，进一步推动了人类信任客观化的进程，为更大范围内的全球一体化协作开辟了新的道路。在未来的发展中，区块链信任可能与制度信任互为补充，建设更为普遍和高效的全球信任体系。

然而，必须要阐明的是，公有链造就的全球化技术信任网络仍旧建立在一个复杂的技术堆栈之上。哈佛大学甘迺迪学院的信息安全大师 Bruce Schneier 指出：区块链的作用是使人们对他人或机构的信任转移到技术上来，需要相信加密学、一系列的协议、软件、计算机与网络。上述技术中任何其中一部分出现失效和错误，都会导致信任网络出现致命的问题。同时，区块链信任也不是万能的，它所创造的信任环境不能被简单推到区块链外，一旦脱离链内的原生场景，区块链要解决现实中的信任问题时往往需要引入区块链外的可信中心机制予以辅助。人际信任、制度信任和区块链信任之间的对比如表 8-2 所示。

表 8-2　三种信任机制的对比

比较项	人际信任	制度信任	区块链信任
信任对象	具体的人	抽象实体（规则、法律）	区块链网络
信任机制	情感、血缘、道德	社会契约、立法	共享账本记录、共享账本验证
信任范围	家族、社群	公司、国家、国际	全球范围无条件准入
惩错机制	失信、丧失声誉	违法、司法处理	只要系统正常，原则上不会出现失信
信任内容	无限制	法规范内社会活动	仅限记账、合约计算
灵活度	高	中	低

2. 公有链的四大特征——共建、共有、共治、共享

为了实现基于机器的公共信任，一般来说，公有链具有共建、共有、共治、共享的特征：

- 第一，从"人"的角度出发，基于共建特征，记账公共化。公有链上的所有用户都基于共识协议进行记账。每个用户都可以竞争记账权（俗称"挖矿"），检查交易的合法性。全体用户以一种去中心化的方式来保证公有链上数据的完整可靠、不被篡改。
- 第二，从"数据"的角度出发，基于共有特征，账本公共化。公有链上的数据是公开透明的，任何人都可以拥有全部历史数据的账本，查看账本内容，同时记录在区块链上的历史数据会被永久保存。
- 第三，从"代码"的角度出发，基于共治特征，治理公共化。公有链的代码维护、技术升级由公共社区完成，相关决策（包括对共识协议、出块奖励等修改）由公共社区做出，不由少数个人或机构来决定公有链的发展方向。公有链的代码必须是开源的，接受公众审查和监督，公有链的开发工作也由公众组成的自组织社区来完成。
- 第四，从"价值"的角度出发，基于共享特性，激励公共化。公有链为持续发展，必须设计经济激励原则，使参与贡献的人可获得相应的经济奖励。系统对于诚实节点进行了激励，对于恶意节点进行了惩罚，以概率收敛的方式实现了全网范围内的一致性算法，从而造就了一个自发性的永远在线的全球化服务网络。同时，公共化的激励创造了内生的价值体系，不仅保证了系统的可用性和安全性，而且是从代码走向价值的突破性进展。激励的公共化是公有链最重要的特征之一，也是区块链能够吸引技术、金融甚至社会政治等不同领域的企业家和学者的重要原因。

3. 公有链的价值载体——Token

作为价值激励的载体，Token 与公有链密不可分。但实际上 Token 又有若干类型，业界也有不同的划分标准。例如，澳大利亚金融市场管理局从金融监管的角度把 Token 划分为证券型、投资型、支付型、货币型及实用型。这里从技术的角度将 Token 划分为原生 Token 和衍生 Token 两种类型，如表 8-3 所示。

原生 Token 与公有链底层的价值、激励、治理与安全有着深刻逻辑关联，体现了公有

链的价值特性。从价值上看，原生 Token 凝聚了公有区块链"信任价值"和"共识价值"的载体；从激励上看，原生 Token 是激励网络中"记账人"的参与的经济奖励；从治理上看，原生 Token 是参与公有链网络的权益凭证；从安全上看，价值激励的存在，提升了公有链的网络安全性。

衍生 Token 通常是利用已有公有链之上的智能合约而实现的，其本身与区块链底层系统没有内在关联。例如，以以太坊 ERC20 为代表的 Token 合约，规定 Token 的总量、发行规则、转让规则和销毁规则等一系列逻辑。由于衍生 Token 与公有链底层实现没有逻辑联系，因此没有凝聚公有链网络的价值，一般情况下仅作为上层应用的资产标记使用。

表 8-3 两种 Token 的对比

比较项	原生 Token	衍生 Token
发行人	底层开发者	智能合约用户
发行方式	原生 Token 是底层链的设计，主要是通过出块奖励（Coinbase）、预先分配等方式	衍生 Token 是通过公有链上部署的智能合约实现
激励作用	激励节点进行记账（挖矿），提高系统参与度与安全性	无
权益作用	可作为权益凭证进行记账、治理投票等	无
实用功能	可作为转账手续费、智能合约执行费用等	资产标记

8.3 公有链的技术发展

以比特币为代表的可编程货币的出现让区块链技术走进大众视野，随后，以以太坊为代表的智能合约平台的问世设置了区块链技术商用的起点。但与此同时，现有的区块链技术尚无法支撑大规模商业应用的搭建，主流的区块链平台存在瓶颈和问题，迫使更多的开发者持续探寻区块链技术边界及新型技术方案。

根据对区块链行业发展历史及现状的综合分析得出，限制区块链规模化应用的技术掣肘主要在四个方面，即可扩展性、互操作性、隐私性及安全性，如图 8-3 所示。

- 可扩展性：突破现有区块链技术的性能瓶颈，提升区块链系统的吞吐量，以满足主流交易网络高并发的性能要求，主要是通过发展多样态共识、并行分片方案、二层网络方案及可信计算来解决和改善。
- 隐私性：区块链技术的应用需要保障交易数据、合约数据用等多个方面的安全和隐私保护，主要是通过假名、混币、环签名、MimbleWimble、零知识证明和可信计算解决。
- 互操作性：实现不同区块链间的互操作，构建高效的连接机制，主要是通过跨链机制打通"区块链孤岛"。
- 安全性：保证区块链安全、可靠地运行，特别是在智能合约方面。

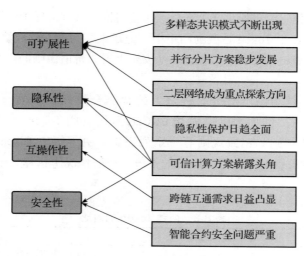

图 8-3　公有链的技术发展方向

公有链技术发展所引发的问题及解决方案如表 8-4 所示。

表 8-4　公有链技术发展引发的问题及解决方案

	可扩展性	隐私性	互操作性	安全性
引发问题	主要指的公有链的 TPS（每秒交易）数难以满足日益增长的需求	公有链公开的特性，难以保证商用隐私的需求	区块链间的信息孤岛，无法进行互联互通	突出体现在智能合约安全问题上
解决方案	改变共识机制 ● 二层网络方案 ● 并行分片方案 ● 可信计算	混币方案 ● 机密交易 ● 环形签名方案 ● MimbleWimble 方案 ● 零知识证明 ● 可信计算	跨链互通 ● 中继 / 侧链 ● 公证人机制 ● 哈希锁定	—

1. 多样态共识模式不断出现

共识算法用于协调系统中节点的行为和保持数据一致性。在不可信环境中组建的分布式系统，由于节点自身的不可靠性和节点间通信的不稳定性，甚至节点伪造信息进行恶意响应，因此节点之间容易存在数据状态不一致性的问题。通过共识算法，区块链协调多个互不信任的节点的行为和状态，在不可信环境中组建一个可靠的系统。

共识算法是基于节点行为假设、治理模型和节点网络规模假设的系统实现。本质上，链上业务的特性和网络节点角色的定位决定了共识算法的选择。随着节点参与角色的多样化和业务交互特点的细分，出现了不同的网络假设和治理模型，如何成为可以真正实现的公有链项目，是共识的探索方向。这个方向催生了共识算法在共识顺序、共识轮次、终局性和节点选择方式等方向的差异，形成多样态发展的态势。区块链共识机制的演变也印证了这一点。

在区块链发展初期，主流区块链网络多用基于 PoW 的共识算法。由于 PoW 存在资源浪费问题，因此 2017 年后基于 PoS 的共识算法研究得到了迅猛的发展。单一共识算法均具有自身局限性，例如 PoW 共识效率较低、DPoS 去中心化程度较低等，区块链研究者尝试将两种或者多种共识算法融合起来，取长补短，来达到更好的共识特性。新一代的共识算法，比如 Algorand、DFINITY、VBFT 等都属于混合共识算法。

表 8-5 列出了共识算法的 4 个性能指标。表 8-6 对各主流共识算法进行了比较。

表 8-5　共识算法的 4 个性能指标

指标项	内容	举例
容错性能	节点故障类错误	PoW（小于 100%），BFT（33%）
	节点作伪类错误	PoW（51%），PBFT（33%）
终局性性能	一个候选区块完成终局一致性所需要的时间	工程终局（比特币六个区块确认）
		数学终局（VRF、FT 类）
扩展性	区块链网络节点数目与共识算法性能的相关关系	扩展性好（PoW、PoS）
		扩展性差（PBFT）
网络模型性能	受网络波动和通信性能影响，共识算法的容错性和终局性	正影响（PoW）
		无影响（PoS）
		负影响（BFT）

表 8-6　主流共识算法的比较

算法	可容忍的恶意节点数量	终局性	网络复杂度（O 为消息复杂度，N 为网络规模）	实例
PoW	小于 1/2	算法不提供终局性	$O(N)$	Bitcoin
Tendermint	小于 1/3	通过 BFT 实现	$O(N^2)$	Cosmos
Algorand	小于 1/3	通过 ByzantineAgreement 实现	$O(N*\log N)$	Algorand
EOS DPoS	小于 1/3	通过 BFT 实现	$O(1)$	EOS
DFINITY	小于 1/3	对若干历史区块加权评估	$O(N*\log N)$	DFINITY
VBFT	小于 1/3	通过 BFT 实现	$O(N*\log N)$	Ontology
PoW-DAG	小于 1/2	算法不提供终局性	$O(N)$	PHANTOM Conflux

2. 并行分片方案稳步发展

区块链采用共识算法解决分布式系统多个节点间状态一致性的问题。区块链系统中每个节点全量处理所有交易，单纯增加节点并不能提升区块链的性能（TPS），反而节点之间达成共识的过程对性能是一个损耗。

直接增加节点并不能提升区块链的 TPS，因为区块链上的交易没有负载分发机制，需要所有节点全量处理所有交易，无法并行处理。区块链的分片就是试图让链并行起来，将链分为多个分片链，然后通过一种负载分发机制，把交易分配给不同的分片执行，每个分片链独立运行，有独立的共识机制，通过并行的方案支撑比较强的水平扩展和按需扩展。分片技术的实现将为区块链各项事务活动的开展带来更高的协作效率与更加可信的生产方式。这种方案的难点在于跨分片的交易确认以及分片链的安全性保证。

因此，如何把分片的理论和区块链的安全理论，包括密码经济学设计、激励机制设计，融合在一起来实现一个安全、可扩展且高性能的区块链是一系列非常大的挑战。分片技术包括网络分片、交易分片和状态分片：

- 网络分片：要求分片的消息只在分片内部网络中传播。
- 交易分片：指不同交易将只在不同的分片中运行，每个分片运行独立的共识算法。
- 状态分片：要求分片只需要维护分片内部的状态数据而不需要保存其他分片的数据。

随着业务对区块链扩展性的需求量逐渐增大，公有链项目方对于分片有不同程度的尝试，不同的分片技术可以实现存储、通信、计算等不同层面的扩展。可以看到，分片相关的理论和工程化成果正稳步发展。

3. 二层网络成为重点探索方向

区块链二层网络（Layer2）技术旨在解决区块链扩容问题。区块链本身的容量是受限的，仅靠提高吞吐量很难满足所有的应用需求。

实际情况下，不是所有的交易都要在全球范围内达成共识，可以把部分交易以及合约执行只在所需范围内进行共识，以实现扩容的目标。广义的二层网络包含侧链、状态通道等各种将区块链的交易从链上迁移到链下（也可能是别的共识范围更小的链）的技术方案。二层网络设计中，脱离的链上共识的交易与合约如何与链上的共识挂接，以保证交易和合约的合法性及安全性是需要解决的问题。具体来讲，二层网络需要解决以下三类问题：

- 证明问题：链上没有全量数据的情况下，链下的交易最终如何给链上提交证明。
- 裁决和惩罚问题：裁决和执行如何进行以产生链下约束力。
- 监督问题：链下状态的监督。

4. 隐私性保护日趋全面

在区块链系统中，用户希望自己的身份、资产状况、交易历史等信息被尽可能少的人知道。在一个完美的隐私性的支付系统中，每笔交易的信息都仅被参与这笔交易的双方知道。作为一个所有交易都要被公开和全网验证的系统，公有链在设计之初就应该考虑隐私性的需求。

（1）假名方案

比特币采用的方案是使用可以任意选取的、和真实身份的无关的公钥地址来作为持有资产和参与交易的主体，并通过地址对应的公钥和数字签名来验证对链上资产的所有权。比特币实现了一个用户使用"假名"的支付系统，用户的真实身份被隐藏在公钥地址背后。类似的方式也被使用在其他很多公有链项目的设计中，这公有链发展的早期较好地满足了当时人们对于隐私性的需求。

（2）混币（CoinJoin）方案

混币方案让多个用户共同创建交易来变更其代币的所有权，通过混淆发送者和接收者之间的对应关系来增强用户的匿名性。以图 8-4 为例，如果没有采用混币，则很容易看到 Alice 付了 8 个 BTC 给 Carol，Bob 付了 15 个 BTC 给 Ted，结合其他交易信息进行交叉分析就很容易发现这些用户的真实身份；而采用混币以后就只能看到 {Alice, Bob} 向 {Carol, Ted} 发送了比特币，但是无法精确判断发送者和接收者的对应关系。通过不同的用户间多次重复混币操作，最终就会把可能的发送者和接收者集合都变得很大，从而保证其中每个人的匿名性。

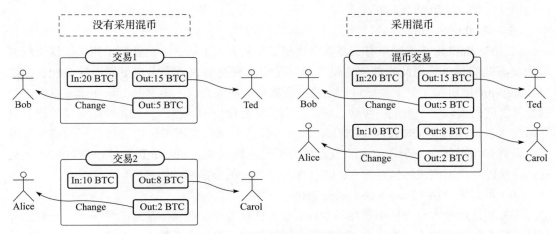

图 8-4　混币的基本原理

（3）机密交易（Confidential Transaction）组件

机密交易是由 Adam Back 和 Greg Maxwell 在 2013 年提出的增强比特币隐私性的提案，可以实现对于交易金额和账户余额隐私性的保护，即其他人虽然可以看到 Alice 发送了一些代币给 Bob，但是无法知道具体发送了多少。

机密交易的核心思想是用一种称为 Pedersen Commitment 的承诺方案代替以（哈希地址，金额）的方式存储每一笔交易的输出，然后用同态加密的方式验证每笔交易中发送的总金额和接收的总金额是平衡的。在矿工看来，只需要对输入、输出的同态加密密文做一些线性运算就能验证一笔交易的金额是否合法，整个过程中无须把交易金额暴露给矿工。机密交易提供了一种简单、高效的隐藏交易金额的方法，在很多隐私保护方案中都被作为组件使用。

（4）环签名（Ring Signature）方案

混币方案最大的缺陷就在于当参与人数不够多的时候能提供的隐私性保护非常有限。环形签名方案就是让其他用户在不知情的情况下"被动地"参与到混币中来，达到隐私保护的目的。简单来说，环签名技术允许一个用户列表中的任何一个用户都能独自生成一个合法的签名，且不同的用户生成的签名看上去是一样的。进行交易时就只能验证一笔交易的所有发送者中的某一个人许可了这笔交易，而无法精确判断具体是哪个发送者签名的，因此也无法判断交易真实的发送者。

另外，为了保护交易接收方的隐私，还采用了潜行地址技术。潜行地址技术允许发送方根据接收方公开的信息生成一个一次性的公钥地址，这个地址依然由接收方通过私钥控制，但是其他人无法从这个一次性地址关联到接收方的身份。通过环签名加上潜行地址的方式，对交易不可关联性方面的表现至少等同于多名用户参与的混币交易。而且由于协议强制要求每笔交易必须选择多个输入进行环签名，因此其实际上隐私性要高于只有少部分有需求的用户使用的比特币混币方案。

（5）MimbleWimble 方案

MimbleWimble 方案的所有交易都以机密交易的方式进行，并且强制采用了区块级的混币和交易裁剪技术，因此它能够提供比单纯使用机密交易或者混币都更好的安全性。按照MimbleWimble 协议，矿工会把每个区块中所有的交易混合成一笔交易，从而隐藏发送者和接收者之间的关联性。更进一步地，矿工们会从交易历史中删去已经被花掉的交易输出，只保留尚未被使用的交易输出（UTXO）。因此，其他人就很难再对历史交易进行关联性分析了。最好的情况下，一个新加入的节点相当于只能看到从 coinbase 到 UTXO 转账的一笔交易，除此以外得不到任何信息——UTXO 中每笔输入的金额都是隐藏的。

（6）零知识证明（Zero-Knowledge Proof）方案

零知识证明技术允许证明者在不告诉验证者任何关于 x 的具体信息的情况下，让验证者相信证明者是确实知道 x 的值的。原始版本的零知识证明技术是基于交互式证明设计的，并不适合直接用到区块链上。适合区块链使用的零知识证明必须满足两个条件：非交互性，即证明者只生成一个证明，此后便可由不同的验证者分别验证证明的正确性；易验证性，即验证一个证明所花费的计算资源非常低。此外，为了节约宝贵的链上共识数据吞吐量，这个证明的长度要尽可能简短。

利用密码学技术在比特币上实现隐私保护功能吸引了很多密码学家进行研究。2012年，Bitansky 等首次提出了"零知识的简短非交互式证据"（Zero-Knowledge Succinct Non-Interactive Argument of Knowledge, zk-SNARK）的概念，其中"简短"和"非交互"两点即为在区块链上应用所必需的特点。"证据"是指这种方式在原理上是存在伪证的可能性的，只不过因为找到一个伪证需要天文数字级的计算量，所以作为证据还是很有说服力的——如果攻击者可以完成那么大的计算量的话，任何加密算法都会被破解，也就无所谓伪证了。

零知识证明技术具有非常大的潜力。首先，零知识证明是一种通用的证明技术，可以证明任何计算的正确性，这与只能证明转账交易合法性的机密交易技术有着本质区别。因此，零知识证明技术可以解决更复杂的系统中的隐私保护问题。其次，零知识证明技术的另一个优点是明确地区分了计算和验证，使得验证的成本可以比计算低很多。这使得在区块链上以较低成本进行复杂运算成为可能——这对于现有公有链是难以想象的，因为在这些公有链上验证一个状态的正确性需要所有节点重复执行整个计算过程，效率自然非常低。最后，零知识证明技术还可以用于压缩交易历史，让节点在无须存储所有历史交易的情况下依然保持几乎相同的安全性。这一点对于一个高吞吐量的公有链项目尤为重要。

表 8-7 对各个隐私保护方案进行了比较。

表 8-7 各个隐私保护方案的对比

方案	存在的问题
假名	每个地址上存储的比特币数量都是公开的;已经发生的所有交易都是公开的,可以通过交易之间的关联性和使用模式等分析识别出地址对应的用户的身份;用户在发起并广播交易的时候会暴露自己的 IP 地址,这也会在一定程度上泄露用户的身份信息
混币	隐私性依赖于参与混币的用户数量,而实践中每项混币交易的参与者往往不超过 4 个;通过对混币的发送和接收金额进行分析可以在一定程度上推测出关联性;事实上,研究人员能够将 67% 的混币交易去匿名化
环签名	环签名技术本质上包含发送者集合中每个人的一个签名,这就造成交易的体积较大(每笔交易大约 10KB)
MimbleWimble	矿工知悉发送者和接收者的对应关系;对脚本和合约等支持较差
零知识证明	现有的零知识证明技术尚不够成熟,使用的成本过于高昂;理论结构复杂,大部分零知识证明方案都只能停留在理论设计和实验代码阶段;存在安全隐患,复杂的零知识证明系统需要基于很多密码学假设,其中任何一个不成立都会令整个系统失效

5. 可信计算方案崭露头角

在区块链的应用场景下,可信计算的目标主要有两个:一是数据隐私保护,即除了指定的计算任务外,用户的数据不应当被擅自挪作他用;二是可验证计算,这是对于计算过程的真实性和完整性的保护,使得用户不需要重复执行运算即可验证计算结果是否正确。目前用于实现可信计算的技术主要有基于硬件安全的可信执行环境(Trusted Execution Enclave,TEE)和基于密码学的全同态加密技术(Fully Homomorphic Encryption,FHE)等。

(1)可信执行环境

可信执行环境的基本原理是给每个支持 TEE 功能的芯片分配一对公钥和私钥,公钥与芯片序列号一起公开,私钥存储在 TEE 内部。需要进行安全计算时,用户首先与 TEE 通信建立一个临时性的会话密钥,然后把输入数据用会话密钥加密后发送给 TEE,在受保护的独立的区域内将输入数据解密后完成计算,最后用会话密钥把计算结果加密返回给用户。为了验证计算的正确性和完整性,通常计算结果中还会包括关于计算任务的快照以及使用 TEE 私钥做出的签名。

可信执行环境的逻辑在于整个计算过程中输入和计算结果只在用户端和 TEE 内部以明文的方式出现。只要不暴露 TEE 的内部信息,即使可以完全控制服务器的操作系统,也无法窥探或篡改计算结果。对芯片直接进行测量的难度极高,大大提升了攻击难度。

TEE 技术的主要优势在于计算的成本较低。对于区块链来说,TEE 技术可以大幅降低验证智能合约执行的成本,彻底改变链上所有运算都要被所有全节点分别执行一遍的现状,突破单点的硬件性能对于区块链吞吐量的限制。目前 TEE 技术已有一些商用产品,例如英特尔(Intel)2015 年推出的采用 SGX(Software Guard Extension)技术的处理器,近两年也有一些区块链项目支持用 SGX 验证智能合约等复杂计算的运行结果。

TEE 主要有两个缺点：首先，每个 TEE 芯片初始的密钥必然是由芯片制造厂商产生和分配的，因而芯片厂商是一个必须信任的中心化节点；其次，TEE 芯片虽然通过独立封装硬件的方式将其与服务器中的其他程序隔离开来，但是仍然可以通过旁路攻击的方式间接地获得芯片内部运行状况的信息。例如 2018 年 3 月，美国俄亥俄州立大学的一个研究小组展示了一种名为 Sgx Spectre 的新型攻击技术，可以通过观察多次重复执行中缓存区大小的细微变化实现从 SGX 中提取数据的效果。

（2）同态加密 / 全同态加密

加密算法的同态性指的是对于密文信息进行一些运算后，得到的新的密文与原密文所对应的明文有某种可以预测的对应关系。例如，加密算法 Enc 满足对于任意的 x 和 y，$Enc(x) + Enc(y) = Enc(x + y)$，就可以说 Enc 对于加法具有同态性。常见的 RSA 加密算法和椭圆曲线群都是关于加法同态的。全同态加密对于加密算法的结构性要求则更高一些：对于任意函数 f，都可以通过在关于 x 的密文上进行一系列操作得到一个新的对应于 $f(x)$ 的密文，即 $Eval(f, Enc(x))=Enc(f(x))$。全同态加密对密文进行运算的整个过程中不会用到解密密钥，因而其作为加密算法的安全性可以保证不会泄露任何关于输入 x 或者计算结果 $f(x)$ 的信息。

全同态加密算法可以很好地解决数据隐私保护的问题，在有可信的安全设置（trusted setup）的前提下也可以实现可验证计算，是一种应用前景非常广阔的通用技术。目前限制同态和全同态加密算法广泛应用的主要瓶颈在于其过低的执行效率。提高效率是全同态加密算法研究的核心方向，但是如果要获得大幅改进，需要理论密码学上的重大突破。

6. 跨链互通需求日益凸显

跨链技术的核心在于让不同的区块链能跨越彼此的障碍，从而在数据和价值的层面进行相互流通。跨链技术的本质是为了解决不同区块链之间的互通性。而这种互通性正是目前区块链在场景落地中碰到的非常核心的难题，不管是公有链还是联盟链，跨链技术都是实现价值互联网的关键，也是避免目前各个不同的区块链分别发展而导致数据孤岛的唯一途径。在具体的实现层面，由于跨链技术实现了多条区块链之间的逻辑关联，因此在很多应用场景中，跨链技术也会被应用到拓展区块链事务处理能力方面。

7. 智能合约安全问题尤为严重

智能合约是一种旨在以信息化方式传播、验证或执行的计算机协议。智能合约允许在没有第三方的情况下进行可信交易，这些交易可追踪且不可逆转。智能合约的出现使区块链的扩展性和便捷性获得极大的提升，但图灵完备的合约也带来了更多的安全风险。2016 年 6 月 17 日，当时区块链业界最大的众筹项目 The DAO（被攻击前拥有 1.5 亿美元左右的资产，约占当时发行的以太币总量的 14%）遭到攻击，并导致 360 万的以太币资产被分离出 The DAO 资产池（当时价值约为 5000 万美元）。该次攻击事件直接导致了以太坊硬分叉为 ETH

和 ETC。2017 年 11 月 7 日，Parity 多重签名合约漏洞导致 93 万个以太币（当时价值约 150 亿美元）永久丢失。相关数据显示，2018 年整个区块链行业因为安全问题导致损失金额超过 20 亿美元。针对区块链行业发起的所有攻击中，交易所和智能合约是最受攻击者关注的攻击点。

目前，智能合约的安全问题主要有以下四个方面，如表 8-8 所示。

表 8-8　智能合约安全问题

漏洞类型	攻击方式	攻击原理
基于智能合约编程语言的漏洞	整型溢出	以太坊的合约虚拟机（EVM）为整数指定固定大小的数据类型。这意味着一个整型变量只能有一定范围的数字表示。在智能合约开发中，如果没有检查用户输入就直接执行计算，可能导致数字超出存储它们的数据类型所允许的范围，该变量就很有可能被用来组织攻击
基于区块链平台特性的漏洞	重入	以太坊的智能合约能够接收和发送以太币。调用外部合约或将以太币发送到合约地址的操作需要合约提交外部调用。这些外部调用可能被攻击者劫持，迫使合约执行进一步的代码（即通过回退函数），包括回调自身，因此代码执行"重新进入"合约
	随机数	由于大多数区块链平台本身不提供随机数生成接口，因此智能合约只能自己实现随机数生成算法，如果智能合约本身生成的随机数算法不当，可能导致随机数被提前预测或者被篡改
基于业务逻辑的漏洞	越权调用	由于公有链的开放性，任何地址都可以与区块链上的智能合约进行交互，如果智能合约的函数中未做权限限制，那么任何地址都可以成功调用此函数，如果该函数为敏感函数，智能合约可能会因此遭受攻击，造成合约控制权限丢失或者直接导致资产损失
基于合约虚拟机的漏洞	逃逸漏洞	虚拟机在运行字节码的时候会提供一个沙箱环境，一般用户只能在沙箱的限制中执行相应的代码，此类型漏洞会使得攻击者退出沙箱环境，执行其他本不能执行的代码
	逻辑漏洞	虚拟机在发现数据或代码不符合规范时，可能会对数据做一些"容错处理"，就导致可能会出现一些逻辑问题，最典型的是"以太坊短地址攻击"
	堆栈溢出漏洞	攻击者可通过编写恶意代码让虚拟机去解析执行，最终导致栈的深度超过虚拟机允许的最大深度或不断占用系统内存导致内存溢出。此种攻击可引发多种威胁，最严重的是造成命令执行漏洞
	资源滥用漏洞	攻击者可以在虚拟机上部署一份恶意代码，消耗系统的网络资源、存储资源、计算资源、内存资源。所以在虚拟机中必须要有相应的限制机制来防止系统的资源被滥用。在以太坊中采用的是 gas 机制，攻击者想要在以太坊虚拟机上进行操作，需要支付 gas

8.4　公有链的治理

从社会组织的角度看，公有链的发展过程是一个通过区块链协议组织社区的过程。公有区块链透明的分布式记账方式与建立在博弈论基础上的经济激励机制，使得全球范围互不相识的人共同参与同一个系统的协作。但是以"去中心化"为特征的公有链并不是去组织化，相反，由于对公有链协议的认同与参与，在网络上形成了自发性的组织形态，即社区。

社区基于公有链的组织形态，也是决定着公有链的技术走向的共同体。公有链作为软件产品，一定会随着需求和变化更新升级，而技术升级与更新的方案选择则需要决策与选择，并达成统一意见。这个在社区内决策、选择并达成一致的过程叫作公有链的治理。

1. 公有链治理是参与者对决策达成一致的过程

决策无法避免分歧与争论。由于参与者的角色和利益不同，因此区块链协议在修改和升级的过程中往往会出现各种分歧，严重的情况下会导致区块链的硬分叉。硬分叉是指区块链发生永久性分歧，在新共识规则发布后，没有升级的节点无法验证已经升级的节点生产的区块。业内著名的硬分叉事件是比特币（BTC）的硬分叉。由于社区对比特币扩容方案有不同意见，最终导致 BTC 硬分叉成 BTC 和比特现金（BCH），因此，区块链的治理是区块链社区和生态中利益相关者对决策达成一致的过程。如何既保证社群的稳定又保证社区的去中心化呢？治理机制就是关于决策机制、财务结构、社区分歧解的系统化安排。

本质上，治理架构是区块链最顶层的设计，它涉及社会、经济的各要素，良好的区块链治理机制有助于减少分裂和混乱的发生，有助于提高软件的更新迭代效率，让区块链协议适应不断变化的环境，并提高社区成员的参与度，促进公有链生态稳定健康发展。

2. 公有链治理的架构与特征

为了分析不同的治理模式，首先需明确典型公有链生态系统中的治理参与者。公有区块链以开源软件社区为基础，通过代码迭代和多方共同维护一个商业价值网络信用体系。一般来说，公有区块链治理生态由四种角色组成：区块链协议开发者、矿工、上层应用开发者及用户。

（1）开发者

开发者对区块链基础协议进行开发、维护和更新，是区块链协议顶层的制定者。一般情况下，在区块链项目的起始阶段，由于项目的影响范围有限，开发者往往是项目的创始团队，例如比特币的初始版本是由中本聪独立开发完成的，以太坊的初始版本也是由 Vitalik 及其核心成员完成的。

随着项目的推进和社区的发展，由于公有区块链社区具有极高的开放性，因此项目的版本更新和技术开发人员也逐渐转移为社区化。正如所有的开源开发者社区一样，开发者们会自发地形成自组织来判断提交的代码的合法性。

（2）矿工

矿工根据共识算法的规则对整个区块链网络的交易信息进行验证并记账。以当前使用最为广泛的 PoW 共识算法为例，矿工主要通过比拼计算能力来争夺记账的权利。区块奖励机制会不断吸引社区成员参与挖矿。由于掌握算力的矿工有着出块的权利，因此，在一定的情况下，矿工团体会对区块链网络的分叉产生重大影响。矿工的主要动力是赚取区块奖励和交易手续费。

（3）上层应用开发者

上层应用开发者在公有链的基础上进行应用开发，借助于区块链的一般性共识和信任服务来提供针对性的服务。作为区块链的使用者，上层应用开发团队对于公有链的底层设置及资源配置有着特殊的诉求，他们倾向于使用交易费用低且保持系统高效、安全运转的公有链。

（4）用户

用户是区块链网络的最终使用者，是区块链价值的持有者和使用者。从根本上讲，用户是区块链价值的本质基础，但他们往往处于较为被动的角色。我们可以将整个区块链生态划分为两种参与者：积极参与者和消极参与者。开发者、矿工与上层应用开发者主动地参与贡献基础协议、网络维护及应用开发，是生态的积极参与者。而一般的用户除了持有和使用之外，对于网络和协议没有更多积极的贡献。

然而，在公有区块链系统中，由于占据了价值的中心，占绝大多数的消极贡献者（用户）有着重要的地位。以比特币治理模式为例，用户虽然没有在底层协议、网络记账及应用开发方面积极贡献与创造，但却拥有选择的权利。当社区内部出现分歧时，用户在协议变更和算力战中无法起到作用，但最终会在价值市场上做出选择。换句话说，积极参与者的贡献需要消极参与者的认可才可以有实际的经济意义，庞大的用户价格市场最终决定了公有链的被认可与发展程度。

公有链治理参与架构如表8-9所示。

表 8-9　公有链治理参与架构

参与者	权利	义务
开发者	对区块链基础协议进行开发、维护和更新，是区块链协议顶层的制定者	开发者们形成自组织来判断提交的代码的合法性
矿工	对公有链出块奖励、手续费等有着特殊诉求，并在一定情况下，矿工会对区块链网络的出块选择和协议选择产生影响	根据共识算法的规则对整个区块链网络的交易信息进行验证并记账
上层应用开发者	对公有链的底层设置及资源配置有着特殊的诉求，如 gas 费	在公有链基础上进行应用开发，借助于区块链的一般性信任服务来提供针对性的服务
用户	区块链价值的持有者，有选择公有链的权利	用户是区块链网络的最终使用者

通过对于上述四种参与者的分析可以发现，区块链生态的参与者有着不同的利益诉求，协调参与者的利益诉求十分重要。一个成熟的区块链生态，应该是参与多方各自独立、相互制约的，没有一方拥有绝对的权利。虽然任何一方都无权单独进行决策，但参与方通过行使各自的权利不断互相博弈，最终达到动态平衡。

公有链治理的博弈既包括生态内部的博弈，也包括来自生态外部的博弈。内部博弈是指上述生态内部的参与者之间的博弈，比如以太坊的 gas 价格，矿工希望 gas 价格提高，从而获取更高的区块奖励；而应用开发者和用户则希望 gas 价格下降，从而降低部署和使用合约的成本。双方博弈的结果决定了最终的 gas 价格。内部博弈甚至可以发生在同一类参与者之间，例如以太坊的矿工可以对 gas 上限进行投票，部分矿工会选择提高 gas 上限，从而获取更高的区块奖励；而 gas 上限的提高会提高叔块（uncle block）出现的概率，影响另一部分矿工的利益，因此这部分矿工会选择降低 gas 上限。两类矿工不断博弈，gas 上限最终达到动态平衡。除上述四类治理的参与者外，外部生态往往也起着重要作用，外部生态可以间接影响价格，从而影响矿工的成本，形成以价格为核心的博弈，最终使整个生态重新达到平衡。对公有链来说，博弈的过程就是治理的过程，而博弈的结果就是公有链的演进方向。

3. 公有链治理的模式

由于公有链生态的复杂性，任何单一的参与主体都无法决定公有链生态的发展方向，重要的决策都是通过协商完成的，从决策模式来看，公有链的治理包含链下治理和链上治理两个部分。

（1）链下治理

链下治理是决策过程不发生在区块链系统之上的治理模式，其治理基础是围绕着开源社区展开。

开源开发社区包括许多短期贡献者和长期贡献者。他们不但贡献代码，也负责调查研究、同行评价、测试、文档和翻译等工作。一般来说，开发工作在类似于 GitHub 的代码托管平台上进行。开源社区不是一个机构实体，而是一个以线上为主的松散组织。原则上，任何人都可参与公有链项目的开发与贡献，但这并不意味着任何代码都可以随意合并到主分支中，合并代码需要维护人员完成。

项目维护人员是在一段时间内提供高质量代码，并且在项目中建立了足够社会资本的贡献者。当现有的维护人员认为，某个贡献者表现出的能力、可靠性和动机足以胜任，他们可授予该贡献者 GitHub 账户的提交访问权。而首席维护者的角色是负责监督项目的所有方面，并负责协调发布的人。

代码的"维护者"虽然掌握了项目合并的资格，但这并不意味着他拥有绝对的权利地位，因为一旦其不公正或滥用权力，不满意的"贡献者们"可以随时离开，并且可自由地运行自己的软件，或者选择分叉原有的软件。

链下治理典型的例子有比特币改进提议（Bitcoin Improvement Proposal，BIP）和以太坊改进提议（Ethereum Improvement Proposal，EIP）。

BIP 是一项提议改进比特币协议的标准，任何人都可以通过 BIP 对比特币协议提出改进的想法。BIP 提供了一套标准化的流程，以便人们提出的想法可以得到专业的评估以及测试。

BIP 的实施需要经过提出阶段（Proposed）、草案阶段（Draft）和落地阶段（Final）。第一阶段，任何人都可以通过社区等渠道提出初步改进想法，争取更多人支持和认同，提议者需将想法提交给比特币邮件开发列表；第二阶段，BIP editors 为重要或者认可较多的提案分配 BIP 序号，将其状态设置为 Draft，并将其添加到 GitHub 代码仓库；第三阶段，一旦 BIP 被接受，需要对其进行代码实现，若代码经过测试并被社区接受，状态会被设置为 Final。

在此过程中，BIP 也可能被社区推迟（Deferred）、拒绝（Rejected）、撤回（Withdrawn）、替换（Replaced）或者激活（Active）。当某些 BIP 不需要实现时，其状态可以设置为 Active，例如 BIP1 中只是对 BIP 具体的工作机制进行描述，并不需要具体的代码实现。

BIP 的决策流程如图 8-5 所示。

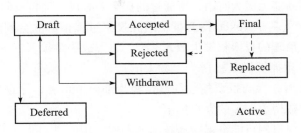

图 8-5　BIP 的决策流程

和 BIP 类似，EIP 是以太坊上用于提议改进协议的标准。在 EIP 标准中，参与方包括 EIP author、EIP editors 以及以太坊核心开发人员。EIP editors 按照如下流程处理每个提案：Active、Work In Progress（WIP）、Draft、Last Call、Accepted、Final。其他例外情况包括 Deferred、Rejected、Active 以及 Superseded。

（2）链上治理

相比于发生在链下的社区治理，链上治理是指网络升级迭代的决策过程嵌入在区块链系统内部，利用区块链内在的机制完成的治理方式。

链上治理最为常见的解决方式是允许 Token 持有者通过在链上投票的方式进行社区治理。链上治理的投票既包括代理制投票，以去中心化的方式选出核心组织行使权力，如选出超级节点、主节点等，也包括投票并直接实施协议升级。

以全员投票 Tezos 的机制为例，预备更新的代码需要连续投票通过，才能部署至测试网乃至上主网。投票权通过权益，即 Token 的数量来进行权重；在投票的初期，基金会具有否决权，同时，投票率要达到 80% 以上方能被系统认定为提案通过。

链上治理除上述只允许 Token 的持有者参与投票的方式外，还可引入生态中其他参与者，包括协议开发者、社区成员及矿工等，进行多方参与的链上投票。由于链上治理的投票往往是通过智能合约完成的，因此具有自动性和强制执行性，可以迅速发展并接受必要的技术改进。链上治理过程公开透明，流程易于审计和回溯，有利于确保流程的贯彻执行，从而提高协调性和公平性，也允许更快的决策。

链下治理和链上治理模式的对比如表 8-10 所示。

表 8-10　两种治理模式的对比

比较项	链下治理	链上治理
参与者	开源开发者	Token 持有人
前置条件	对持有 Token 无要求	原则上须持有 Token
参与形式	链下协商（社交网络、邮件列表、电话会议等）	链上利用智能合约进行投票决策等

链上治理的优势很明显，但实际上它同样带来了新的问题：

- 链上治理中，投票决策实际上是将权力转移到资产持有者手中。但大量的资产持有者对于技术的判断能力极为有限，所通过的提案未必代表项目长期发展的利益。
- 由于投票的权重基于 Token 持有量，因此投票过程很可能会刺激资产价格波动，此外，如果链上治理的投票权被少数人掌握，将形成决策被寡头垄断的局面。
- 链上治理是希望能够满足社区大多数人的意见，但在从目前已知的几次公有链链上治理的案例来看，参与投票的往往只是极少部分持币者，导致最终治理结果仅由投票参与者中少数持币较多的大户决定。
- 链上治理的投票机制可能会遏制新技术的发展，相比于"硬分叉""投票"消灭了探索其他技术的空间。从理性和长远的角度看，"分叉"可能不是一件糟糕的事情，它固然可能导致社区出现分裂，甚至有可能对生态发展造成阻碍，但这一过程，同时也会使社区间有更多的沟通，以便自由地探索更多的技术发展方向。

8.5　公有链的监管

公有链是一个新兴的技术发展方向和特有的产业发展领域，以去中心化治理和激进市场实验为特色，引起了全球科技、经济、法律和政府人士的广泛关注。但公有链社区及其产业并非法外之地，Code is Law 的激进法律和社会实验也不能以社会其他人群的受损为代价。因此，对公有链的社区和产业的基于现有法律的监管研究势在必行。相比于主要针对社区内部参与者的治理过程，监管主要聚焦在公有链对社会整体产生的影响方面，监管的参与者也主要是相关的立法、行政等部门对于技术的监督和规范化。表 8-11 对公有链的监管和治理进行了比较。

表 8-11　公有链监管与治理的对比

比较项	公有链的治理	公有链的监管
范围	社区内部参与者	社会立法、行政等部门
目的	对于公有链自身的技术、商业发展走向的决策	对公有链及其产业的监督和规范化

监管可以从三个维度进行考虑。其一，监管部门对新技术发展可能被某些人滥用，或者冒用新技术发展的名义损害他人合法权益的情况进行监测和追责。纯粹的技术发展和经济实验是中立的，但是使用技术和参与经济实验的人并不是中立的。因此，任何与新技术使用有关的侵权行为、违法犯罪行为并不应当其与新技术有关而得到豁免。其二，在新技术和新经济发展当中，政府提供认证、统计信息、金融数据、财产登记数据等公共产品，以改变或者改善经济博弈结构，提升经济效率，解决产业发展瓶颈的公共管理服务也是监管的重要作用。其三，积极的监管实践可以帮助监管部门更好地发展监管工具，更加深入地理解产业逻辑，为实现监管目标提供事半功倍的解决方案。

自公有链技术诞生之初，其内在就有着抗审查、抗监管的技术特性，但这一技术能力是基于密码学和博弈论的，并不依赖任何个人或团体而生存和发展。同时，公有链技术的这些技术特点并非无法加以利用或限制，同时也为监管工具和产业政策的发展提供了足够的空间和想象力。公有链的技术特点与监管之间的关系如表 8-12 所示。

表 8-12 公有链的技术特点与监管之间的关系

公有链技术特点	抗监管的特性	监管方利用和限制的思路
假名地址	匿名交易	发展公有链账本大数据工具
公私钥对	无法冻结的财产	发展加密资产信托业
点对点网络	无法制止的转账（洗钱、货币转移）	法币与加密资产交易实名制 AML、KYC 制度
状态难以回滚	无法删除的记录	区块链浏览器信息处理

1. 公有链监管的特点

目前，公有链仍处于发展初期阶段，对公有链的监管手段仍不完善。对公有链的监管也不同于过去任何一种监管模式，具有非常鲜明的特殊性。正如 8.4 节中指出的，公有链是一种新型的社区及商业形态，是以开源软件社区为基础，通过代码迭代多方共同维护一个商业价值网络的信用体系。正是这样一种新型的人类组织结构，导致了公有链监管呈现出以下特点。

（1）监管客体的分散性

公有链是一个以开源代码为核心形成的社区，其中任何一个参与社区活动的特定的公司或者个人都不能完全等同于公有链本身。而公有链内部如果出现分歧，随时有可能分叉形成多条公有链并分裂成互相交织的多个社区。开源代码本身并不具有任何法律主体地位，开源代码的使用方也是自愿使用开源代码，开源代码的贡献方也没有任何义务保证代码的可用性、安全性和迭代更新。任何强制禁止开源代码更新或者提交的措施都是可以以极低的成本规避的。因此，将公有链或开源代码本身作为监管客体是难以实现的。而在参与公有链社区的诸多主体之中，根据他们利用公有链开源软件作为工具从事的各项商业或者非商业业务的具体性质，这些业务使得这些主体需要承担相应的责任，受到相应的监管。

（2）监管政策工具缺乏

目前，针对公有链相关的监管最大的难题是实现监管政策的工具缺乏，这给监管带来了很多不利的影响，具体表现在以下几个方面。

首先，缺乏有效的税收工具。不同于现有的法币体系下的商业活动和商业主体，在公有链相关的商业活动和收入、利润当中，没有向国家提供税收的工具。这使得监管部门不能从相关的公共服务当中获得财政支持，最终的结果必然是选择监管则需要挤占其他行政资源，而选择不监管则不符合行政职权的要求。

其次，缺乏有效的公有链技术安全监测工具。产业利用公有链技术开展各项业务，公有链技术的安全性、可靠性并不能完全依赖公有链技术社区的意见，因为这些意见不能排除不受利益的干扰的情况，也有可能同时存在多个观点冲突的意见。而一个站在监管部门角度或者第三方独立机构角度的技术安全监测意见，能够实时公布，供产业参考，是非常有必要的。有了这样一个工具，可以为不熟悉公有链技术的更多其他产业积极利用公有链技术开展业务降低门槛和成本。

最后，缺乏有效的公有链产业分析工具。根据其所主要支持的产业方向不同，一些公有链是符合国家和地区产业支持发展方向的，可以是产业政策支持的对象；而有一些公有链所支持的产业是违背国家政策和法律规定的，则要严加监管。那么哪些公有链所支持的产业是可以并且应当支持的？哪些公有链是应该严加监管，禁止发展的？哪些公有链是需要进行有条件的约束，允许向特定方向发展的？这些都需要统一的依据。而作为产业发展政策的依据，非常有必要拥有一套公有链产业分析工具。

2. 公有链监管政策的平衡

任何一项监管政策，都需要兼顾公平和效率，兼顾短期利益和长远利益。如何合理地设立监管目标，平衡各项可能存在冲突的利益关系，需要做细致而深入的设想。

（1）技术中立与合规监管的平衡

公有链技术的发展，离不开开源代码贡献者的充分自由讨论和互相交流。同时，这种技术的发展是中立的，公有链社区是松散的，没有强制要求任何国家、个人和企业必须使用某一项公有链技术。公有链的分叉模式表明这近乎是一个充满竞争的市场。

另外，公有链社区不是法外之地。即使公有链技术本身是中立的，但是使用中立的技术从事违法犯罪活动的任何组织和个人都必须承担相应的法律责任，这和历史上任何一次技术发展导致的监管介入并无本质不同。但是，技术和技术发展与利用技术发展进行违法活动的行为是截然不同的，技术社区并没有任何义务来为任何违法犯罪行为承担责任。

（2）区域间监管政策平衡

公有链不但是一个天然跨多部门的监管领域，也是一个天然跨区域的受监管领域。跨区域包括跨国界，也包括在一国管辖范围内跨地区。在公有链高速发展的背景下，各国中央和地方政府的监管部门出台了多项监管政策。这些政策有的很激进，有的比较保守，也有许多监管部门处于积极观察但暂不决策的过程中。

很明显，在对公有链的监管政策上，各国态度是不一致的；各国国内不同地区的监管部门的态度也是有区别的。对于典型的离岸金融中心，如新加坡、马耳他等国，监管态度是最为积极和开放的，因为公有链带来的高金融流动性使得这些国家受益。对于有强大的 IT 和金融业基础的美国，美国证券交易委员会（SEC）的公开监管态度是一直坚持符合现有法规进行个案监管，而对出台统一的公有链监管政策暂无日程，以谨慎观察态度为主；对创新包容，减少事先判断和干预。而在美国国内部分州，例如内华达州，对公有链的监管态度是比较积极的。

世界各国以及各国国内各区域的发展都是非常不均衡的。对于金融发达、互联网基础完善的地区而言，公有链所能提供的高流动性和高信用度可以更多地起到产业加速和资金汇集的正面作用。而对于金融欠发达、互联网基础不好、社会结构不够稳定的地区，公有链带来的高流动性和高信用度反而会带来更多的不稳定因素，损害本地的产业，使本地的资金和信用外流，因此更多地希望限制相关产业的发展。

第 9 章 | *Chapter 9*

区块链即服务平台——BaaS

过去的十多年，区块链从鲜为人知到家喻户晓，从街谈巷议到饱受质疑，其过程可谓惊心动魄，跌宕起伏，像极了 20 世纪 90 年代 Tim Berners-Lee 发明了万维网的最初十年。很多人喜欢将区块链网络类比于互联网，因为区块链构建的是一种价值网络。当然二者其实是很不一样的，但无可非议的是，区块链会成为未来社会的一种基础设施，大量的应用将会构建在区块链网络之上。

区块链即服务（Blockchain as a Service，BaaS）平台便是为构建区块链的基础设施所做出的重要努力。BaaS 平台旨在提供创建、管理和维护企业级区块链网络及应用的服务，能够帮助用户降低开发及使用成本。通过 BaaS 平台提供的简单易用、成熟可扩展、安全可靠、可视化运维等设计特色，区块链开发者能够满足快速部署、高安全可靠性的需要，为企业高效地开发出区块链应用。

本节介绍了区块链即服务平台的技术细节与应用场景。基本的模块设计从功能上可划分为资源管理层、区块链底层技术和平台管理层三个层次，其底层的关键技术包括可插拔的共识机制、高可用存储和多类型账本支持、多类型的交易模型、多语言支持的智能合约引擎以及安全隐私保护。除了这些基本的区块链特性之外，BaaS 平台还会提供跨云部署、跨链交互、链上链下访问和分布式身份管理等高阶特性。

9.1 概述

比特币是加密数字货币的代表。比特币出现之后，莱特币、零币、PPCoin、Ethereum 等数字货币如雨后春笋般涌现出来，这些加密货币实验或许将促进人类货币体系的进一步发展。随着以比特币为首的数字货币受到越来越多的关注，人们开始将区块链技术应用到金融领域，为区块链系统引入"智能合约"技术。智能合约是一种通过计算机语言实现的旨在以信息化方式传播、验证或执行合同的计算机协议。智能合约技术对区块链的功能进行了拓展。自此，区块链发展进入第二阶段：可编程金融。有了智能合约系统的支持，区块链的应用范围开始从单一的货币领域扩大到涉及合约共识的其他金融领域，区块链技术得以在股票、清算、私募股权等众多金融领域崭露头角。随着区块链技术的进一步发展，其"开放透明""去中心化"及"不可篡改"的特性在其他领域逐步受到重视。各行业的专业人士开始意识到，区块链的应用也许不仅局限在金融领域，还可以扩展到任何需要协同共识的领域中去。于是，在金融领域之外，区块链技术又陆续被应用到了公证、仲裁、审计、域名、物流、医疗、邮件、鉴证、投票等其他领域，应用范围逐渐扩大到整个经济社会。除此以外，人们还试图将区块链技术应用到物联网中，实现人与人、人与机器的万物互联。整个社会将逐渐进入智能互联网时代，最终形成一个可编程的社会。

9.1.1 企业级区块链服务的意义

区块链的行业应用正在加速推进，由数字货币等金融应用向非金融领域进行渗透扩散。企业应用是区块链的主战场，具有安全准入控制机制的联盟链和私有链将成为主趋势。云的开放性和云资源的易获得性，决定了公有云平台是当前区块链创新的最佳载体，区块链与云计算的结合越发紧密，有望成为公共信用的基础设施。在区块链应用安全方面，区块链安全问题日益凸显，安全防卫需要从技术和管理方面全局考虑，安全可信是区块链的核心要求，标准规范性日趋重要。此外区块链技术与监管要求存在一定差距，但此差距有望进一步缩小。

什么领域适合区块链技术？我们认为在现阶段区块链适合的场景有三个特征：第一，存在去中心化、多方参与和写入数据的需求；第二，对数据真实性要求高的场景；第三，初始情况下相互不信任的多个参与者建立分布式信任的需求。如图 9-1 所示，在传统的多个企业业务系统中，会存在信息孤岛、互相没有建立可信机制、多方协作困难效率低等难题，在该情况下可以考虑采用区块链系统。

典型的应用案例有：基于区块链进行货物跟踪的应用，该应用提升了数据安全性、隐私性、共享性，解决了商品转移过程中的追溯防伪问题，有效提高了物流行业的结算处理效率，从而节约了 20% 以上的物流成本；基于区块链打造的供应链金融平台，加强了供应链金融业务中多方信息的共享，简化了企业间的相互担保、风险分摊、机构信用评估等流程，提升了企业融资效率，融资时长从半个月缩短至两天，同时也降低了违约处理成本；基于区块链实现的数据内容版权确权平台，数据内容版权公司能够为海量作品提供低成本、高效率的版权存证方案，版权存证时间由 10 ～ 20 天提升到实时版权存证，促进了版权合理、合法地快速流通。

可以预见，区块链是企业合作的基础信息技术，逐渐成为未来互联网企业应用不可或缺的一部分。同时区块链技术未来也将逐步适应监管政策要求，成为监管科技的重要工具。

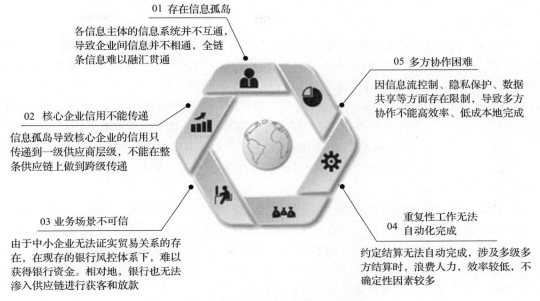

01 存在信息孤岛
各信息主体的信息系统并不互通，导致企业间信息并不相通，全链条信息难以融汇贯通

05 多方协作困难
因信息流控制、隐私保护、数据共享等方面存在限制，导致多方协作不能高效率、低成本地完成

02 核心企业信用不能传递
信息孤岛导致核心企业的信用只传递到一级供应商层级，不能在整条供应链上做到跨级传递

03 业务场景不可信
由于中小企业无法证实贸易关系的存在，在现存的银行风控体系下，难以获得银行资金。相对地，银行也无法渗入供应链进行获客和放款

04 重复性工作无法自动化完成
约定结算无法自动完成，涉及多级多方结算时，浪费人力，效率较低，不确定性因素较多

图 9-1　传统企业业务系统中的现有问题

9.1.2　常见的企业级区块链系统

除了第 5 章介绍的以太坊和第 6 章介绍的超级账本之外，目前国内外还出现了很多企业级区块链系统，例如 Quorum、Corda，以及我国的万向区块链、腾讯 TrustSQL 和阿里云区块链服务等。

1. Quorum

Quorum 是 J.P.Morgan 集团开发的一条基于以太坊的联盟链，用来向用户提供企业级分布式账本和智能合约开发，适用于高速交易和高吞吐量处理联盟链间私有交易的应用场景。其主要设计目的是解决区块链技术在金融及其他行业应用的特殊挑战。

Quorum 的设计思想是尽量使用以太坊现有的技术，而不是重新研发一条全新的链。通过合理的设计，尽量减少与 Ethereum 的耦合从而保持与以太坊公链的版本一致性。其主要的逻辑功能都位于专门设计的抽象层。与以太坊相比，Quorum 使用了 RAFT 共识算法、增加了隐私性设置、对网络和节点进行了权限管理。

隐私性是 Quorum 的重要部分，Quorum 将交易和数据进行了隐私性隔离，包括加密和零知识证明等。创建交易时，允许交易数据被加密哈希替代，以维护必需的隐私数据。将隐私性相关功能抽象出来，导致的一个结果就是状态数据库的分裂。

在以太坊中，MPT（Merkle Patricia Trie）主宰的状态树控制着整个以太坊世界。但是在 Quorum 中，公有的数据仍然保持在全局状态下的更新，但是私有的数据不被更新到全局状态中，而是被加密保存到节点上，同样通过分布式的事务等同步到所有的节点上。

2. Corda

Corda 是由 R3CEV 推出的一款分布式账本平台，其借鉴了区块链的部分特性，例如 UTXO 模型以及智能合约，但它在本质上又不同于区块链，并非所有业务都适合使用这种平台，其面向的是银行间或银行与其商业用户之间的互操作场景。Corda 是一个开源的分布式账本平台，用来记录、管理、同步协议和交换价值。它最初就是为了商业世界而设计的。Corda 允许构建可以直接交易的共同协作的分布式账本网络，而且具有严格的隐私性。

在 Corda 的网络中没有全局广播的操作。每个 Corda 网络都会有一个 Network Map Service，它发布了能够联系到网络中每一个节点的地址、这些节点的身份证书，以及这些节点所能提供的服务。

Corda 合约就是一段验证逻辑代码，这段代码是用 JVM 编程语言编写的，比如 Java 或者 Kotlin。合约的执行需要有一个确定性结果，并且它对于一个交易的接受仅仅基于交易的内容。一个有效的交易必须要被它的所有输入和输出状态中的合约接受。一个交易仅仅当被所有要求的签名方提供了签名之后才会被认为是有效的。但是，除了获得所有人的签名之外，还必须要满足合约有效性才会被最终认为有效。

3. 中国的 BaaS

随着对区块链技术的研究如火如荼地展开，国内也有许多科技企业纷纷加入应用区块链的队伍中来，下面将介绍国内 3 家最大的提供 BaaS 的系统：万向区块链、腾讯 TrustSQL、阿里云区块链服务。

（1）万向区块链

上海万向区块链股份公司设计和开发了万云，万云是一种区块链 BaaS 云服务平台，向企业用户和开发者提供一整套的区块链开发、运行环境和工具套件。通过便捷、弹性、专业的底层服务，致力于降低区块链应用和开发门槛，减少重复性工作，为区块链创业公司和企业用户降低开发、部署及运营成本。

万向区块链公司和矩阵元合作推出基于隐私计算的新一代联盟区块链平台 Platone。Platone 的技术架构如图 9-2 所示。Platone 提供多元完善的认证机制，引入形式化验证及安全验证技术，提供多种先进的隐私保护算法（引入安全多方计算、同态加密、零知识证明等密码学算法），保证了平台的安全；为了提高平台性能，平台支持具有更快执行速度的 WebAssembly 虚拟机，提供高度优化的 BFT 类共识算法，提供更高效的数据存储机制；为了方便用户使用，平台支持使用多种主流高级编程语言开发合约并且提供丰富的企业级部署工具。

（2）腾讯 TrustSQL

腾讯自主研发的 TrustSQL 平台通过 SQL 和 API 的接口为上层应用场景提供区块链基

础服务的功能。TrustSQL 平台整体框架如图 9-3 所示。TrustSQL 主要提供用户管理、基础服务、智能合约、运营监控四个方面的服务。

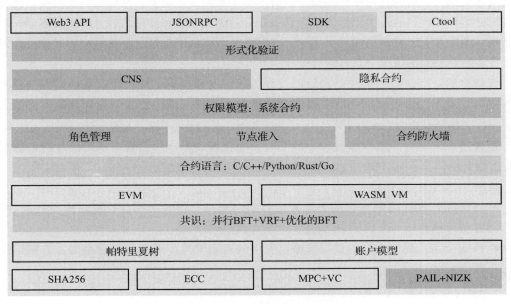

图 9-2　Platone 技术架构

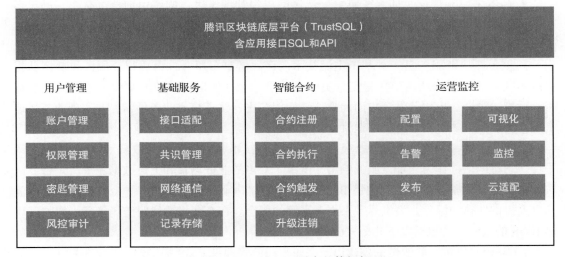

图 9-3　TrustSQL 平台整体框架

用户管理：负责所有区块链参与者的身份信息管理，包括维护公私钥生成、密钥存储管理以及用户真实身份和区块链地址对应关系维护等，并且在授权的情况下，监管和审计某些真实身份的交易情况。对数字资产等金融交易类的应用，还提供了风险控制的规则配置，以保证系统交易安全。

基础服务：基础服务部署在所有区块链的节点上，用来验证业务请求的有效性，并对有效请求完成共识后将其记录到存储上。对于一个新的业务请求，基础服务先对接口进行适配解析，鉴权处理，通过共识算法将交易或者合约加上签名和加密之后，将其完整、一致地存储到共享账本上。共识机制可自适应，在网络和节点都正常情况下具有高并发性，在网络异常或者节点欺骗的情况下具有强容错性。

智能合约：负责合约的注册发行以及合约的触发和执行。用户通过某种编程语言定义合约逻辑，发布到区块链上之后，根据合约条款的逻辑，由用户签名或者其他事件触发执行，完成交易结算等合约的逻辑。

运营监控：负责产品发布过程中的部署、配置修改、合约设置以及产品运行中的实时状态可视化的输出，如告警、交易量、网络情况、节点健康状态等。

腾讯 TrustSQL 具有如下特点：

- 高性能：依托腾讯支付的海量并发经验，交易支持秒级确认；提供海量数据存储，具备每秒万级的处理能力。
- 高安全性：提供丰富的权限策略、安全的密钥管理体系和用户隐私保密方案，保障数据安全。
- 高速接入：丰富的应用开发框架和灵活的部署方式，方便不同类型的用户快速接入，构建应用。
- 高效运营：提供全面、实时、可视化的运维管理系统，快速识别系统状态，满足多个层级的运营管理需求。

（3）阿里云区块链服务

阿里云区块链服务是一种基于主流技术的区块链平台服务，由蚂蚁金服区块链团队提供技术支持。可以快速构建更稳定、更安全的生产级区块链环境，大幅减少了在区块链部署、运维、管理、应用开发等方面的挑战，使用户更专注于核心业务创新，并实现业务快速上链。阿里云区块链服务的整体框架如图 9-4 所示。

蚂蚁区块链 BaaS 是基于蚂蚁金服联盟区块链技术和阿里云的开放式"区块链即服务"平台。它将区块链作为一种云服务输出，支撑了众多的业务场景和上链数据流量，是行业区块链解决方案的基础。蚂蚁区块链 BaaS 致力于搭建一个开放、协作的平台，为全球的企业和个人提供便捷的服务，为世界带来更多平等的机会。在企业级的联盟链场景下，蚂蚁区块链 BaaS 的核心功能包括以下几个方面：

1）联盟链管理。联盟链的创建以及联盟组织的管理是 BaaS 提供的一个基本能力。

2）身份认证。每一个参与联盟链的企业，都需要通过认证流程。平台会颁发证书来帮助客户认证自己在联盟链上的身份。

3）自动化部署。整个平台对于区块链采用自动化部署。这种方式可以非常迅速、低成本地部署区块链平台，让客户迅速地拥有自己的区块链。

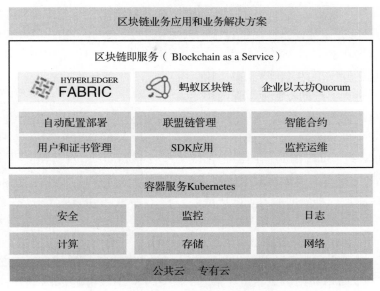

图 9-4　阿里云区块链服务的整体框架

4）区块链能力。蚂蚁区块链技术能力的输出目前主要在两个方面，一方面是存证平台，针对区块链的存证场景提供高性能、高可靠性的平台，另一方面是智能合约平台，提供可编程的智能合约运行环境。

5）业务配置。不同的场景，不同的业务，其业务数据和业务工作流都是完全不同的。在这方面，平台提供了业务视图、工作流程业务订阅服务来帮助用户配置面向业务的应用。

6）开发支持。区块链对于各个场景的应用都需要创新，也需要技术上的开发。平台提供了完备的技术开发相关组件，帮助用户落地最佳实践，拓展更多场景。

9.2　BaaS 的定义和设计原则

BaaS 是一种帮助用户创建、管理和维护企业级区块链网络及应用的服务平台。它具有降低开发及使用成本，兼顾快速部署、方便易用、高安全可靠等特性，是为区块链应用开发者提供区块链服务能力的平台。BaaS 通过把计算资源、通信资源、存储资源，以及上层的区块链记账能力、区块链应用开发能力、区块链配套设施能力转化为可编程接口，让应用开发过程和应用部署过程简单而高效，同时通过标准化的能力建设，保障区块链应用的安全可靠，对区块链业务的运营提供支撑，解决弹性、安全性、性能等运营难题，让开发者专注于开发。

BaaS 是加速区块链在各行业落地，特别是与实体经济深度融合的重要服务形态。目前 BaaS 最流行的模式是区块链云服务，狭义上也把 BaaS 称作区块链云服务。如图 9-5 所示，

IaaS 是把计算资源作为服务，PaaS 是把软件研发的平台作为服务，SaaS 是把软件作为服务。BaaS 作为一种云服务，是区块链设施的云端租用平台，其多租户特性让计算资源、平台资源、软件资源得到了最大程度的共享。BaaS 提供节点租用、链租用以及工具租用的能力，其中工具包括开发工具、部署工具、监控工具等，并通过大容量的资源池，保障租户的业务规模可灵活弹性伸缩，租用设施可共享和独享，安全可靠运行，此外还提供必要的技术支持服务。BaaS 的具体能力包括区块链节点及整链搭建的能力、区块链应用开发的能力、区块应用部署的能力、区块链运行监控的能力。

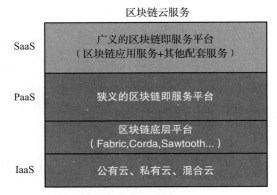

图 9-5　区块链即服务平台在云体系中的位置

区块链服务致力于提供企业级区块链基础技术平台，基于面向服务的基础设计原则，设计上应当以简单易用、成熟可扩展、安全可靠、可视化运维等为主要方向，携手合作伙伴为用户快速、低成本地搭建安全、高效、可靠、灵活的企业级区块链解决方案和应用。

- 简单易用：在开源组件基础上部署企业级分布式区块链系统并非易事，不仅需要专业的区块链知识，同时也需要各种复杂的设计和配置，并且极易出错。区块链服务需要帮助企业实现自动化配置、部署区块链应用，并提供区块链全生命周期管理，让客户能够容易地使用区块链系统，专注于上层应用的创新和开发。
- 灵活扩展：区块链服务设计应采用抽象架构和可插拔模块，面向接口设计软件，将网络构建、加密、共识、资源管理、用户管理、运维管理等功能模块分开设计实现，并可将网络构建、共识等区块链底层技术打包，作为一个插件来进行实现。系统应提供计算资源、存储资源、网络资源的无缝扩展。区块链服务也可秉承源于开源、优于开源、回馈开源的原则，积极投入和引领开源社区，为用户提供成熟、先进的区块链系统。
- 安全可靠：区块链服务应具有有效的防篡改机制、清晰的崩溃容错安全边界、安全的数据管理和隔离机制，支持核心技术，如共识算法、同态加密、零知识证明、电信级云安全，高速网络连接、海量存储等，提供完善的用户、密钥、权限管理和隔离处理、可靠的网络安全基础能力、分类分级的故障恢复能力以及运营安全。
- 可视运维：区块链服务应提供故障分类分级报警体系和运维方法，提供必要的运维接口和运维授权的能力，为链代码和链上应用提供全天候的可视化资源监控能力，为基于权限的分权分域提供完善的用户管理体系。
- 云链结合：区块链具备多方参与、多中心、可追溯、防篡改的特点，只有与具体的企业应用、行业场景相结合才能真正产生价值。结合云平台提供各种区块链需要的无限可扩展的资源和丰富多样的云计算产品、定制化的各行业解决方案，云链结合可以给企业带来更大的便利、价值和想象空间。

- 合作开放：区块链服务专注于底层技术和平台服务能力搭建，和各行业合作伙伴携手合作，共同打造可信的行业区块链解决方案和区块链生态，共同推进区块链场景落地，帮助客户实现商业成功。

9.3　BaaS 的总体架构

在 BaaS 设计原则的指导下，为解决区块链在企业级场景下的一些突出问题，包括系统性能、功能完备性、系统扩展性、易用性等，区块链服务可采用分层架构设计、云链结合、优化共识算法、容器、微服务架构、可伸缩的分布式云存储技术等创新技术方案，通过分层架构设计为企业提供全方位的区块链服务，帮助企业快速简单地落地区块链场景。

BaaS 的架构包括管理平台和运行态两个部分。管理平台分为：底层资源的管理，比如云资源管理、云资源适配器管理等；针对区块链组件的管理配置，比如区块链的部署配置、智能合约管理、动态联盟管理、区块浏览器以及链码和链上应用的监控等；平台管理，主要是对使用区块链系统的用户提供更为广义和通用的管理服务，如账户管理、日志管理、安全防护、计费管理、系统资源监控等。

区块链服务的运行态包括四个层面，自底向上分为底层资源层、区块链基础层、业务层和应用层。

底层资源层包括计算资源、通信资源、存储资源等 IaaS 服务，为区块链系统提供无限扩展的存储、高速的网络、按需购买弹性伸缩和故障自动恢复的节点等区块链资源。

区块链基础层可在开源的区块链（如 Hyperleger Fabric、Corda、EEA 等）或闭源的区块链（如 TrustSQL、蚂蚁区块链等）框架上构建，为上层应用低成本、快速地提供高安全、高可靠、高性能的企业级区块链系统。该层需要解决提供的核心技术包括可插拔的分布式共识机制、多类型的分布式账本存储机制、安全多语言支持的智能合约引擎、跨链和链上链下的数据交互、安全隐私保护以及分布式身份管理等。

业务层提供标准智能合约接口和用于个人资产管理［如通证（Token）］的轻钱包，用户可以根据不同应用场景构建不同的智能合约，为用户打造特定场景通用的智能合约库，如供应链管理和溯源、供应链金融、数字资产、公益慈善和互联网保险等，企业可以在此基础上快速构建区块链应用。

应用层为最终用户提供可信、安全、快捷的区块链应用，用户可以使用其提供的各种解决方案（供应链金融解决方案、电商行业解决方案、游戏行业解决方案、零售行业解决方案、新能源行业解决方案等），结合合约层快速搭建区块链应用。

9.4 BaaS 的基本模块设计

BaaS 的设计主要分为管理平台设计和底层关键技术设计两大部分，每部分的设计细节如下。

9.4.1 区块链服务管理平台的设计

根据区块链服务管理平台常见模块的功能，可以将模块分为三个层次：资源管理层、区块链管理层和平台管理层。

资源管理层中的模块负责和基础设施服务（IaaS）层的云平台交互，管理虚拟机（Docker 容器）和网络等相关资源。一些并不基于云平台搭建的区块链服务 BaaS 平台可以直接管理底层的物理机资源。

区块链管理层的模块负责平台区块链的创建、管理和运维监控，面向的是平台用户。该层的实现由于支持的底层区块链不同，在实现上可能有较大的差异。而且有的区块链管理层可以支持多种不同的底层区块链。

平台管理层的模块负责区块链服务平台自身的账户、计费、日志和统计报表等管理功能，面向的是平台管理员和用户。区块链服务平台主要模块和层次划分如图 9-6 所示。

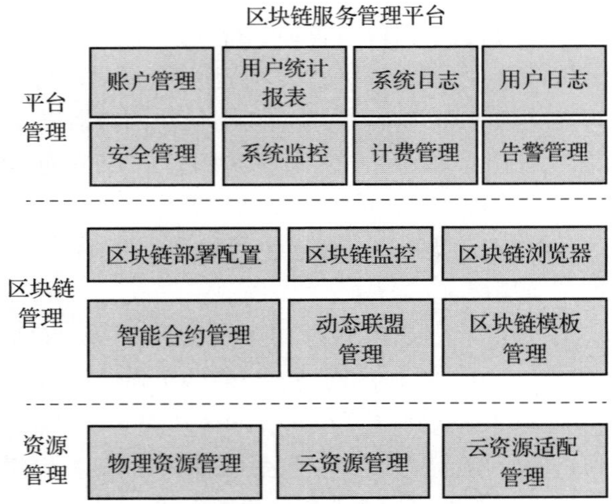

图 9-6 区块链服务管理平台模块设计

1. 云资源适配管理

对区块链节点的跨云部署支持，需要由该模块来实现对不同公有云和私有云的虚拟机、Docker 容器等资源调度 API 的封装，屏蔽各种云平台 API 的差异性，对上层调用模块提供统一的资源管理接口。

2. 云资源管理

云资源管理负责实现云资源的管理调度，该模块会调用云资源管理适配模块的统一接口，底层不同云平台接口的差异性对该模块是透明的。该模块的主要功能有创建及删除虚拟机（Docker 容器）和网络资源、进行初始化配置、对已有资源进行扩容或缩容等操作。

3. 区块链部署配置管理

该模块既负责对新建区块链节点进行快速安装、配置、部署以及初始化等操作，也负责对已有区块链节点进行软件升级等操作。该模块需要有较好的多节点并行处理能力，以便在部署大规模区块链网络时，可以有效地缩短安装部署时间。

考虑到用户业务需求的多样性，区块链服务平台需要支持用户可以定制符合业务场景的区块链和计算资源。例如，配置适当的区块链运行参数（出块时间、区块大小、交易数量等），选择适当的共识算法，设置各类节点的数量以及各个节点的 CPU、内存、存储、网络带宽等计算资源。

对于支持动态配置的区块链，用户可以随时调整运行中的区块链的配置信息。对于基于云的区块链服务平台，用户还可以根据业务的变化情况，快速调整计算资源，比如扩大存储容量、加大网络带宽等。

4. 智能合约管理

用户在区块链服务平台对智能合约的管理主要有上传、发布、审核、安装、初始化、权限设置、升级等功能。

根据区块链服务平台的能力，用户可以上传源代码形式的智能合约，也可以上传编译好的二进制智能合约到平台上。

用户上传的智能合约被存放在平台上的用户个人智能合约库中，需要用户将智能合约发布到区块链上，才可以被该区块链上的其他成员审核和使用。用户发布智能合约时，也可以设置哪些该区块链中的参与方可见，对智能合约的使用权限做相应的控制。

在线审核功能一般针对以源代码形式上传的智能合约，区块链上的各个成员可以对智能合约的源代码进行检查，确保各项功能正确无误。

对具有智能合约商店的区块链服务平台，用户可以从智能合约商店购买智能合约。用户购买的智能合约也被存放在平台上的用户个人智能合约库中。以后的使用也遵循发布、审核、安装、初始化的流程。

在合约初始化的过程中，用户不仅可以初始化合约内容，也可以对合约的背书策略、安全策略进行相应的设置。合约升级过程中，要保证原合约可以使用。升级过后，新合约可以查询到历史数据。对于合约的权限，平台提供多维度的权限管理，例如方法级权限、数据级权限等。用户可以通过 BaaS 平台提供的接口或者网页，查询合约的运行日志、分析合约的运行状态等。

智能合约的升级也是相同的管理流程，只是此时用户使用的是更新版本的智能合约。

5. 动态联盟管理

联盟链一般都有多个成员参与，动态联盟管理是联盟链顺利运作的基础。联盟管理包括联盟链的创建、联盟链新成员的加入、联盟链已有成员的退出、联盟链的投票策略设置等功能。不少区块链服务平台的联盟链中，有管理员的角色，一般由联盟链的创建者担任。管理员主要负责联盟链的创建、初始配置的设置、联盟链成员管理和权限管理等。很多区块链服务平台为了防止管理员的权力过大，往往引入成员投票机制，比如只有在联盟链已有成员多数同意的情况下，才允许新成员加入该联盟链。

6. 区块链模板管理

因为区块链配置的高度复杂性，如果全部开放给用户设置，会带来较大的使用难度。

为了方便用户的使用，平台管理员可以针对一些典型的区块链应用场景，预先制定相应的区块链模板，配置好缺省的参数。用户创建区块链时，根据自己的业务场景选择相应的预定义模板，就可以快速方便地创建满足需求的区块链。高度可定制的区块链配置和预定义区块链模板的结合，可以让区块链服务平台同时兼顾区块链可定制性和易用性。

7. 区块链监控

区块链监控模板负责对区块链网络和节点的运行状况进行监控报警，包括但不限于网络连通性监控、计算资源使用情况监控以及节点服务状态监控。一旦发现有故障或者异常情况发生，可以自动给相关负责人通过邮件、短信等方式报警。在某些情况下，平台可以自动进行故障排除和恢复。

8. 区块链浏览器

区块链浏览器可以让用户查询区块链高度、交易数量、网络拓扑、安装的智能合约列表、具体交易情况等区块链细节信息，帮助用户更好地了解区块链运行状态以及进行相关开发调试。区块链服务平台对区块链浏览器有相应的权限控制，以免泄露用户信息。

9. 账户管理

账户管理是区块链服务平台的重要功能，一般分为管理员账户和用户账户。管理员账户是平台运营方用于平台本身设置管理的，具有最高的权限。用户账户由平台的客户创建，可以根据业务需要在平台上创建一个或多个区块链。

10. 用户日志

平台需要通过用户日志来记录用户在平台上执行的各项操作，比如创建和删除区块链、增加和删除节点、安装智能合约等。用户可以通过用户日志来查询自己做过的历史操作记录，方便用户管理区块链。

11. 系统监控

与区块链监控模板不同，系统监控模块用于监控区块链服务平台自身的运行状况，比如用户操作的响应时间、区块链创建时间、在线用户数等指标。通常只有平台管理员才有权查看系统监控数据。

12. 计费管理

区块链服务平台可以根据平台的定价策略，对用户使用平台的计算资源和服务计算相关费用。通常可以分为按服务使用时间和使用次数计费两种方式。

9.4.2 区块链底层关键技术的设计

区块链的技术架构设计可以分为核心技术组件、核心应用组件以及配套设施，它们相互独立但又不可分割，具体架构如图 9-7 所示。核心技术组件在逻辑上也称为协议层，包括区块链系统所依赖的基础组件、协议和算法，进一步可以细分为共识机制、安全机制、账本存储、节点通信四层结构。

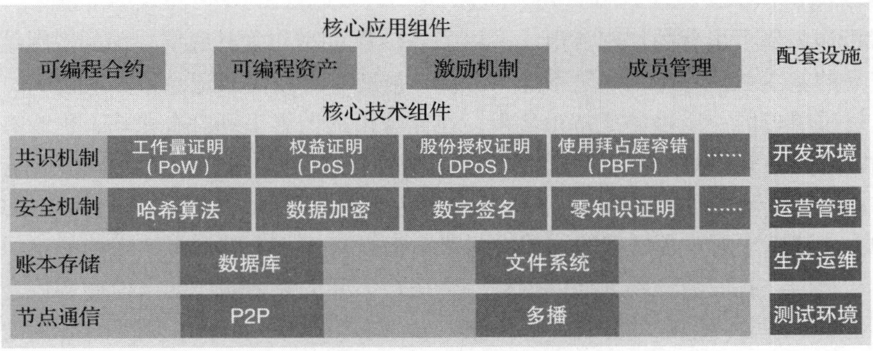

图 9-7　区块链的底层技术架构

1. 可插拔的共识机制

所谓共识，是指多方参与的节点在预设规则下，通过多个节点交互对某些数据、行为或流程达成一致的过程。共识机制是指定义共识过程的算法、协议和规则。区块链的共识机制具备"少数服从多数"以及"人人平等"的特点，其中"少数服从多数"并不完全指节点个数，也可以是计算能力、股权数或者其他的计算机可以比较的特征量。"人人平等"是当节点满足条件时，所有节点都有权优先提出共识结果，直接被其他节点认同并最后有可能成为最终共识结果。区块链系统中需要支持可插拔的共识机制，允许用户在不同的应用场景中选择适合的共识算法，目前业界常用的共识算法包括工作量证明机制、股权证明机制、委托权益证明机制、实用拜占庭容错机制等（详见第 3 章）。

2. 高可用存储和多类型账本支持

区块链服务 BaaS 通过非对称加密的数字签名保证业务请求在传输过程中不能被篡改，通过共识机制保证各节点的数据一致地存储。对于已经存储的数据记录通过节点内的自校验性和准实时多节点数据校验来保证已经存储的数据记录不能被修改。区块链中的分布式存储是指参与的节点各自都有独立的、完整的数据存储。区块链数据在运行期以块链式数据结构存储在内存中，最终会持久化存储到数据库中。对于较大的文件，也可存储在链外的文件系统里，同时将摘要（数字指纹）保存到链上用以自证。跟传统的分布式存储有所不同，区块链的分布式存储的高可用性主要体现在两个方面：首先，区块链每个节点都按照特定的存储模式存储完整的数据，而传统分布式存储一般将数据按照一定的规则分成多份进行存储；其次，区块链每个节点存储都是独立的、地位等同的，依靠共识机制保证存储的一致性，而传统分布式存储一般通过中心节点往其他备份节点同步数据。数据节点可以是不同的物理机器，也可以是云端不同的实例。

3. 多类型的交易模型

在区块链网络中，目前主要存在两种交易记录模型，一个是以比特币为代表的 UTXO

（Unspent Transaction Output，未使用交易输出）模型，另一个是以太坊为代表的账户 / 余额模型。

比特币作为最早出现的加密货币，采用了 UTXO 模型作为其底层存储的数据结构，也是比特币交易的基本单位。UTXO 是不能再分割、被所有者锁住或记录于区块链中、被整个网络识别成货币单位的一定量的比特币货币。在比特币的世界里既没有账户，也没有余额，只有分散到区块链的 UTXO。"一个用户的比特币余额"这个概念是通过比特币钱包应用创建的派生之物，比特币钱包通过扫描区块链并聚合所有属于该用户的 UTXO 来计算该用户的余额。

账户 / 余额模型则非常好理解，传统的账本都是基于这个模型来实现的。比如有两个交易方张三和李四，我们会分别为他们创建一个账户，并记录余额。如果他们两人之间进行转账，通常也是采用复式记账的方式，假设张三要给李四转账 100 元，则系统要做如下操作：

1）检查张三账户余额是否充足，如果不足 100 元就终止交易，向张三报"余额不足"；

2）在张三账户里减去 100 元（假设没有手续费）；

3）在李四账户里增加 100 元。

这种系统很常见，现在的银行、信用卡、证券交易系统及互联网第三方支付系统，其核心都是基于账户的设计，由关系数据库支撑。通常通过数据库的事务来实现操作的原子性，保证转账的双方余额的变动是同时成功或者同时失败的。

4. 多语言支持的智能合约引擎

一个成熟的区块链的智能合约引擎，需要提供智能合约代码上链的手段、智能合约执行的方法、链上数据的读取和操作等。通俗地说，我们可以认为智能合约上链的过程就是智能合约的初始化阶段，一般包括智能合约数据的初始化和智能合约代码存入合约账号两个方面；智能合约的执行一般是根据用户调用数据的要求执行合约以修改合约数据和链上数据的过程；而链上数据的读取和操作则是合约执行的必要工具。随着智能合约在区块链技术中的广泛应用，其优点已被越来越多的研究人员与技术人员认可。总体来讲，智能合约具备合约制定的高时效性、合约维护的低成本性、合约执行的高准确性等优点。

虽然智能合约较传统合约具有明显的优点，但对智能合约的深入研究与应用仍在不断探索中，我们不能忽略这种新兴技术潜在的风险。2017 年，多重签名的以太坊钱包 Parity 宣布了一个重大漏洞，这个关键漏洞会使多重签名的智能合约无法使用，该漏洞导致了价值超过 1.5 亿美元的以太坊资金被冻结。安全风险事件的发生值得我们反思。但不管怎样，业内人士普遍认为，区块链技术及智能合约将成为未来 IT 技术发展的一个重要方向，目前的风险是新技术成熟所必然经历的过程。

目前智能合约作为区块链的一项核心技术，已经在以太坊、Hyperledger Fabric 等影响力较强的区块链项目中得到广泛应用。

5. 安全隐私保护

安全机制是区块链中最为核心与关键的组成部分，而密码原语与密码方案是安全机制的支撑技术。区块链系统通过多种密码学原理进行数据加密及隐私保护。区块链服务 BaaS 自身具备的技术和特性保证数据隐私、信息流转和网络传输的安全可控。区块链服务 BaaS 运用安全散列、对称加密、非对称椭圆曲线、抗量子等加密算法，以及零知识证明算法、安全多方计算等技术组合，保障数据隐私的安全，防止数据泄露。在构建隐私保护方案的同时，需考虑可监管性和授权追踪，通过采用高效的零知识证明、承诺、证据不可区分等密码学原语与方案来实现交易身份及内容隐私保护；充分利用基于环签名、群签名等密码学方案的隐私保护机制、基于分级证书机制的隐私保护机制；也可通过采用高效的同态加密方案或安全多方计算方案来实现交易内容的隐私保护。对于公有链或其他涉及金融应用的区块链系统而言，高强度、高可靠的安全算法是基本要求，需要达到国密级别。

9.5　BaaS 的高阶特性

9.5.1　跨云部署

区块链服务云部署模式主要分为三类，即云上部署、云上云下混合部署以及跨云部署。针对云上部署模式，区块链的所有节点都部署在公有云上；针对云上云下混合部署，区块链的部分节点部署在公有云上，部分节点部署在客户私有数据中心或者私有云内；针对跨云部署，区块链的节点可以分散部署到不同的公有云平台上。

组建联盟链的各用户基于传统业务的使用习惯或者合作关系，可能对区块链节点所在的云平台具有各自的偏好。如果区块链服务能够支持跨云部署，将有利于这些用户更方便地组建联盟链。

区块链服务平台一般应该通过适配层来屏蔽底层公有云的差异性，为用户提供一致的云上区块链管理体验。同时因为区块链跨云部署时，节点一般在公网互联互通，所以系统设计时需要充分考虑较长的网络时延和不稳定的网络带宽带来的种种影响。

9.5.2　跨链交互

在区块链所面临的诸多问题中，链与链之间的互通性缺失在很大程度上限制了区块链的应用空间。跨链主要包括信息跨链和价值跨链两种应用场景。跨链互操作协议的严谨描述、规范实现和普遍应用将成为实现"价值互联网"的关键。区块链跨链互操作技术提供了同构和异构区块链之间的信息交互和价值流转服务，可以满足区块链应用的业务扩展性需求。

1. 分层多链跨链技术

多链模型可采取分层结构，底层以公有链作为基础链，上层针对相互独立的子业务分别搭建不同应用联盟链的多链业务模型。应用联盟链与底层公链之间的跨链资产互换，在应用联盟链上的关键信息定时或通过事件触发与基础公链之间进行数据交换，用以达到以公链为应用联盟链进行背书的目的，兼顾了应用联盟链的效率与底层公链的公平。

多链之间的交互有信息互认、跨链资产流转和服务调用等方式。跨链信息互认的案例有数字版权、公证公示、数字身份等信息的跨链访问和确认，其目的是充分利用已有资源，减少重复建设；跨链资产流转和服务调用，是通过跨链交易的定义、可信传递和验证，实现资产标识跨链转移和计算资源跨链调用，典型的场景如联盟之间的积分互换、交易所等。

2. 一般跨链技术

跨链交互的技术模式可采用公证人模式或信息锁模式。所谓公证人模式，是指存在一个可信的公证人节点，此节点具有多种链打包排序、入链落块等功能和权力。跨链双方将各自的信息都提交给公证人，部分情况下需要将资产等信息都转给公证人进行验证，公证人执行交换契约，对信息进行交换所有权、转移兑换、销毁/生成等。此模式为中心化模式，性能、安全性、可用性等完全依赖公证人节点。

所谓信息锁模式，是指发起人使用一个谜题和答案锁定需要交换的信息、资产，指定接收者和时间、区块高度等限制条件。在限制条件之内，接收者随时可以使用答案来提取信息、资产等所有权。限制条件达成时没有被提取，则信息、资产退回给发起人。跨链参与的双方可以使用此技术完成信息跨链。

从链的设计实现结构来看，一般跨链资产交互可分为同构同链、同构异链、异构链之间的交互。

（1）同构同链下的跨链交互

同构同链是指使用同一种技术创建、部署区块链。区块链节点之间的通信协议、共识算法、数据结构、加密算法等技术皆完全相同，可称为同构。基于同一个创世区块或类似同样的数据基点而发展来的树状、网状区块链体系，可称为同链。同链具有一个半强制性规则，即节点证书等身份信息唯一且链内共享。该模式下的跨链交互可大体分为子链回归和多子链并行的模式。

子链回归是指链结构分为主链、子链两部分。子链附属于主链，可获取主链信息。一般情况下，主链不知道子链。子链用于非冲突类并发验证、独立事件结算等，使用同一套账户证书体系，支持互验签名。由子链监听主链事件，完成信息下载；由子链发起信息上传，主链完成行为约束、信息校验、冲突校验等工作，完成跨链信息传递。必要时，子链完成信息、资产等销毁工作。子链使命完成或信息全部回归至主链后，子链可被全部销毁或废弃。BaaS 在此类跨链技术中扮演通道管理者角色，为各条链提供节点发现、区块查询校验、事件监听通知等功能。例如主链提供锚定资产锁定，子链完成锁定资产范围内的多次交易后回归主链，主链验证锚定有效性，并根据交易结果解锁释放资产。

多子链并行与子链回归中类似，不同的是账户证书存储在主链中，账户内事务根据离散算法存储在固定的一条或多条子链中。当各个账户之间发生信息交互、资产交易时，触发多子链跨链通信事件。此时由主链提供身份证明和中继通道，并约束各个子链行为。BaaS

在此类跨链技术中扮演推动者角色，监听各个阶段事件，没有主动发起者的环节充当推动者，推动跨链流程完成。例如根据地理、类型等特征分组账户，将其分散在多个子链中，每个子链是一个信息域。在子链上完成内部信息交换，在主链上完成跨域信息交换。

（2）同构异链下的跨链交互

同构异链为使用相同的技术，搭建多条基于各自创世区块的区块链场景。可分为账户关联和账户不关联两种模式。

在账户关联场景下，需要同一用户在多个链上使用唯一标识注册获取证书等身份验证信息，这些身份验证信息有直接或者间接关联关系。两个账户持有者，在不同链上使用自己的身份信息进行跨链资产等信息交换。BaaS 在此类跨链技术中可以负责多项职能，如鉴定双方身份的公证人、信息锁传递的通道、环节推动者等。

账户不关联场景多为数据广播使用，非资产类信息在多条链上留存。BaaS 在此类场景下可以进行数据映射、监听 A 链的事件将相应信息推送至 B 链广播等。

（3）异购链下的跨链交互

异构链是指使用不同技术搭建的区块链场景，也可分为账户关联和账户不关联两种模式。

账户关联与同构异链模式不同的是，此模式下链节点对身份信息的验证方式可能不同，在不兼容的场景下，无法直接验证对方数据有效性。需要 BaaS 作为中间方，提供附加功能，如身份管理服务器、信息锁服务器、定制化信息可信交换通道等。

账户不关联模式多为信息备份，如公有链强制分叉、公有链信息同步至私有连、联盟链信息公开至公有链等场景。BaaS 在此类场景中可以完成数据转换对接功能。

9.5.3　基于预言机的链上链下访问

作为真实世界信息进入区块链的通道，预言机为区块链提供了可信的外部数据接入服务。通过预言机服务，可以实现链下信息触发链上动作，打破了区块链与现实世界的信息壁垒。预言机服务可以帮助用户的链上平台对接可靠第三方信息平台的 Web API，满足其业务需求。

区块链预言机模块通过引入验证机构约束上链服务提供方，在密码学方法的辅助下，以不影响正常网络通信为前提，确保上链服务被约束为能且只能发送可信数据源提供的数据上链，且该约束过程可被验证。同时，上链服务运行在 SGX（Software Guard Extension）创建的可信执行环境（Trusted Execution Environment，TEE）中，确保服务不受到恶意软件的攻击。每次提供上链服务的同时，也会生成证明文件，任何第三方都可以通过该文件，验证整个服务提供过程和结果的有效性。

如图 9-8 所示，链上智能合约通过调用预言机合约，获得可信的链外信息。预言机合约获得的上链信息及审计信息，由审计服务和上链服务两个模块共同提供。两个模块共同与可信数据源进行交互，一方负责数据获取，一方负责监督获取过程。

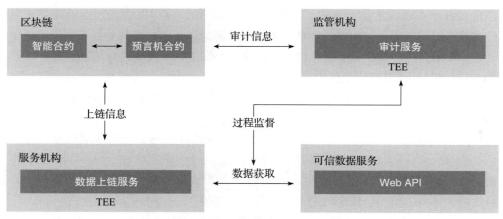

图 9-8 基于预言机的链上链下访问

9.5.4 分布式的身份管理

数字身份管理是未来数字经济、数字中国、数字城市的基础，也是区块链大规模应用的必要条件。身份管理是信息系统中不可缺少的功能。在联盟链的区块链系统中，身份管理通常包括两个层面的含义：一是对区块链节点的身份管理（节点身份管理），二是对区块链上业务系统用户的身份管理（用户身份管理）。

对于节点身份管理，通常有两种策略：一种是集中式的身份管理服务，例如基于 CA 中心（依靠 CA 中心颁发的数字证书验证节点的身份）、基于 VPN 网络（在一个 VPN 网络内运行区块链，利用 VPN 网络管理机制来控制节点的准入）或基于云平台（依靠云计算平台自身的用户管理）的身份管理；另一种是分布式的身份管理服务，完全依靠区块链自身能力来解决节点准入问题。

在分布式的身份管理服务中，核心是对身份信息的管理（主要是管理公钥和公钥的标识符）。可以在区块中存储节点身份信息，也可以在配置中存储节点身份信息。在存储节点身份信息方面，可以采用 CA 机制，使用一个根证书认证所有节点的方式（例如把根证书信息存在创世区块内，持有通过根证书颁发的子证书的节点可以加入该区块链网络），也可以采用节点身份列表的方式（不使用 CA 机制，而是单纯地把所有节点的公钥和公钥标识以列表的形式存储起来）。

采用 CA 机制的分布式身份管理方式，本质上仍然是持有根证书私钥的组织拥有身份管理的权限。我们可以通过拆分私钥使每个组织保存一段的方式，来实现本质上分布式的身份管理。但当发生新组织加入或旧组织退出等情况时，对根证书进行管理是一种技术上的挑战。通常需要更新根证书，重新认证所有节点才能实现真正平等安全的分布式身份管理。

在采用节点身份列表的方式中，可以通过预先定义的投票机制或者其他灵活的管理机制来维护整个节点身份列表。这种方式比较符合分布式身份管理原则。

对于区块链上业务系统的用户的身份管理，通常需要根据业务的具体场景，采用针对性的身份管理技术。可以采用集中式的用户身份管理（例如采用某个组织的证书对用户身份进行认证和管理），也可以采用多节点分布式的用户身份管理（例如需要多个组织的证书对用户身份进行认证和管理）。还有一种节点身份管理机制，是和用户身份相结合的。例如在类似 DPoS 共识机制的系统中，用户可以通过类似选票的 Token 选举出超级节点。这种类似的机制在区块链云服务中也可以有对应的实现。

目前，业界另外一种新型的身份管理技术——分布式身份标识（Decentralized Identity，DID）是一种可验证的数字身份形式，具有分布式、自主可控、跨链复用等特点。遵循 W3C 提出的 DID 设计参考，可以实现基于区块链的分布式身份标识管理，使区块链上的任何实体可自主创建和管理自己的身份标识。

DID 是一种去中心化的可验证的数字标识符。它独立于任何中心化的权威机构，可自主完成注册、解析、更新或者撤销操作，无须中心化的登记和授权。DID 具体解析为 DID Document。DID Document 中主要包含两方面内容：一是加密材料（如公钥、匿名身份识别协议等）；二是属性（包括用于身份验证的信息以及服务端点）。身份验证信息与加密材料可结合提供一套机制，作为 DID 主体进行身份验证。而服务端点则支持与 DID 主体的可信交互。

可验证声明（Verifiable Credential）提供了一种规范来描述实体所具有的某些属性。它能表示物理世界中的凭证所能表达的相同信息。DID 持有者可以通过可验证声明，向其他实体证明自己的某些属性是可信的。同时，结合数字签名和零知识证明等密码学技术，可以使得声明更加安全、可信，并进一步保障用户隐私不被侵犯。

在现实世界中，认证机构会给一般实体签发可被公众信任的声明，例如车管所给司机颁发的驾照、学校给学生颁发学生证等。而当这些线下的声明被放到网络上进行验证和使用时，可能存在时间延迟、信息被篡改或者隐私信息泄露等问题。因此，通过将标准化的可验证声明放到区块链上，可使其更加便捷、更容易验证且更加自主可控。进一步加入零知识证明来拓展分布式身份标识的功能，可实现匿名签发可验证声明或通过验证身份的同时不暴露个人信息，保护用户的隐私信息。

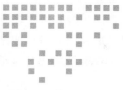

Chapter 10 第 10 章

区块链安全与监管

    区块链作为一种全新的信息存储、传播和管理机制，实现了数据和价值的可靠转移。世界主要发达国家也纷纷加快该领域的技术研发、战略部署和推广应用。作为网络时代的新一轮变革力量，在与现有技术结合催生新业态新模式的同时，区块链技术发展和深入应用仍需要漫长的整合过程，其核心机制、应用场景中存在的潜在风险也给技术应用和现有网络安全监管政策带来新的挑战。因此，理性看待区块链的技术优势、强化应对潜在风险已成为保障区块链技术健康、有序发展的当务之急。

    本章从网络安全的视角，客观审视区块链技术发展和应用情况，分析并探讨区块链技术应用分层架构、安全风险和应对框架，给出关于促进区块链技术安全应用的若干实例，切实提升区块链技术发展应用安全性。最后介绍区块链的监管问题与挑战。

10.1　从安全视角看区块链技术的发展和应用态势

1. 区块链技术生态基本成型，网络安全应用开始落地

    区块链作为一种全新的信息存储、传播和管理机制，通过让用户共同参与数据的计算和存储，并互相验证数据的真实性，以"去中心"和"去信任"的方式实现数据和价值的可靠转移。近年来区块链技术受到各界的广泛关注，成为近年来的新兴互联网技术之一。

    众所周知，区块链分布式、点对点的通信具有易连接、大协作的特点，基于哈希加密的匿名性能够很好地保护用户隐私和证明唯一性，依托公私钥的权限控制赋予数字资产丰富的管理权限。这些技术优势在为其发展应用提供大量创新空间的同时，也使得区块链逐渐成为解决网络和数据安全存储、传播和管理问题的有效手段，在攻击发现和防御、安全认证、

安全域名、信任基础设施建立、安全通信和数据安全存储等方面得到了积极的探索。

例如，在国家层面，美国国土安全部（Department of Homeland Security，DHS）早在2015 年已开展与 Factom 等区块链企业的合作，支持区块链在身份管理、国土安全分析等领域的应用项目研发；俄罗斯联邦国防部于 2018 年在其军事技术加速器（the ERA）技术园区建设了区块链研究实验室，研究将区块链技术应用于识别网络攻击和保护关键基础设施等。在产业层面，LaunchKey、Blockstack、Guardtime 等企业均在各自领域推出了"区块链＋网络安全"产品和解决方案。

2. 区块链安全问题逐渐浮出水面，引发各界安全思考

随着区块链技术在各行业领域的不断应用，一方面，其共识机制、私钥管理、智能合约等存在的技术局限性和面临的安全问题逐渐显现，区块链平台应用等安全事件层出不穷。例如，2018 年 3 月，币安（Binance）交易所遭到网络攻击，造成约 4.2 亿元的损失；2018年 5 月，EOS 智能合约曝出严重安全漏洞，攻击者可利用漏洞控制和接管其上运行的所有节点。据统计，2011 年到 2018 年 4 月，全球范围内因区块链安全事件造成的损失高达28.64 亿美元。另一方面，区块链去中心、自治化的特点给现有网络和数据安全监管手段带来了新的挑战（如 GDPR9 中关于数据主体、数据删除权的要求）。各类安全事件的频繁发生给区块链在新模式下的应用管理敲响了警钟，区块链安全问题也引发了政产学研等各界的广泛重视。全球主要国家和地区纷纷聚焦区块链安全，从政策引导、加强监管、技术应对等多方面开展应对。

（1）英国：推动政产学研各界合作，提出"技术＋法律"的区块链监管新模式

英国政府和央行一直积极响应区块链技术，希望凭借占领区块链技术发展先机，重夺其国际金融中心地位。早在 2016 年 1 月，英国政府科学办公室就发布了《分布式记账技术：超越区块链》研究报告，将发展区块链技术上升到英国国家战略高度，同时指出，区块链技术中存在的硬件漏洞和软件缺陷可能带来网络安全和保密风险。报告建议英国政府加强与学术界、产业界的合作，加快区块链标准制定，正视发展区块链技术面临的来自技术本身以及应用部署方面的双重问题，以技术监管为核心，法律监管为辅助，双措并举打造区块链监管新模式。2018 年，英国政府宣布将启动新的加密货币研究工作，与金融行为监管局（Financial Conduct Authority，FCA）和英格兰银行合作，探索比特币等加密货币带来的潜在风险。同时，英国企业也在积极探索区块链安全相关技术。英国最大的电信公司英国电信于2016 年 7 月提交了"减轻区块链攻击"的专利申请，旨在建设能防止对区块链进行恶意攻击的安全系统。

（2）美国：鼓励探索区块链在安全领域的应用，注重区块链安全风险技术应对

美国在监管方面多方听证、谨慎立法，对区块链技术发展保持着警惕而友好的态度。2018 年，美国国会发布《2018 年联合经济报告》，提出区块链技术可以作为打击网络犯罪和保护国家经济和基础设施的潜在工具，指出这一领域的应用应成为立法者和监管者的

首要任务。美国国防高级研究计划局（DARPA）也正在大力投资区块链项目，旨在安全存储国防部内部高度机密项目数据。在区块链安全应对方面，2017 年，美国总统特朗普签署了一份 7000 亿美元的军费开支法案，其中包括授权一项区块链安全性研究，呼吁"调查区块链技术和其他分布式数据库技术的潜在攻击和防御网络应用"，支持美国国土安全部开展的加密货币跟踪、取证和分析工具开发项目。美国国家安全局（NSA）开发了名为MONKEYROCKET 的比特币用户追踪和识别工具，通过与企业合作，从互联网的光纤连接中获取数据，监控通信内容并识别加密货币用户。除此之外，美国各大企业也积极投入提升区块链安全的技术研发中，埃森哲、Linux 基金会、IBM 等都在区块链硬件安全模块、区块链云环境安全等方面推出了各自的产品和解决方案。根据 IDC 全球区块链支出半年度指南报告预测，美国在区块链平台软件和安全软件方面的支出将成为服务类别以外最大的支出类别，是整体增长最快的类别之一。

（3）欧洲：指出区块链监管机制不成熟，呼吁正视区块链安全风险

欧洲各国对待区块链和加密货币技术的态度不一，如法国政府对区块链技术表现出兴趣，但尚未在区块链领域实施重大举措，而瑞士、德国则积极发展区块链技术和应用，并先后开启区块链在本国的规范化应用进程。2016 年 3 月，欧洲央行在《欧元体系的愿景——欧洲金融市场基础设施的未来》报告中提出，欧洲央行正在探索如何使区块链技术为己所用。欧洲证券和市场管理局（ESMA）成立了"特殊小组"，进一步研究区块链技术，于2016 年 6 月发布了一份关于应用于证券市场分布式记账技术的报告并指出，现阶段区块链技术应用的数量和范围有限，监管机制并不成熟。

此外，新加坡、俄罗斯、加拿大等国也相继通过发布政策文件、成立区块链技术研究机构等不同举措，积极开展区块链技术研究，尤其是在金融等领域探索区块链应用新模式。随着区块链技术的不断发展和安全事件的频频发生，各国对区块链的态度也逐渐趋于理性，在鼓励技术创新和应用发展的同时，也在积极推动区块链安全风险、安全问题的发现和应对。

3. 持续推进区块链安全标准化，助力技术安全发展

在区块链技术的发展过程中，区块链各技术分支和应用领域发展程度不均衡、缺乏统一的概念术语及架构测评标准、技术和机制特性给法律和监管带来挑战等问题在不同程度上对技术的发展应用和产业化造成了阻碍。围绕技术架构规范、开发规范、身份认证等相关标准化、合规化问题，国际标准化组织和开源组织已开始启动区块链安全标准化工作，规范区块链技术应用发展。

2016 年 10 月，我国工信部信软司发布《中国区块链技术和应用发展白皮书》，明确指出了区块链技术面临的安全挑战与应对策略，针对当前区块链技术的安全特性和缺点，从物理安全、数据安全、应用系统安全、密钥安全、风控机制等五个方面描绘了区块链安全体系的构建，如图 10-1 所示。

图 10-1　《中国区块链技术和应用发展白皮书》区块链安全体系

10.2　区块链技术应用分层架构及安全风险分析

10.2.1　区块链技术典型应用架构逐渐趋于共识

随着区块链技术在各行业的不断探索，区块链技术应用模式日趋成熟。如前所述，国际标准化组织、全球各主要国家、行业企业等都从各自的视角对区块链技术的应用架构进行了描述，尽管各方提出的技术架构并不完全一致，但总体看来，在区块链技术应用架构中应包含的关键层次和核心机制上已达到了高度的一致，如图 10-2 所示。

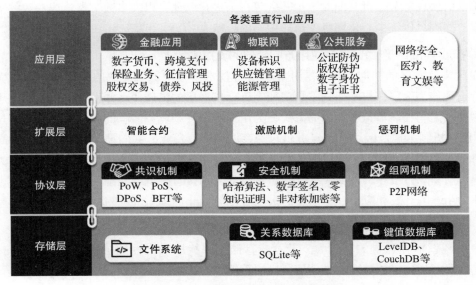

图 10-2　区块链技术典型应用架构

1. 存储层 [S]：存储上层应用所需及产生的数据文件

区块链的底层数据存储较为灵活，多结合文件系统、关系数据库、键值数据库等存储方式，在各参与节点侧实现区块链中"区块＋链"数据结构的存储和检索，如表 10-1 所示。

表 10-1　典型区块链底层数据存储方式

存储方式			典型应用举例
区块数据存储	数据检索	其他运行数据	
关系数据库	关系数据库		Ripple 币
文件系统	键值数据库	文件系统	比特币、Hyperledger Fabric
键值数据库	键值数据库		以太坊

如依托键值数据库等非关系数据库，实现区块链中"区块＋链"的数据结构的存储和检索；或是采用传统文件系统存储区块数据，只是在检索时使用"Key+Value"的键值数据库检索区块数据等。

2. 协议层 [P]：构建分布式、去信任的共识网络

协议层通常采用 P2P 网络组网，结合各类密码学安全机制和共识机制，为上层应用构建对等、安全、信任的网络和通信基础。一是使用 P2P 技术构建对等的通信网络。与传统 C/S 结构的服务型网络不同，区块链的每个参与者都将作为 P2P 网络的一个节点，可同时充当客户端和服务端的角色，参与到校验区块信息、广播交易、新节点识别等活动中。二是依托非对称加密机制提供安全属性保障。在区块链中，数据的加密解密、签名验签、认证校验等均以非对称加密机制实现，为数据的机密性、完整性、不可伪造性和隐私的保护提供不同程度的安全保障。三是基于共识机制维持区块链的有序运行。通过共识机制，相互间未建立信任关系的区块链节点可共同对数据写入等行为进行验证，以大多数节点达成一致的信任构建方式，摆脱对传统中心化网络中信任中心的依赖。

3. 扩展层 [E]：作为区块链应用方向延伸的支撑平台

在区块链发展的初期，扩展层并非区块链技术架构中不可或缺的一部分。随着应用场景的持续延伸，区块链技术架构不断演变完善，扩展层的出现使得开发者可在上层应用和底层技术机制之间，以可执行代码的方式，为用户实现复杂业务流程的自动化，或是通过设置激励/惩罚机制，规范区块链节点贡献自身存储和计算资源，共同推动网络和业务的高效运行。目前，扩展层的实现主要以在以太坊之上开发和运行的智能合约为主，实现在各类交易场景中，交易双方或多方间协议在满足条件时的自动执行。值得注意的是，智能合约也在开始支撑 DApp 的开发和应用，探索新的去中心化的 App 开发、维护和运营模式。

4. 应用层 [A]：技术在各行业领域应用落地的直接体现

区块链以牺牲适量的计算力、带宽或存储资源换取安全性的机制，使其逐渐在金融、医疗、能源、通信等领域成为推动信任机制重塑，解决网络和数据安全存储、传播和管理问题的全新手段。应用层则是区块链技术在不同行业领域的各类应用场景和案例的最直接体

现，在支付结算、证券、票据、医疗健康、供应链等应用方向上通过 App、Web 平台等不同形式服务于最终用户。与区块链技术架构的其他层次相比，应用层最直观地体现了区块链技术的应用价值，因此，目前在国内外区块链技术生态中，对区块链技术应用方向的探索尤为活跃，覆盖加密货币、交易清算、能源交易、商品溯源等金融和实体领域的应用。

10.2.2　区块链技术典型应用架构对应的安全风险

尽管区块链的防篡改、分布式存储、用户匿名等技术优势为其发展应用提供了大量的创新空间，但目前区块链技术在各领域的应用模式仍处于大量探索阶段，其深入应用仍需漫长的整合和发展过程。区块链技术本身仍存在一些内在安全风险，去中心化、自组织的颠覆性本质也可能在技术应用过程中引发一些不容忽视的安全问题，如图 10-3 所示。

1. 存储层 [S]：来源于环境的安全威胁

如前所述，区块链存储层通常结合分布式数据库、关系 / 非关系数据库、文件系统等存储形式，存储上层应用运行过程中产生的交易信息等各类数据。存储层可能存在的安全风险有基础设施安全风险、网络攻击威胁、数据丢失和泄露等，威胁区块链数据文件的可靠性、完整性及存储数据的安全性，具体包括以下三点。

- 基础设施安全风险 [S1]：主要来自区块链存储设备自身以及所处环境的安全风险，如 LevelDB、Redis 等数据库中可能存在未及时修复的安全漏洞，导致未经授权的区块链存储设备访问和入侵，或者存放存储设备的物理运行、访问环境中存在安全风险。
- 网络攻击威胁 [S2]：包括 DDoS 攻击、利用设备软硬件漏洞进行的攻击、病毒木马攻击、DNS 污染、路由广播劫持等传统网络安全风险。
- 数据丢失和泄露 [S3]：针对区块数据和数据文件的窃取、破坏或因误操作、系统故障、管理不善等问题导致的数据丢失和泄露，线上和线下数据存储的一致性问题等。例如，EOS 的 I/O 节点可通过原生插件，将不可逆的交易历史数据同步到外部数据库中，外联数据库数据为开发者和用户提供了便利的同时，也可能引发更多的数据丢失和泄露风险。

2. 协议层 [P]：核心机制的安全缺陷

协议层结合共识机制、P2P 网络、密码机制等，实现区块链用户网络的构建和安全机制的形成。该层安全风险主要由区块链技术核心机制中存在的潜在安全缺陷引发，包括来自协议漏洞、流量攻击以及恶意节点的威胁等。

- 协议漏洞 [P1]：包括针对共识机制漏洞的算力攻击、分叉攻击、女巫攻击，以及利用 P2P 协议缺陷的 DDoS 攻击手段等。例如，2016 年 8 月，全球最大的比特币交易所之一 Bitfinex 因多重签名漏洞导致 12 万个比特币（约 6800 万美元）的损失；自 2016 年起，Krypton 平台、Shift 平台等区块链平台持续受到 51% 算力攻击。区块链协议层不安全的协议以及协议的不安全实现，给攻击者提供了大量的可乘之机，不仅影响整个区块链系统的一致性，也可能违背区块链的防篡改性。

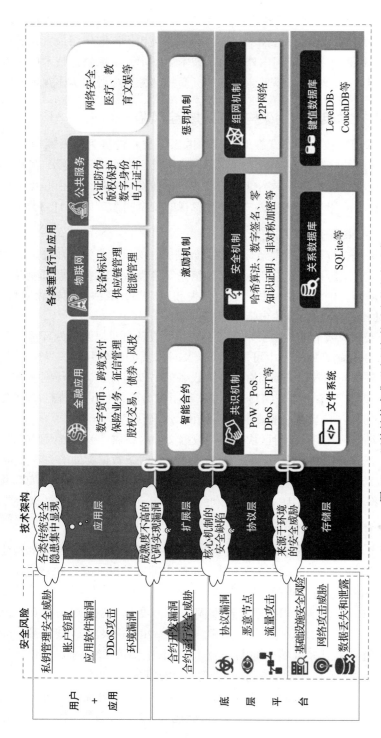

图 10-3 区块链技术典型应用架构对应的安全风险

- 流量攻击 [P2]：攻击者可通过 BGP 劫持、窃听、TCP Flood 攻击等多种手段，接管区块链网络中一个或多个节点的流量，达到迫使区块链网络分割、交易延迟、用户隔离、交易欺诈等攻击目的。尽管目前并未有此类攻击案例被披露，但相关攻击代码已在部分网络开发社区上公开。
- 恶意节点 [P3]：完全公开透明的区块链——公有链对加入其中的用户不设任何访问授权机制，恶意节点可在加入后刻意扰乱区块链的运行秩序、破坏正常业务；而私有链、联盟链中尽管设置了不同等级的访问权限控制机制，也可能存在恶意节点通过仿冒、漏洞利用等手段非法获取或提升权限进而开展攻击或者节点间联合作恶的情况发生。

3. 扩展层 [E]：成熟度不高的代码实现漏洞

目前，在区块链扩展层较典型的实现是智能合约或称可编程合约，由于智能合约的应用起步较晚，大量开发人员尚缺乏对智能合约的安全编码能力，因此其风险主要来源于代码实现中的安全漏洞。

- 合约开发漏洞 [E1]：合约处理逻辑的正确性、完备性是智能合约的基本要求，由于智能合约的开发者能力、安全编码水平良莠不齐，或是出于利益原因，智能合约的开发中可能存在安全漏洞和后门，导致在区块链钱包、众筹、代币发行等智能合约典型应用中，不安全的代码实现可能导致合约控制流劫持、未授权访问、拒绝服务等后果。2016 年 6 月，以太坊 The DAO 智能合约递归调用漏洞被利用，导致约 1.5 亿美元众筹资金被劫持；2017 年，BEC、SMT 等智能合约漏洞频发。2018 年 3 月，国外学者通过对近 100 万份智能合约进行每份 10 秒的粗略自动化分析后发现，其中有 34200 份存在易利用的安全缺陷，并通过对其中 3759 份智能合约的抽样调查，以高达 89% 的概率确认了 3686 份智能合约中存在漏洞。
- 合约运行安全威胁 [E2]：作为区块链 2.0 的核心，智能合约运行环境的安全性是区块链安全的关键环节，目前，部分区块链项目会设计并使用自己的虚拟机环境，如以太坊的 EVM，而 Hyperledger Fabric 等则直接使用成熟的 Docker 等技术作为智能合约的处理环境，一旦在运行环境中存在虚拟机自身安全漏洞或验证、控制等机制不完善，攻击者就可通过部署恶意智能合约代码，扰乱正常业务秩序，消耗整个系统中的网络、存储和计算资源，进而引发各类安全威胁。

4. 应用层 [A]：各类传统安全隐患集中显现

应用层直接面向用户，涉及不同行业领域的应用场景和用户交互，该层业务类别多样、交互频繁等特征也导致各类传统安全隐患集中，成为攻击者实施攻击、突破区块链系统的首选目标。应用层安全风险涉及私钥管理安全、账户窃取、应用软件漏洞、DDoS 攻击、环境漏洞等。

- 私钥管理安全威胁 [A1]：私钥的安全性是区块链中信息不可伪造的前提，区块链中用户负责生成、保管自己的私钥于本地，并可能根据使用需求在单点或多点进行私钥文件备份，该环节不安全的存储可导致私钥文件被泄露或被窃取，威胁用户数字资产安全。

- 账户窃取 [A2]：攻击者可利用病毒、木马、钓鱼等传统攻击手段窃取用户账号，进而利用合法用户账号登录系统进行一系列非法操作。2018 年 3 月 7 日，虚拟货币交易所币安的大量用户账户被窃取，攻击者利用被盗账户登录后，通过大量抛售等金融手段做高自己持有的虚拟货币种类价格，随后卖空离场实现获利。
- 应用软件漏洞 [A3]：应用层的开源区块链软件中存在大量因开发问题而引发的输入验证、API 误用、内存管理等安全漏洞。根据 2016 年 10 月国家互联网应急中心发布的《开源软件源代码安全漏洞分析报告——区块链专题》报告，在 25 款主流区块链开源软件中存在高危漏洞 746 个、中危漏洞 3497 个，可能导致系统运行异常、崩溃或实现越权访问、窃取私密信息等。
- DDoS 攻击 [A4]：在区块链应用中，除对底层协议缺陷的 DDoS 攻击外，攻击者也可在应用层发起针对性的 DDoS 攻击，影响各类应用业务的可用性。根据云计算安全服务提供商 Incapsula 发布的 2017 年第四季度 DDoS 威胁报告，应用层 DDoS 攻击数量较前一季度成倍增长，且针对加密货币行业的攻击数量持续增长，占所有攻击数量的 3.7%。
- 环境漏洞 [A5]：区块链应用所在服务器上的恶意软件、系统的安全漏洞、配置不当的安全管理策略等都可能成为攻击者攻破区块链应用的脆弱点。在 2011 年比特币交易所 Mt.Gox 被攻击、2017 年热钱包应用 Gatecoin 被盗等事件中，攻击者都是通过攻击区块链应用或数据所在服务器间接盗取账户资产获利的。

10.2.3　区块链技术给安全监管带来的挑战

如前所述，除区块链技术架构本身存在的安全风险之外，其去中心、自治化、难更改、强匿名等特点也给现有网络和数据安全监管手段带来了不少挑战，具体表现在以下几方面。

一是隐匿性强，增加了网络安全事件和网络犯罪的追踪溯源难度。区块链中用户账户由随机数字、字母和用户公钥生成，不直接包含网络地址、设备地址等信息，更不关联手机号、住址等与用户真实身份强相关的各类信息。区块链难以追溯的特性一方面导致对恶意网络行为、攻击事件等追溯更加困难；另一方面，也助长了不法分子实施网络犯罪的气焰，勒索病毒、违规交易等往往利用基于区块链技术的加密货币收取赎金、实施结算以逃避溯源。澳大利亚研究小组于 2018 年发布的一份比特币交易报告显示，使用比特币进行结算的违法交易规模已达到 720 亿美元 / 年。此外，基于区块链的隐匿性较强的即时通信工具也可成为不法分子用以通联交互的工具，为他们提供身份隐藏、通信内容加密等功能，难以实施有效监管手段。

二是无中心化特性导致威胁面扩大，技术接口难以实施。区块链中开源的共享协议可使数据在所有用户侧同步记录和存储，对攻击者来说，能够在更多的位置获取数据副本，分析区块链应用、用户、网络结构等有用信息；但对监管方来说，在区块链模式下，区块中的数据采用分布式方式存储在用户节点，而不再集中化存储，用户的通信数据也通过点对点的方式进行传输，无须经过集中的服务器或平台，导致监管数据的采集和获取困难，监管技术接口难以实施。

三是防篡改特性为有害信息形成天然技术庇护，给信息内容管理带来挑战。在区块链中进行数据写入时，需要大部分节点通过共识机制进行裁决，决定是否同意写入，并设置了时间戳机制记录写入时间，以禁止对历史记录进行修改。因此，一旦暴恐、色情等有害信息被写入区块链中，不但可利用其同步机制快速扩散，也难以进行修改、删除。尽管理论上可采取攻击手段制造硬分叉、回滚等，但实施代价高、难度大，给信息内容管理带来新的挑战。2018 年 3 月，德国研究人员就曾在比特币区块链中发现超过 274 份儿童色情网站的链接和图片，经查证，这是恶意用户通过将有害信息编码为比特币交易信息，注入区块链中的行为。

四是数据安全责任边界模糊，可能违背数据跨境、数据可删除等监管要求。区块链能作为各类应用的底层技术，实现上层应用间的交互操作，如医疗、金融、通信等行业的数据都通过区块链公司提供的技术平台存储在用户侧，其应用过程中涉及区块链平台、应用、数据所有者等多方主体，易导致安全责任界限的模糊。此外，区块链可在所有用户侧创建和维护完整的数据库，一旦有新的数据写入，所有用户侧可同时更新，因此，一旦涉及境外节点加入，这种天然自组织性将使得自发、频繁的跨境数据流动成为必然。另外，欧盟《通用数据保护条例》（General Data Protection Regulation，GDPR）中关于数据纠正、删除等权利的规定也似乎与区块链防篡改的技术核心格格不入。

10.3　风险应对框架

区块链技术的安全应用需综合考虑其技术架构本身，以及应用在不同场景中可能面临的各类安全风险。基于区块链技术的系统应用普遍拥有较高的复杂度，需要根据存储层、协议层、扩展层、应用层等不同层面的风险来源和成因，从编码、部署、管理等环节实施针对性的应对措施以降低风险，具体包括：

- 安全开发：区块链技术在比特币中的成功实践表明，严谨的技术规范是技术健康有序应用的重要前提，包括区块链应用开发者、智能合约开发者、区块链平台开发者等在内的各类区块链开发者，都应实施规范的开发流程，使用规范的开发和编译工具，预留充分的上线试运营周期等，降低编码过程中引入安全风险的概率。
- 代码审计：近年来屡屡发生的交易所被攻击、虚拟货币被盗窃等事件中，有大量事件是由代码层面的安全问题所引发的，而区块链开源的特性也使得攻击者可以便捷地获得代码，通过分析代码的逻辑缺陷找到攻击突破口。因此，区块链开发者应在产品上线发布前，采用自动化或人工的方式，对代码架构、逻辑流程、关键功能模块开展足够的静态代码分析、交互式代码审计等源代码安全检查工作，以检查代码中的安全缺陷和安全隐患。

- 安全评估和测试：通过对区块链技术架构、应用场景、攻击模式等开展针对性的安全评估和测试，及时识别运行环境、基础设施、核心协议、智能合约以及应用软件等各层面存在的安全漏洞，发现并采取措施应对安全风险；对算力的集中度、节点的分散度以及基础设施的可靠性和安全性进行评估。一方面，区块链开发者可借助贯穿开发生命周期的安全评估和测试，在相关产品投入市场前及时减少产品安全隐患；另一方面，区块链平台、系统的运行维护者也可在产品运行过程中定期或不定期地开展安全评估和测试，及时发现和解决安全问题。

- 安全配置：在区块链技术应用过程中，软件、硬件、协议、系统等层面不安全的配置也可能成为引入安全风险的因素，如开放了不必要的系统服务访问、设置了不当的权限管理原则等。为此，区块链平台、系统的运行维护者需要实施安全的配置以限制脆弱性的暴露，从各方面缩小攻击面，包括关闭和限制不必要的服务和端口、对系统资源/用户权限等采用"最小特权原则"管理、合理部署智能合约外部调用接口安全参数、为私钥文件配置硬件冷备份、尽量引入无关联利益关系的实体以降低节点间联合作恶的可能性等。

- 输入校验：实施输入校验的目的是从入口侧降低输入数据对业务逻辑的影响，包括对区块链交易平台 Web 端、智能合约输入变量等参数的合理妥善校验。鉴于输入数据与业务逻辑之间曲折复杂的关联关系，尽管输入校验无法完全解决 DDoS 攻击、利用漏洞的攻击等安全问题，但区块链开发者仍应对区块链应用层、扩展层、协议层等不同层面的输入进行合法性校验，以降低恶意代码执行和逻辑错误风险。

- 加密存储/传输：一方面，私钥的安全管理是所有非对称加密系统中安全保障的重要环节，区块链中也不例外。与明文存储的私钥相比，采取加密存储的方式可大大降低私钥信息泄露的可能性；亦可将加密存储应用于重要配置文件、核心数据库记录中，以减少各类数据泄露风险。另一方面，在协议层、扩展层等层面可通过部署 TLS 等可靠的加密传输，在一定程度上防止恶意节点攻击、流量窃取或劫持，以及针对合约运行安全的攻击方式等。

- 节点/数据安全验证：区块链中，各节点根据共识机制共同维护网络和相关业务的有序进行，试图向区块链中植入恶意节点也成为攻击者控制区块链、窃取经济利益和实施破坏的主要手段，因此，针对区块链网络中的未授权节点或恶意节点实施必要的节点/数据安全验证，可有效减少因恶意节点带来的安全隐患。

- 身份认证和权限管理：与节点/数据安全验证类似，必要的身份认证和权限管理也是对区块链用户、节点和操作进行安全控制的有效手段，以应对协议层可能出现的未授权节点、流量攻击，以及因验证控制机制不完善引发的智能合约运行安全问题等。

- 流量清洗：主要针对存储层、协议层、应用层等不同层面可能面对的流量攻击威胁，尤其是 DoS、DDoS 攻击威胁，通过对流量的实时监控，及时识别和剥离隐藏在网络流量中的异常攻击流量，可以以服务、产品或内嵌安全功能的模式按需在区块链应用场景中部署。

- 必要的安全防护产品 / 服务：防火墙、入侵检测、WAF、安全审计等传统安全的部署尽管未必能解决所有层面的安全问题，但能从各自的角度实施针对性的防护，持续监测发现异常交易、异常节点行为、安全漏洞等，对各类安全事件进行及时处理响应，给区块链系统、平台等带来整体安全性的提升，间接提高攻击者发起攻击的成本和被发现的可能性。任何技术的安全落地应用，都离不开必要的安全防护产品或服务的有效部署，区块链也不例外。

10.4 促进区块链技术安全应用的建议

区块链技术正日益成为金融支付、供应链管理、公共服务等领域创新的重要驱动力量，其技术带来的巨大变革不容忽视，技术和应用场景中的潜在安全风险也在逐渐显现。我国在着力把握技术发展先机的同时，也需正视风险，从发展引导、强化监管、风险研判、国际合作等多角度积极应对，有效防范化解新技术安全风险，切实保障区块链技术的健康、有序发展。

1. 强化应用领域引导，鼓励区块链自主可控开发

一是加强对区块链应用领域的正确引导。政府部门应加强对区块链技术发展、应用领域的正确引导，如鼓励"区块链 + 网络安全"应用模式的探索，以应用试点等模式，推动区块链技术在提升认证安全性、保障关键信息基础设施安全、强化数据存储安全等方面的应用落地；在金融、物联网、工业等领域，在安全风险相对可控的前提下鼓励区块链解决方案的开发和探索；在公共服务、大众媒体等领域，应对利用区块链传播有害信息、恶意代码等风险加强警惕，探索对链上违法信息审核与用户隐私保护需求间的平衡。二是强化推动区块链安全产品和服务市场发展。鼓励网络安全企业、区块链相关企业等重视区块链技术安全问题，推动智能合约漏洞挖掘、区块链产品代码审计、业务安全监测等相关安全产品和服务的开发应用，提升区块链产品应用安全水平和抗攻击能力，不断优化区块链技术生态结构。三是鼓励自主可控的区块链平台和应用开发。当前，区块链的核心技术机制中仍存在很大的完善空间，且比特币、以太坊等主流的区块链技术平台均发源于国外。因此，应鼓励区块链开发者进行自主可控的平台和应用开发；鼓励国内重点企业、科研机构、高校等加强合作，加快对共识机制、可编程合约、分布式存储、数字签名等核心关键技术的攻关；逐步推行区块链中加密算法的国产化替代；形成具有我国自主产权的技术成果，打造更加符合国家安全要求的自主可控的区块链平台，为众多应用的发展与落地保驾护航。

2. 创新监管手段，强化区块链平台和应用监管力度

一是探索创新性的区块链监管手段。探索"沙盒监管""穿透监管"等区块链监管模式，

监管机构可为特定区块链产品、服务和应用模式的测试创新构造"安全沙盒空间"，在满足企业在真实场景中测试其产品方案需求的同时，严防风险外溢；或在区块链节点中设置一个或多个监管机构节点，使监管方可全面、及时获取区块链业务流程、用户关系、信息流向等监管信息，以"穿透式"的方式深入区块链业务核心实施监管。二是加强区块链平台和应用的监管力度。对于区块链行业应用平台，推动建立行业监管、安全监管等的跨部门备案制度；明确区块链开发者、区块链用户、区块链平台运行者等不同角色的安全责任；推动国内区块链应用平台的用户实名注册；探索对拟采取区块链技术存储的业务和用户数据实行数据安全分类分级、风险评估制度；强化区块链平台、应用等安全评估评测要求，提升对平台和应用的管控程度。三是打造区块链安全监测和监管平台技术实力。建设区块链安全监测和监管技术平台，识别区块链平台应用，全面掌握区块链相关安全漏洞、攻击事件和安全威胁发展态势，探索对重大异常、安全事件的溯源追踪手段，技管结合，打造区块链安全监管硬实力。

3. 强化技术风险研究，夯实安全风险应对技术基础

一是针对区块链安全风险开展持续性、常态性研究。深入研究区块链技术架构中各层独有安全风险、跨不同层次的接口安全风险等，根据区块链技术发展变化情况，持续开展区块链技术和应用安全风险研判，对区块链核心机制潜在风险、常换时新的攻击威胁，非法组织、犯罪分子等利用区块链的模式等进行跟踪评估，加强对区块链安全风险的认识。二是集中力量攻关区块链风险应对技术。针对区块链存储层、协议层、扩展层、应用层等各层的安全风险，研究部署覆盖编码、部署、管理等环节的风险应对措施，如探索对浏览器历史记录、设备 MAC 地址等的多维信息分析技术，实现区块链行为取证分析和用户身份追溯，发展加密环境下有害信息发现、协议逆向分析等风险应对技术等。

4. 加强区块链网络犯罪风险防范，促进国际合作治理

为应对利用区块链开展网络犯罪的全球化趋势，需要积极凝聚国际共识，深化全球监管合作。以构建网络空间命运共同体为目标，积极推动区块链违法犯罪在定罪标准、管辖协调、情报共享以及司法协助等方面的国际共识与合作。还需要探寻跨国治理有效手段，提升对区块链违法犯罪行为的及时预警、证据留存、犯罪追溯等领域的跨国实操水平，在一定范围内加强各国区块链应用数据的开放共享程度，以充分利用大数据分析等技术手段，对区块链应用中的用户通信行为和内容进行挖掘分析，及时发现可疑行为。针对利用区块链应用进行网络犯罪的涉案人员，在必要时候，可采取网络技术侦查等特殊手段进一步深入调查，实现对用户身份、通信行为和内容的追溯排查。

10.5 针对区块链技术核心机制的典型攻击

1. 以共识机制为目标的针对性攻击

共识机制是维持区块链系统有序运行的基础，相互间未建立信任关系的区块链节点通

过共识机制，共同验证写入新区块中的信息的正确性。区块链中使用的共识机制有很多，包括 PoW（Proof of Work，工作量证明）机制、PoS（Proof of Stake，权益证明）机制、BFT（Byzantine Fault Tolerance，拜占庭容错）机制等。目前，PoW、PoS 和 DPoS（Delegated Proof of Stake，授权股份证明）机制经过大规模、长时间的实践检验，发展较为成熟。但在区块链共识机制的长期发展应用中，也衍生出了算力攻击、分叉攻击、女巫攻击等大量针对性的攻击手段，造成链上记录被篡改等后果，如表 10-2 所示。

表 10-2　以区块链共识机制为目标的典型攻击

攻击类型	攻击对象	攻击手段	影响
分叉攻击	PoW、PoS	一个或多个节点通过控制全网特定百分比以上算力 / 数字资产，利用这些算力 / 数字资产隐秘计算新区块（攻击区块），构造区块链分叉，并在攻击区块达到一定长度之后向所有节点释放，迫使节点放弃原区块	篡改分叉后攻击者账户数据，实现双重支付，可导致链上记录回滚（可达数月）
女巫攻击	PoW、PoS、DPoS	攻击者生成大量攻击节点并尽可能多地将攻击节点植入网络中，在攻击期间，这些被称为女巫节点的攻击节点将只传播攻击者的块，导致攻击者算力无限接近于 1	实现攻击者对区块链网络的高度控制权
贿赂攻击	PoS	攻击者购买商品或者服务，商户开始等待区块链网络确认交易，此时攻击者开始在网络中首次宣称，对目前相对最长的不包含本次交易的主链进行奖励。当主链足够长时，攻击者开始放出更大的奖励，奖励那些在包含此次交易的链中挖矿的矿工。六次确认达成后，放弃奖励。货物到手，同时放弃攻击者选中的链条	以小于货物或者服务费用的成本获利
预计算攻击	PoS	将某一时间段内计算出的新区块扣留不公开，等到挖到第二块新区块后同时公布	攻击者所在分叉成为最长链

2. 地址不具名机制对攻击者身份追溯的挑战

区块链中使用非对称加密方法，除了可以让用户使用自己的私钥对写入数据进行加密外，还会对用户的公钥进行哈希运算，生成特定格式的字符串作为公开的用户地址以标识用户。通过此种方法生成的地址标识将被作为用户的"化名"，用户可利用一个或多个"化名"在区块链应用中开展各类转账、交易等活动。在大多数情况下，"化名"的生成只需要几串随机的数字、字母和用户公钥，不包含网络地址、手机号、住址等与用户真实身份相关联的信息。因此，尽管这种"化名"或者说不具名的机制能够在一定程度上保护用户的隐私，但也导致恶意行为难以追溯到人，造成网络安全溯源环节中从网络身份到社会身份的脱节。

3. 分布式存储机制对攻击威胁面的扩大

区块链通过构建开源的共享协议，实现数据在所有用户侧的同步记录和存储。与传统中心式数据库在一个或几个中心集中存储数据的方式不同，在区块链系统中，所有用户侧均有可能存放完整的数据副本，因此，单个或多个节点被攻击均不会对全网数据造成毁灭性的影响，提高了存储的可容错性。但是这种分布式的存储机制也在一定程度上扩大了安全威胁面：一是攻击者可以在更多的位置获取数据副本，分析区块链应用、用户、网络结构等有用信息；二是全网的安全性升级将耗费更多时间和资源，导致一旦发生有效的攻击，对区块链系统的影响将更具持续性；三是恶意节点可在新区块中嵌入病毒、木马等恶意代码，利用分布式机制自发向全网传播，伺机发起网络攻击。

4. 针对密码学机制固有安全风险的各类攻击

非对称算法、哈希函数等密码学机制在区块链中的应用解决了消息防篡改、隐私信息保护等问题，但这些密码学机制的固有安全风险仍未在区块链系统中得到解决，仍将面临由私钥管理、后门漏洞等引发的各类攻击。一是通过窃取私钥威胁用户数字资产安全。私钥的安全性是区块链中信息不可伪造的前提，在区块链中，私钥由用户自行生成并负责保管，一旦私钥丢失，用户不仅无法对数据进行任何操作，也无法使用和找回其所拥有的数字资产，从而造成无法挽回的损失。二是 ECC、RSA 等复杂加密算法本身以及在算法的工程实现过程中都可能存在后门和安全漏洞，进而危及整个区块链系统和其上承载的各种应用的安全性[⊖]。三是随着量子计算技术的飞速发展，大量子比特数的量子计算机、量子芯片、量子计算服务系统等相继问世，可在秒级时间内破解非对称密码算法中的大数因子分解问题（破解1024 位密钥的 RSA 算法只需数秒），也成为区块链技术面临的典型攻击手段之一。

10.6　区块链监管

区块链作为一个新兴的技术发展方向和产业发展领域，引起了全球科技、经济、法律和政府人士的广泛关注，它具有在全球范围提供一般信任服务的潜力。然而，区块链技术的出现也为当前的法律和监管提出了新的问题。但区块链社区及其产业并非法外之地，"代码即法律"（Code is Law）的激进法律和社会实验也必须要与社会法律体系相适配。

为引导区块链技术应用发展，英、美等国采取相对温和的包容性监管政策。2018 年7 月，英国金融行为监管局批准了 11 家区块链和分布式账本技术创业公司进入监管沙盒。2018 年 8 月，美国财政部在递交给总统的报告中建议，支持区块链创新，改革监管框架，建设监管沙盒，为行业发展创造包容性的政策环境。2017 年以来，我国出台了一系列针对加密数字货币的监管政策，迅速遏制了假借区块链名义开展的非法金融活动，净化了市场环境，监管层面取得显著效果。与此同时，我国的监管政策需进一步增强弹性，有效监管与合理引导并重，权衡好风险管控与鼓励技术创新二者之间的关系。

区块链技术因其内在的五大特性，为当前的法律监管带来了新的问题和挑战。一是去中心化的分布式共享账本带来了监管主体分散的问题。二是自动执行的智能合约带来了其法律有效性的问题。三是区块链难以篡改的特性带来的数据隐私和内容监管问题。四是激励机制与数字资产特性带来的金融监管问题。表 10-3 展示了区块链技术特征与监管挑战的具体方面。

⊖　清华大学的王小云教授在 2004 年成功破解了包括 MD5 等四个著名密码算法，以此于 2019 年获得未来科学大奖。

表 10-3 区块链技术特征与监管挑战

特征	监管挑战
分布式共享账本	1）在不同国家建立节点的适用法律 2）司法管辖的法律主体 3）新的民商法形式、组织
自动执行的智能合约	1）智能合约法律定义和可执行性 2）适用法律 3）智能合约管理者的责任
难篡改特性	要求更正或删除区块账本中数据的规则： 1）数据保护法律 / 被遗忘的权利 2）侵犯第三方权利的内容 3）非法内容
激励机制与数字资产	1）数字资产、通证化的法律通用定义 2）相关的投资者保护的最低要求 3）符合适用规则的监管政策和程序

因此，区块链监管相应的挑战涉及以下事项：第一，区块链网络控制中的民事和刑事责任，以及公共法视角下的其他责任来源；第二，对网络参与者（人或非人）的控制管理监督，包括开发者管理者、协会 / 社区管理者以及参与其中的法人；第三，区块链记录和数据的权威来源，区块链记录法律有效性；第四，数字资产对现有金融系统的挑战；第五，符合现有法规的个人数据保护和内容管理。

1. 分布式共享记录导致相关监管责任主体分散

本质上，区块链是一个分布式的共享账本网络。在分布式网络结构中，没有中央存储数据库，网络中的节点可以通过多条路径来互相通信。同时由于没有中心化的参与者，网络节点本身也是难以直接管控的。所以，从法律和监管意义上讲，节点设立的一般性规则仍不明确。按照区块链网络类型的不同，这一问题呈现出不同的形态。

第一，私有链的情况。虽然私有链系统仍具有多个节点，但它本质上是属于一个法律主体控制的。因此，在私有链的环境中，节点的设立与其成员的法律关系完全兼容于当前的社会法律架构。

第二，联盟链的情况。与私有链类似，联盟链的节点（成员）也是需要认证和许可的。但不同于私有链，联盟链通常是在不同的法律主体之间搭建的区块链网络，并且在某些情况下，联盟链的网络是在不同国家、地区的主体间搭建的，这就会涉及现行法律对在不同国家设立的节点的适用性问题。面对这种新的组织形式，涉及的法律责任主体、垄断、竞争和失败处理问题，以及民商法对其组织形式的定义，如多边财团、分布式自组织等性质需要在法律中进一步明确。另外，跨境的联盟链也涉及跨境数据和本地化问题。

第三，公有链的情况。由于公有区块链完全没有任何的节点准入限制，全球任何人都可接入，上述谈及的问题均可出现，并且，由于公有链几乎完全无责任主体，节点的监管难度大，法律属性及监管政策需全球多国协作共同推进。

2. 智能合约自动强制执行法律有效性仍待商榷

由于区块链上的智能合约可自动执行，并且其执行只依赖于智能合约中设置的条件，因此，智能合约可以自动执行一些通常与具有法律约束力的合约相关联的流程。在现代社会中，一旦发生合同违约，合约（合同）的执行和强制力最终诉诸司法机关，司法机关的执行和强制力必然伴随着高昂的司法与社会成本。而基于区块链的智能合约因其"自动执行"和"中立"的特性，极大地节约了整体的信任成本，使得不同的主体在不互信和无中介的条件下协作，开启新形态的商业模式。需要注意的是，相比于传统合约，智能合约并没有取代司法，它只是通过机器将"执行"的过程自动化、强制化地完成，减少了缔约双方的监督成本。然而，基于区块链的合约在真正的商业实践中，仍旧面临着较大的法律障碍。

第一，关于智能合约的法律定义问题。目前，对基于区块链的由计算机程序编写的涉及多方权利义务的合约仍未有明确法律定义。换句话说，虽然智能合约在技术上是可用的，但其合约的法律"合法性"仍未明确规范，如果出现像智能合约失效或者出现程序性错误或被盗的情况，则其中多方的法律责任亦难以判断。

第二，关于智能合约的隐私性问题。公有链的智能合约通常会将合约代码及所执行的交易都广播到整个网络，所有节点均会公开可见。基于对隐私问题的担忧，大量的商业场景中，智能合约难以取代传统法律合同。如果没有强有力的隐私保护机制，智能合约不适用于对关键供应商付款、敏感交易等需高度保密的协议合约。

第三，智能合约"预言机"机制（oracle mechanism）问题。所谓预言机，是区块链与外界沟通的渠道，即链下数据上链的机制。由于智能合约及区块链"一经部署，难以更改"的特性，智能合约的调用条件在部署时配置，而后续触发智能合约执行则需要其他的条件，如果智能合约的触发条件来自外部世界，如某地的气温、商品货物的流转情况等，则一定会涉及外部信息上链。通常情况下，外部信息的来源是第三方数据源，但区块链只能保证来自外部的数据无法被篡改，无法保证真实准确。因此，外部信息的真实性就依赖于第三方的主体信用。因此，数据上链问题导致智能合约重新需要依赖上链人的"信用"。尽管目前出现了多种去第三方的预言机方案，如通过对信息进行投票、硬件传感器信息上链等，但仍没有一个普遍适用的方案。

第四，关于智能合约的适用性问题。智能合约依赖形式化的编程语言，适合创建刚性代码规则管理的、客观可预测的义务，而不适合记录模糊或开放性的条款，或在签订合约时没有准确边界或明确的权利义务。实际上，并非所有的商业合同都会精确界定商业关系，大量的开放性协议条款，在执行时往往会不断进行具体的修正以适应意外事件和关系变化。而为了执行智能合约，各方需要精确界定履行的义务，而在一些商业活动中，由于义务无法提前预测，因此智能合约很难灵活地处理这些契约关系。

3. 上链数据难以篡改带来隐私及内容监管风险

联盟链及私有链一般会设置一定的准入机制和中心化管理机制，也会有类似管理员的角色对其交易数据的存储进行干预，一般具有较为明确的控制主体和数据处理主体。但对于公有链来说，网络中的节点完全是平等的，节点对于信息的管理能力也是极为有限的，存在数据保护责任主体不明的问题。

对于公有区块链来说，由于任何人都可以在其数据库中写入数据，因此其信息内容的监管也成为难题。对此我国首先就区块链提供信息服务出台了专门的管理规定。区块链特性使得链上数据难以被篡改，区块链可能成为传播危害公共安全、涉及恐怖主义和不良信息的载体。随着监管的发展，我们有理由相信，任何利用公有链区块链技术进行与互联网内容传播有关的违法犯罪活动，在各国一样会受到法律的追究。

4. 激励机制的数字资产特性引发金融监管问题

数字资产的监管问题是由于公有链代码设计和运行中都包含相应的代币（或通证）设计，而这些代币的法律定义是什么、以何种方式去监管、税收政策等是主要所涉及的问题。

第一，数字资产的性质问题。作为价值激励的载体，数字资产与公有链密不可分。但实际上数字资产又有若干类型，业界也有不同的划分标准。例如，新加坡是提出来区分"证券性代币"和"使用性代币"并予以官方确认的国家，对"使用性代币"并不按照证券法的规定进行监管。澳大利亚金融市场管理局从金融监管的角度把 Token 划分为证券型、投资型、支付型、货币型及实用型。美国对于区分某个具体代币是否属于证券，还是采取个案甄别的方式，依据其判例法确定的"豪威测试"原则来确定某一具体代币是否属于证券，需要按照证券管理的法规进行监管。我国于 2013 年 12 月 5 日发布《关于防范比特币风险的通知》，否定了比特币的货币属性，禁止金融和支付机构开展与比特币相关的业务，要求比特币交易网站进行备案，并且提示了通过比特币洗钱的风险。

第二，数字资产的规范问题。数字资产天然具有匿名跨境流动的特性，因此很容易被用于非法交易，其产业需要经账户审核、反恐怖主义融资及反洗钱等监管。

第三，数字资产的税收问题。美国国家税务局对公有链社区参与方，特别是交易参与方的纳税义务一直十分关注，认定比特币和其他加密数字货币为财产而非货币，依照资本增值税法监管，并出台了相应规定。美国国家税务局曾经起诉美国最大的加密货币交易所之一的 Coinbase，要求其提供客户的交易资料，作为征税的依据。公有链的税务监管需要适应加密货币和加密资产会计核算的国际通用会计准则的出台。

区块链测试与验证

区块链作为新兴技术，在很多领域得到了广泛应用，随着区块链的热度与产生的价值不断增加，其安全可靠性等问题日益迫切。针对区块链快速发展与评测体系、技术手段尚不完备之间的矛盾问题，亟须研究以区块链为基础的新兴软件系统的评测与验证技术体系。

11.1　区块链测试挑战

区块链与传统软件存在很多的不同点，这些不同点使得传统的软件测试方法可能不能直接用到区块链测试中，这给区块链测试带来了挑战，这些不同点主要体现在以下几个方面。

（1）系统边界模糊

传统的软件，不管是独立的应用程序，还是客户端 / 服务器模式的应用程序，都有明显的系统边界，可以通过 UI 用户界面或客户端进行测试，如图 11-1 所示。区块链底层则是一个完全去中心化的分布式网络。这个网络有可能跨越多个子网、多个数据中心、多个运营商，甚至多个国家，其边界是模糊的。对于区块链底层的测试，不仅仅是前端 API 与某个区块链节点之间的测试，还涉及大量区块链节点与节点之间的测试。

（2）故障类型复杂

在区块链系统中存在多种类型的故障，分别为：

- 宕机故障（Crash Failure）；
- 宕机 – 恢复故障（Crash-Recovery Failures）；
- 拜占庭故障（Byzantine Failures）。

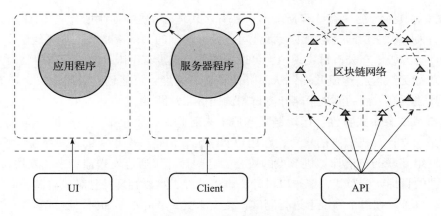

图 11-1　传统软件系统与区块链系统边界对比

其中第三种拜占庭故障，来自著名的"拜占庭将军问题"，指系统存在某些恶意节点，从系统中的不同观察者角度看这类节点，他们表现出不一致的行为，这在需要共识的系统中，往往会导致系统服务失效。

一般的传统软件最多只需要解决前两种故障，即宕机故障和宕机 – 恢复故障，而对于区块链系统则需要同时处理所有的故障，尤其是要解决拜占庭故障，确保系统能够可靠运行。

（3）区块链软件不可篡改

区块链系统本身的设计决定了区块链数据的不可篡改性，这就意味着区块链上面的智能合约只要上链部署，就不能像传统软件那样通过打补丁的方式对出现的漏洞进行修改，只能将原先旧的智能合约作废，发布新的智能合约取代旧的智能合约，一旦智能合约中有漏洞，由于开发新的智能合约速度慢，因此会造成巨大的损失，例如 2016 年的 The DAO 事件，黑客利用智能合约的漏洞盗走 360 万以太币。所以区块链的独特性质决定了对于区块链软件的测试需要更高的标准与要求。

（4）代码即法律

在区块链智能合约中，由于合作双方将合作规则以代码的形式写在智能合约中，智能合约的代码规定了合作交易的规则，执行智能合约的交易就必须遵守一定的法律法规，因此对区块链智能合约的测试还需要将是否符合法律法规考虑进来。

当然，区块链软件系统也有自己本身固有的一些特性，这些特性同样地会给测试技术带来挑战。

区块链类型不同。区块链本身包含公有链、私有链、联盟链等三种类型，不同类型在管理、用户身份、最大节点数等平台自身特征方面均有所不同，测评需要考虑所有的模式，导致测试方案更加复杂。决定测试范围和级别的主要因素之一是，实现是基于像以太坊这样的公共平台还是针对组织或组织联盟构建的定制平台。在私有区块链的情况下，模拟所有场景并在内部对其进行测试有些容易。由于私有区块链在受控环境中运行，因此传统的测试方法非常方便。由于功能是定制的，因此可以设计详细的测试策略。当实现是在公共平台上时，复杂性会升级。在公有链实现中，可以参与的节点没有上限，节点可以以临时方式加入和退出，可能无法轻松达成共识，从而降低了交易速度，可能创建了硬分叉，还有更多问题，设计涵盖所有方面的测试策略和测试用例变得非常困难。

区块链系统分布式特性。区块链从本质上来看是由一个个节点组成的分布式系统，分布式系统是独立计算机节点的集合，在用户看来，它们是一个单一的连贯系统。换句话说，它是通过网络互联的自治计算机节点的集合。这些计算机通过发送消息来相互协作和协调，以实现共同的目标。分布式系统难以设计、难以编程、难以管理并且难以测试。即使在最佳的情况下，也可以在单个系统上进行测试，无论测试人员的水平如何，测试套件和自动化的水平如何，错误仍然可能存在。与其他系统一样，测试从对系统中称为组件的最小接触点进行单元测试开始。成功执行单元测试之后，将运行集成测试以验证整个逻辑系统的整体行为。由于可以构成分布式体系结构的系统数量没有限制，因此测试所有可能的配置是一项艰巨的任务。在正常情况下，测试人员可以执行测试用例，提供输入并对预期的输出有一些断言。在分布式系统中，测试人员可以使用相同的输入两次运行相同的测试用例，并获得两个不同的答案。这是分布式系统中由于并发而导致的不确定性造成的，所以对于这样的分布式系统的测试也存在挑战，例如生成覆盖所有组件的测试数据、避免死锁和竞争条件、确定测试顺序以及测试可伸缩性和性能。

区块链系统是使用 P2P 网络连接在一起的分布式架构的软件系统，在区块链实施中，性能显得尤为重要。出现的主要问题是估计和管理系统上预期的交易数量。需要对区块链网络的性能和延迟进行测试，这些性能和延迟可能会根据网络规模、预期交易规模、所使用的共识协议及其可能产生的延迟而有所不同。导致许多企业退出使用区块链设施的一个主要原因是其使用激增而导致交易验证延迟。

区块链的广泛普及可以归功于该技术所提供的安全性保证。尽管有巨大的安全优势，但也存在一些安全挑战。如果解决不当，可能会造成严重后果，尤其是在金融行业。对于公有链和私有链，主要挑战之一是测试网络架构的安全性。由于存在拜占庭恶意节点以及节点故障，因此区块链网络中的节点可能会变得无响应或间歇活动。在此需要考虑通过各种排列和组合来进行正确的测试，以使共识过程不会受到影响，并且不会破坏区块链账本的一致性。像任何其他分布式体系结构一样，区块链也依赖于网络通信来提供对交易数据的读写访问。它容易遭到拒绝服务和虚假身份攻击。尽管区块链技术建立在高安全性原则的基础上，但它仍然面临一些问题，有时难以将其彻底纳入测试策略和测试案例中。

只有在与生产环境相似的适当测试环境可用的情况下，才能进行正确的测试。提供模拟生产环境的测试平台是必不可少的，如果无法获得类似的平台，则需要投入大量的资源和时间来建立该类型的测试平台。

11.2　区块链测试的评测标准

可以从功能、技术、安全、合规等多个方面给出区块链系统需要进行测试的 14 个评价指标：数据处理的基本功能、节点管理功能、身份认证功能、查询历史数据功能、共识机制有效性、数据私密性、核心技术自主可控、数据可审计性、故障恢复能力、最小硬件要求、密码技术合规性、吞吐率要求、应用层稳定性、妥善的私钥管理措施。

区块链必须保证数据的完整性和唯一性，以确保基于区块链系统值得信赖，区块链系统是安全性至关重要的系统，需要用于区块链测试的测试套件。这些套件应包括：

- 智能合约测试（SCT），即用于检查智能合约：满足承包商规范的特定测试；不存在安全漏洞；遵守相关法律制度的法律；不包括不公平的合同条款。
- 区块链交易测试（BTT）：针对双重支付问题的测试；确保状态完整性的测试；打包及交易确认效率的测试。

由于区块链的分布式性质，需要特定的指标来衡量复杂性、通信能力、资源消耗（例如以太坊系统中的 Gas）以及区块链系统的整体性能。对于性能评测部分，主要关注以下 5 个指标：

1）交易确认时间：该指标描述了从交易发起到收款方收到款并可以进行消费的时间。

2）单方交易的系统吞吐量：该指标描述了一对一交易的平均吞吐率以及峰值吞吐量。

3）故障恢复时间：该指标描述了系统出现故障之后，在多久时间内能够恢复正常的时间。

4）交易失败率：该指标描述了在进行正常交易时，因为交易超时或者被恶意节点篡改形成的交易失败率。

5）网络延迟：该指标描述了区块链网络中节点间的平均网络延迟，由于 P2P 系统中都是虚拟链接，因此实际路由可能每次都不一样。

在目前的性能评测中，常见的是脱离网络规模和区块大小谈吞吐量（TPS）。在实际中，区块链系统吞吐量随着网络规模和区块大小的变化如图 11-2 所示。

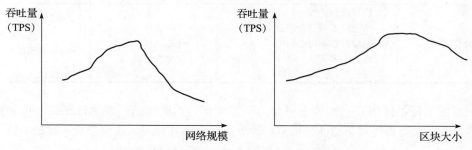

图 11-2　区块链系统吞吐量随着网络规模和区块大小的变化

可以看出吞吐量随着网络规模和区块大小的增加，先是不断地变大，这是由于充分利用了区块链系统中每个节点的计算能力以及网络的带宽；当区块链系统中每个节点和带宽满负荷运行时，继续加大网络规模和区块大小，系统的吞吐量就会随之减少。

11.3　区块链测试方法

对于一个成熟的区块链项目，从申请登记到交付验收，每个阶段都会经历各种不同类型的测试。根据目的的不同，区块链测试类型可分为：登记测试、鉴定测试、应用测试、对比测试、验收测试等。不同的服务，测试的内容和手段都有所不同，如表 11-1 所示。

表 11-1　区块链测试的类型

测试类型	测试服务	测试内容	测试手段
登记测试	软件产品登记 软件产品评估	功能测试	手工测试
鉴定测试	创新基金申请 高新技术转化测试 成果鉴定	功能测试 技术指标检测	手工测试 指标现场鉴证 工具测试
	创新基金验收	功能测试 技术指标检测	
应用测试	区块链应用产品评估	功能测试 产品标准检测 企业标准检测 技术指标检测	手工测试 指标现场鉴证 工具测试
	区块链应用系统评测	功能测试 性能测试 安全性测试	手工测试 人员访谈 配置检查 工具测试
对比测试	区块链软件对比与选型测试	功能测试 性能测试 安全性测试 技术指标检测	手工测试 人员访谈 配置检查 工具测试
验收测试	科研项目验收 信息化专项资金项目验收 财政预算项目验收 系统集成测试 其他	功能测试 性能测试 安全性测试	手工测试 工具测试

根据区块链测试内容，大体上可分为功能测试、性能测试、安全性测试、可靠性测试四大类。后三大类均属非功能性测试范畴。下面将介绍几种对区块链进行测试的方法。

1. Sungari

Sungari 是一种二阶段自动化测试的方法，主要面向如图 11-3 所示的去中心化应用程序（DApp）。DApp 是基于区块链的去中心化应用程序，它是一种浏览器 / 区块链架构程序，允许用户通过浏览器访问网页，与运行在区块链上的智能合约进行交互并将持久性数据存储在区块链上。与浏览器 / 服务器架构程序不同，DApp 的后端逻辑是通过智能合约实现的，可在分布式区块链客户端上运行，并且不能任意修改。

在 Sungari 工作的第一阶段，采用随机事件来推断浏览器端事件和区块链端合同之间的抽象关系。该方法将 DApp 网页前端的组件定义了两种类型：第一种组件是与网页的 Web3相关的事件（WRE），它可以生成交易并通过库 web3.js 唤醒钱包（例如，单击特定按钮）；第二种组件是输入相关事件（IRE），即允许用户输入一些值（例如，在输入框中键入数字）的事件。Sungari 方法规定 DApp 上的一个事务执行是所有输入组件的取值和一个 WRE 事件构成的，例如在图 11-3 中，将图中的 3 个输入框填入数值并单击 Sell 按钮，这就是该DApp 上的一个事务执行。Sungari 找出一个 DApp 上所有可能 WRE 与 IRE 组件的组合，从而找出 DApp 上所有的事务执行，其中 IRE 组件的取值是随机的。依次执行这些事务，通过库 web3.js 的反应推断出每一个事务与智能合约上的哪一个函数有关，将调用不同函数的事务放入集合 F 中，这样就可以对 DApp 调用的智能合约的函数进行全覆盖。同时，对于每一个事务，每次改变一个 IRE 的输入值，检测调用函数的参数是否改变，如果改变则将改变 IRE 的事务放入集合 P 中。上述操作都通过修改 EVM 中的 SLOAD 和 STORE 指令并通过以太坊提供的 eth_call 接口获得这些数据而不执行交易。

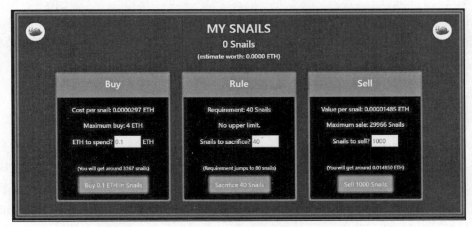

图 11-3　DApp 示例

在第二阶段，Sungari 需要在真实环境中执行这些事务对应的交易来对 DApp 进行测试。我们知道函数与函数之间可能存在某些依赖，例如如果更改了存储中的变量，则可能永远不会覆盖某些代码，因此 Sungari 制定了一个选择执行事务的规则：先测试一个读取变量的函数对应的事务，然后测试所有其他写入同一变量的函数的事务。由于 F 集合中是 DApp 所有调用不同智能合约函数的事务，因此将 F 集合中的事务按上面的规则进行排序，依次执行就可以对智能合约在函数层面进行全覆盖。然而，对于一个具体的函数而言，输入参数不同可能会导致函数执行不同的路径。所以想细粒度地对智能合约中每个函数的执行分支进行测试，则需要在每次执行 F 集合中的一个事务 s 后，在 P 集合中找出与 s 调用相同函数的其他事务并执行，因为 P 集合记录着与 F 集合中事务调用相同函数且改变参数的事务。这样，Sungari 方法通过两个阶段就可以对 DApp 的页面、对应的智能合约函数以及前后端通信进行测试，同时还能对每个智能合约函数的分支进行测试。

2. Deviant

Deviant 是一种用于 Solidity 语言的智能合约的变异测试工具。Solidity 语言是一种广泛使用的脚本语言，用于在区块链应用程序中开发智能合约。Deviant 会自动生成给定 Solidity 项目的变异体，并针对给定测试运行所有变异体，以评估其有效性。变异测试的目的是通过创建给定程序的变体来模拟编程错误。由于 Solidity 语言与传统的高级语言例（如 Java 等）在语法和应用场景上有所不同，因此 Deviant 根据 Solidity 故障模型为 Solidity 的所有独特功能提供了变异算子。Deviant 涵盖了 Solidity 智能合约独有的所有功能，这样可以评估针对 Solidity 特定功能的测试。

在 Deviant 中，每个变异算子都设计为创建模拟 Solidity 智能合约中某种类型的故障的变异。所有变异算子隐含的故障类型的集合称为故障模型。Deviant 的目标是使故障模型尽可能全面，以便生成的突变体将模拟尽可能多的故障类型。Deviant 中的变异算子通过仅对原始程序进行一次更改来创建变异（称为一阶变异算子）。尽管如此小的变化可能仅代表次要的错误，但变异测试研究表明，真正的错误通常是由次要的错误组成的。通常 Solidity 程序由版本信息和三种可选模块（合同、库和接口）组成，Deviant 从 Solidity 程序结构的 4 个角度描述故障模型：

- 模块间：此级别涉及模块的签名及其之间的关系。
- 模块内：此级别涉及模块内的直接构造。
- 函数内和函数修饰符：此级别涉及函数中的各个语句。
- 语句内：此级别涉及语句中的组件（例如表达式）。

Deviant 的工作原理及流程为：给定一个 Solidity 项目，Deviant 一次选择一个程序文件，将其解析为抽象语法树（AST），然后将变异算子应用于相应的 AST 的节点生成突变体。变异算子是根据 Solidity 语言的全面故障模型定义的。生成所有变异体后，单个变体将被复制到 Solidity 项目目录中，并像原始项目一样被编译为 EVM 字节码。给定 Solidity 项目的测试将针对 EVM 字节码运行。重复此过程，直到每个突变体都针对测试运行。Deviant 会跟踪每个突变体的测试执行结果（例如，通过或失败），并生成有关突变测试的摘要报告（例如，突变评分、杀死的突变体计数和活体突变体计数）。

11.4 区块链形式化验证

在计算机科学和软件工程领域，形式化方法（Formal Method）是基于数学的，为了提高软硬件系统的可靠性和健壮性并适合于软件和硬件系统的描述、开发和验证的方法。形式化方法的研究领域分为两种：形式化语言和形式化验证。形式化语言又称为形式化规约，是使用无二异性的、精确的数学模型来对系统及其行为进行描述。形式化验证则侧重于验证某个软硬件系统是否符合预期形式化规约规定的性质。如图 11-4 所示，形式化方法通过将系统在应用领域的一些性质和需求使用形式化语言描述成规格说明，然后再使用形式化语言对实现的程序以及运行环境（机器本身）进行建模，最后验证程序环境模型是否符合规格说明的要求。

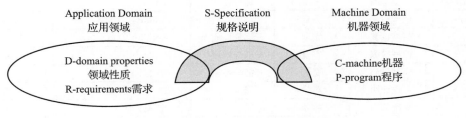

图 11-4　形式化方法

我们知道软件测试的目的是尽快找出系统中存在的 bug，而不是为了证明系统中不存在 bug。区块链智能合约的应用领域通常关乎真实世界的经济利益，任何与设计预期不符的行为或者 bug 都会导致不可逆转的巨大的经济损失。同时，由于智能合约的不可篡改性决定了其一旦在区块链上进行部署，在发生 bug 时不能像传统软件那样通过打补丁的方式对漏洞进行修复，因此，在部署智能合约前，必须要对智能合约进行充分测试，然而即使通过了测试，我们也无法保证一个智能合约就一定正确或不存在 bug。然而，形式化方法可以通过严格的数学建模以及数学推理来发现智能合约中存在的不一致性、模糊性、不完备性等，从而证明一个智能合约不存在 bug，提高智能合约的可靠性，减少因为漏洞而造成的损失。

智能合约的形式化验证主要包含定理证明和模型检测两种方法。定理证明方法将智能合约建模成抽象数学模型后在一定的数学逻辑体系与公理系统中，推导出系统满足的性质。定理证明在前期需要大量的人力成本将系统转化成形式语言和计算机语言。模型检测方法主要是将系统转化成有限状态机等抽象模型，对抽象模型中的每一个状态进行遍历，逐一检查所有的性质。模型检测不需要过多的人工干预，可以在建模之后全自动地对系统进行性质检测。但是，模型检测由于待检测系统状态爆炸的问题限制了其在真实系统中的应用。

现有的智能合约形式化常采用模型检测方法，如基于符号抽象和符号执行的 Securifty、Oyente、Mythril，这些方法都是将合约的字节码转化成控制流图后来分析常见的安全漏洞，美中不足的是，这种方法无法验证智能合约功能的正确性，可检测的安全漏洞有限并且还有可能引发误报。Bhargavan K 等人提出了一种针对以太坊 Solidity 智能合约正确性验证框架，将 Solidity 语言或者 EVM 字节码转换为 F* 语言后验证代码的各种属性，既可以排除漏洞，又可以计算合约的 Gas 消耗的限制。Dominik Harz 和 William Knottenbelt 总结了 10 种典型的智能合约形式化验证工具的验证方法、自动化程度、验证范围、语言支持、开源情况，如表 11-2 所示。其他一些智能合约形式化验证工具包括 Manticore、Solgraph 等。

表 11-2　智能合约形式化验证工具对比

工具	验证方法	自动化程度	验证范围	语言支持	开源情况
Securify	模型检测	完全	完全	Solidity、EVM	开源
Mythril	模型检测	完全	部分性质	EVM	开源
Oyente	模型检测	完全	部分性质	Solidity、EVM	开源
ZEUS	模型检测	完全	部分性质	Solidity、Go、Java	非开源
ECF	模型检测	完全	部分性质	EVM	开源
Maian	模型检测	完全	部分性质	EVM	开源
K	定理证明	部分	完全	EVM、IELE	开源
Lem	定理证明	部分	完全	EVM	开源
Coq	定理证明	部分	完全	Scilla、Michelson	开源
F*	定理证明	部分	完全	EVM	开源

CertiK 是一款通过形式化方法来验证智能合约漏洞的分布式应用，由智能标签、分层结构、可插拔验证引擎、可机器检测的验证对象、已认证 DApp 库和定制化认证服务 6 个认证套件组成，利用基于深度学习的智能标签技术和分层机构理论，CertiK 将待审计的代码进行模块化，分解为较小的证明任务，在分布式的网络中分包并完成证明，再完成复合证明，生成代码审计报告。CertiK 基金会的工作由耶鲁大学和哥伦比亚大学的三位教授主持。整个CertiK 系统包含 5 种角色：客户、赏金猎人、检察官、社区贡献者以及开发使用者。这款分布式应用解决了三个问题：

1）一款区块链上的分布式应用整体的代码审计，而不是针对某几个函数。

2）如何分包代码审计任务。

3）如何让代码审计的分包方互相信任，完成工作。

目前这些验证工具大多停留在实验阶段，尚未大规模正式投入真实的系统中，市场上仍需要完备的、规范的、有指导意义的形式化验证框架，这将促使形式化验证成为未来智能合约的重要发展方向。

11.5　区块链测试的三个系统化视角

下面分别从软件质量评估模型、区块链系统本身和软件测试方法体系三个视角介绍针对区块链系统的系统化测试。

1. 软件质量模型视角

区块链也是一个软件系统，人们赋予了软件质量更为广义的概念，软件质量不仅包括软件产品的质量，还包括软件开发过程的质量、软件运维阶段提供的服务质量等。

　　产品质量是人们实践产物的属性和行为，是可以认识、可以科学地描述的。并且可以通过一些方法和人类活动，来改进质量。可以通过质量模型（如 McCall 模型、Boehm 模型、ISO 9126 模型等）进行充分度量和认识。

　　过程质量可以通过软件能力成熟度模型（Capability Maturity Model，CMM）、国际标准过程模型 ISO 9000、软件过程改进和能力决断（Software Process Improvement and Capability dEtermination，SPICE）等对软件开发过程的质量进行评估。在商业过程中有关的质量内容包括培训、成品制作、宣传、发布日起、客户、风险、成本、业务等方面。

　　总之，高质量软件应该是相对无产品缺陷（Bug Free）或只有极少量的缺陷，它能够被准时递交给用户并且所有的费用都在预算内且满足客户需求，是可维护的。但是，有关质量好坏的最终评价依赖于用户的反馈，所以可以通过表 11-3 所列的内容进行检测。

表 11-3　区块链用户要求与质量特性

用户要求	要求质量的定义	质量特性
功能	• 能否在有一定错误的情况下也不停止运行？ • 软件故障发生的频率如何？ • 故障期间的系统可以保存吗？ • 使用方便吗？	完整性 可靠性 生存性 可用性
性能	• 需要多少资源？ • 是否符合需求规格？ • 能否回避异常状况？ • 是否容易与其他系统连接？	效率性 正确性 安全性 互操作性
修改变更	• 发现软件差错后是否容易修改？ • 功能扩充是否简单？ • 能否容易地变更使用中的软件？ • 移植到其他系统中是否正确运行？ • 可否在其他系统里再利用？	可维护性 可扩充性 灵活性 可移植性 再利用性
管理	• 检验性能是否简单？ • 软件管理是否容易？	可检验性 可管理性

2. 区块链系统功能与结构视角

　　在测试阶段，区块链系统可以被抽象地分为 3 层：运行层、调用层和应用层。可以按各个层次分别对其进行测试。

　　（1）运行层

　　区块链信息系统的运行层提供了区块链信息系统正常运行的运行环境和基础组件，包括分布式账本、对等网络、密码学应用、共识机制、智能合约以及跨链技术等。运行层的相关组件、功能及其测试目标如表 11-4 所示。

表 11-4　区块链运行层的相关组件、功能及其测试目标

运行层组件名	功能	测试目标
分布式账本	分布式存储	• 节点数据写入正确性 • 节点是否能够高效稳定存储
	节点运算	• 区块链节点运行环境监测 • 区块链节点计算能力是否满足要求
	时序服务	• 测评是否支持统一账本记录时序 • 测评是否具备时序容错性 • 测评是否支持在必要时集成可信第三方时序服务
	账本记录	• 持久化存储账本记录，测评技术库种类、数据库指标、账本存储格式、区块格式规范 • 是否支持一次或多次查询或记录请求具备相同结果 • 是否支持多节点拥有完整的数据记录 • 各个节点数据一致性 • 是否支持完整账本或局部账本的同步，对账本选择性下载 • 是否支持全量账本或者局部账本的快速检索
对等网络	节点通信	• 节点之间的高效安全通信 • 点对点通信多播能力 • 动态增加节点能力 • 节点信息和状态获取 • 支持对节点的参数化配置
密码学应用	加解密	• 是否支持国际主流加密算法 • 是否支持我国商密算法 • 是否支持可插拔自定义的密码算法 • 是否支持硬件实现的加密机 • 是否具备明确的密钥管理方案
	数字摘要	• 对比区块链系统与第三方的摘要算法，观察时间及安全强度 • 是否支持我国商密的数字摘要算法 • 是否满足存储与验证的要求
	数字签名 / 验签	• 是否支持国际主流数字签名 / 验签算法 • 是否支持我国商密的数字签名 / 验签算法
	CA 认证	• 是否支持基于密钥的身份验证 • 是否支持基于第三方 CA 机构完成客户端 CA 认证 • 是否支持基于第三方 CA 机构完成服务节点 CA 认证 • 是否支持国家授权的第三方 CA 机构签发的国密认证
	隐私保护	• 是否支持全匿名或者部分匿名的身份隐私保护 • 是否支持全匿名或者部分匿名的交易隐私保护 • 是否支持对审计或者超级权限账户保持交易透明，对非监督账户保持隐私保护 • 客户端 / 服务节点只允许其所有者读取，存储和传输需要有保护措施，且客户端进出需要经过身份验证
共识机制	共识算法	• 多节点能够有效参与共识 • 独立节点能够进行有效的共识验证 • 共识机制的容错性

（续）

运行层组件名	功能	测试目标
智能合约	运行合约代码	• 提供编程语言支持和配套的集成开发环境 • 合约内容静态与动态检查 • 合约合规审计 • 是否提供图灵完备的运行载体，如虚拟机 • 外部数据与合约的正确交互 • 合约防篡改 • 多方共识下合约升级 • 账本中写入合约内容
跨链技术	多区块链互联	• 保证跨链资产交易结果正确并与预期一致 • 支持跨链智能合约，且运行结果正确并与预期一致

（2）调用层

区块链信息系统的调用层通过调用核心层组件为应用层提供可靠接入服务，并满足原子性和高性能要求。调用层的相关组件、功能及其测试目标如表 11-5 所示。

表 11-5　区块链调用层的相关组件、功能及其测试目标

调用层组件名	功能	测试目标
接入管理	账户信息查询	• 是否提供账户体系相关信息的基本查询 • 是否对账户体系相关业务提供服务
	账本信息查询	• 是否提供区块总高度查询 • 是否提供指定区块高度的查询 • 是否提供对区块标识的查询 • 是否提供对事务的查询
	事务操作处理	将区块链服务客户特定事务操作请求提交到区块链网络
	接口服务能力管理	• 是否支持对接口调用频度的管理 • 是否对接口查询进行缓存
	接口访问权限管理	是否对不同用户配置不同的访问权限
节点管理	节点服务器信息查询	是否提供区块链节点服务器的节点状态查询服务
	节点服务器启动关闭控制	• 能否对节点的启动功能进行管控 • 能否对节点的服务启动功能进行管控 • 能否对节点的服务关闭功能进行管控 • 能否对节点的关闭功能进行管控
	节点服务配置	• 能否对节点服务进行配置（共识算法、节点连接数量、节点对外提供接入服务配置）
	节点网络状态监控	能否提供节点服务器网络连接状态监控服务
	节点授权管理	能否提供区块链节点准入、准出配置和节点事务处理及账本查询授权配置

（续）

调用层组件名	功能	测试目标
账本管理	链上内容发行与交换	能否对链上内容进行发布、增加、撤销、分配与交换
	逻辑验证	是否提供共识前的逻辑验证和共识后的结果验算
	签名权限控制设置	是否提供可对特定事务处理进行多签名权限控制的设置
	执行合约逻辑	是否基于智能合约功能组件执行合约逻辑

（3）应用层

区块链信息系统的应用层将不同类型的 API 封装成区块链服务，可面向用户提供区块链相关服务。应用层的相关组件、功能及其测试目标如表 11-6 所示。

表 11-6　区块链应用层的相关组件、功能及其测试目标

应用层组件名	功能	测试目标
用户应用	命令行交互	命令行已有功能是否交互完全
	图形交互	图形已有功能是否交互完全
	应用程序交互	应用程序已有功能是否交互完全
	事务提交	事务提交已有功能是否交互完全
业务应用	区块链服务选择	用户是否可以对区块链服务进行自主选择
	区块链服务订购	用户是否能够对区块链服务进行订购
	使用区块链账务	用户是否能够使用账本来做业务
	财务管理	业务功能是否能够满足财务管理
管理应用	成员管理	为区块链服务客户提供身份管理、权限管理、数据保密、可审计等功能
	监控管理	能否为区块链客户提供故障监测和区块链网络运行状态的监控服务
	事件管理	能否为区块链服务客户提供预定义或自定义的事件服务，其中包括预定义事件功能、自定义事件功能、网络问题跟踪报告、账号安全功能等
	问题管理	对区块链服务客户提供区块链网络问题跟踪、报告的服务
	安全管理	确保区块链服务客户账户安全性

3. 软件测试方法学视角

软件测试的理论与方法已经比较成熟，人们已经总结了如图 11-5 所示的软件测试方法体系，图 11-5 中列出的 100 种软件测试方法大致可以分成四大类：各种专门的软件测试方法（M_i）、针对各种属性和方面的软件测试方法（A_j）、各个开发阶段的软件测试方法（S_k）以及面向各种类型软件的软件测试方法（SUT_l）。

基于图 11-5 的软件测试方法体系，使用多种软件测试方法在多个测试阶段从多种质量属性角度对区块链软件进行系统测试。图 11-6 给出了一个区块链软件测试方法体系的示意图，区块链软件是一种属于 SUT_l 的特殊类型的软件，这里应用已有的软件测试方法体系对区块链软件进行系统的测试，尽可能从多个角度检测和评估区块链软件的质量，确保发现潜在的缺陷和错误。

测试方法 M_i,$1 \le i \le 40$									
序号	测试方法	序号	测试方法	序号	测试方法	序号	测试方法	序号	测试方法
M_1	白盒	M_2	黑盒	M_3	静态	M_4	动态		
M_5	基于模型	M_6	基于搜索	M_7	基于故障	M_8	性能		
M_9	蜕变	M_{10}	运行剖面	M_{11}	统计检验	M_{12}	组合		
M_{13}	变异	M_{14}	规格	M_{15}	自适应	M_{16}	随机		
M_{17}	反随机	M_{18}	自适应随机	M_{19}	导向性随机	M_{20}	反模型		
M_{21}	模糊	M_{22}	成分	M_{23}	GUI	M_{24}	二维组合覆盖		
M_{25}	在线	M_{26}	特定	M_{27}	探索	M_{28}	极限		
M_{29}	语法	M_{30}	FSM	M_{31}	TTCN	M_{32}	基于 UML		
M_{33}	模型检查	M_{34}	试玩测试	M_{35}	Petri 网	M_{36}	反馈		
M_{37}	错误猜测	M_{38}	布尔规范	M_{39}	状态转移	M_{40}	图覆盖		
测试属性和方面 A_j,$1 \le j \le 36$									
A_1	性能	A_2	压力	A_3	负载	A_4	容量		
A_5	可靠性	A_6	安全性	A_7	恢复性	A_8	国际化		
A_9	兼容性	A_{10}	安装	A_{11}	协议	A_{12}	容错		
A_{13}	授权	A_{14}	卸载	A_{15}	备份	A_{16}	联机帮助		
A_{17}	鲁棒性	A_{18}	可用性	A_{19}	设备	A_{20}	数据变换		
A_{21}	配置	A_{22}	适用性	A_{23}	接口	A_{24}	内存泄漏		
A_{25}	一致性	A_{26}	稳定性	A_{27}	谓词	A_{28}	旁路渗透		
A_{29}	剩余	A_{30}	文档	A_{31}	工作流	A_{32}	数据库		
A_{33}	输入	A_{34}	逻辑	A_{35}	领域	A_{36}	使用		
测试阶段 S_k,$1 \le k \le 8$									
S_1	单元	S_2	冒烟	S_3	集成	S_4	系统		
S_5	验收	S_6	回归	S_7	α	S_8	β		
被测软件 SUT_h,$1 \le 1 \le 16$									
SUT_1	普适计算	SUT_2	面向方面	SUT_3	基于组件	SUT_4	并发		
SUT_5	高可信度	SUT_6	面向对象	SUT_7	基于协议	SUT_8	实时		
SUT_9	物联网	SUT_{10}	面向服务	SUT_{11}	基于网络	SUT_{12}	网络构件		
SUT_{13}	云计算	SUT_{14}	安全关键	SUT_{15}	开源	SUT_{16}	嵌入式		

图 11-5　软件测试方法体系

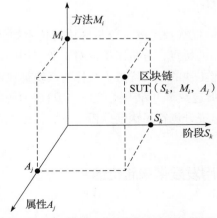

图 11-6　区块链软件测试在软件测试方法体系中的位置

Chapter 12

第 12 章

区块链的应用

区块链发展到今天，已经融汇吸收了分布式架构、块链式数据验证与存储、点对点网络协议、加密算法、共识算法、身份认证、智能合约、云计算等多种技术，并在某些领域与大数据、物联网、人工智能等形成交集与合力，成为一种整体技术解决方案的总称。目前，区块链的应用已从单一的数字货币应用延伸到经济社会的各个领域，除了金融服务业的应用相对成熟外，其他行业还处于探索起步阶段。

本章将介绍工业区块链应用、区块链电信应用、区块链溯源应用、区块链赋能智慧城市、区块链司法存证应用、区块链与供应链金融、区块链赋能金融等。

12.1　工业区块链应用

本节围绕工业应用发展的现状及挑战，分析区块链技术如何能更好地与工业应用深入契合。首先着重介绍工业应用的特点，分析区块链对工业应用的价值。然后分析工业区块链的技术、应用图谱以及应用于工业的相关优势，具体有区块链在助力工业安全、提高工业生产效率、帮助服务型升级、促进数据共享和柔性监管方面的应用场景，同时对其中部分场景，应用区块链所带来的价值提升进行了深度分析。最后提出工业区块链应用落地面临的挑战和相关政策建议。

12.1.1　区块链为工业应用发展带来新机遇

1. 工业应用的发展特点

工业从 1.0 时代发展到 4.0 时代，已经远远超出了生产制造本身，更多表现为企业如何精准控制成本，按需、快速、个性化地完成定制生产，实现生产、管理和营销方式的变革，逐步增强市场竞争能力。综合来看，工业应用体现出细微化、广泛化、品牌化的三大特点。

- "细微化"要求，精准生产要求产业链上的每个单元都把生产、成本及质量控制做到极致。传统产业的一个流程，需进一步"细化"为多个微粒度的子流程。每个环节都由一家独立的公司或车间来完成，每家公司发挥工匠精神，着眼于自身的产品细节，把设计、生产、质量控制、成本及生态建设做到极致。
- "广泛化"布局，生产单元的"细微化"进一步推动企业的客户生态"广泛化"。一方面由于生产颗粒的细微使企业得以在全球范围内研究需求个性化趋势的"分层"要求或需求引导；另一方面对产量的需求也使企业意识到，依赖于老客户群体势必无法满足企业成长的要求。
- "品牌化"效应，智能制造的业绩往往体现为具有全球竞争力的品牌营造。

2. 工业应用面临的挑战

"网络化、数字化、智能化"的工业应用对整个生产制造生命周期提出了诸多挑战：海量的设备接入使得身份鉴定、设备管理等成为工业安全的隐患。高度协同的生产单元涉及各种生产设备，这些设备的身份辨识可信、身份管理可信、设备访问控制可信是多方协作的基础，也是实现人与设备、设备与设备之间的高效、可信、安全地交换设备信息的关键；同时，对设备的全生命周期管理过程，需要对设备的从属关系等进行可信的难以篡改的溯源查询，在设备使用可能导致的责任认定中提供具有公信力的仲裁依据。

多主体、多环节的生产供应过程亟须提升信息共享和协同操作能力。由于产业链上下游的生产协同影响，产业链上下游对信息共享的要求从未像现在这样强烈。信息共享有助于实现快速生产组织、库存削减、物流联运、风险管控、质量控制等。同时，"细微化"生产单元之间的协作比以往大而全的生产更加快速、精准。一个环节的生产和供应问题就可能对整个产业链造成影响。

服务型制造升级对生产要素的整合利用提出了更高要求。制造和服务融合发展，要求制造业核心企业发挥上下游生态链中的盟主位置，通过扮演贸易结构管理者、风险管理者，甚至风险承受者，联合上下游、仓储物流企业，以及流动性提供者（比如银行）组成服务及供应链金融联盟链，提供包括融资租赁服务、二手交易服务、工业品回收服务等的各种增值服务。

事前、事中的"柔性监管"需要更快速、更精准、更透明的数据采集。对于政府监管部门而言，监管局面前所未有地复杂。需要打破原先监管机构和企业间如"猫鼠游戏"的微妙关系，发展监管科技，加强与各方面在各个维度的合作和数据信息共享。加速监管与科技的融合创新，解决如何在区块链基础设施框架下构建监管机构与互联网工业企业之间单向和双向的、可信可控的数据交换机制，从而实现耦合共赢，以满足多样化的监管要求。

3. 区块链的特点及其带来的机遇

区块链技术通过多种信息化技术的集成重构，触发新型商业模式及管理思维，对于实现分散增强型生产关系的高效协同和管理，提供了"供给侧改革"的创新思路和方法：共享账本、机器共识、智能合约和权限隐私四大技术，可以实现工业数据的互信、互联、共享；"物理分布式、逻辑多中心、监管强中心"的多层次架构设计，为政府监管部门和工业企业相互间提供了"柔性"合规监管的可能；分布式部署方式能够根据现实产业不同状况提供分行业、分地域、分阶段、分步骤的理性建设和发展路径。

12.1.2 工业区块链的技术方向

1. 工业区块链的技术思路

工业应用中，为了实现机器、车间、企业、人之间的可信互联，需要确保从设备端产生、边缘侧计算到数据连接、云端存储分析、设计生产运营的全过程可信，从而触发上层的可信工业互联网应用、可信数据交换、合规监管等。区块链技术的特点是面向工业应用需求，将会在工业互联网的各个层面对其进行加强，从而实现工业数据共享和柔性监管。工业区块链的架构如图 12-1 所示。

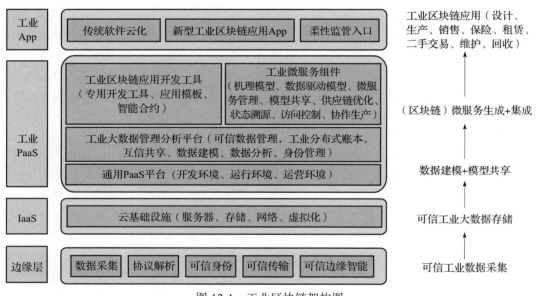

图 12-1　工业区块链架构图

（1）可信数字身份

为了实现物理设备的数字孪生，除了传统设备标识之外，对于一些高价值的设备，需要额外为每一个设备配备一个物理级别的嵌入式的身份证书，并将其一次写入设备中。该身份证书在设备出厂的时候统一由国家级的设备身份认证中心颁发。所有由该设备产生的数据，在上传到云端的时候都需要由该设备的身份私钥进行签名。数据的使用方可以通过统一的工业 CA 中心来验证设备数据的身份。

（2）安全的数据连接

数据从设备端发送过来以后，经过网关、数据处理，被存放在云端的账本里。在这个过程中，数据可能被有意或无意地篡改，这里需要有技术协议保障数据在进入账本前不会被篡改或者删除。

（3）智能的边缘计算

为了更快地处理延迟、减少无效数据被传到云端账本、降低网络的带宽压力以及存储压力，往往会在边缘侧进行计算。在边缘侧的计算资源环境下，和云端的计算形成共识，产生可信事件。该事件可以直接触发交易流程，比如支付、派工等。

（4）工业分布式账本

针对工业应用特点的分布式账本，除了具有传统的难以篡改、共识、受限访问、智能合约等特点以外，还需要具备适应工业数据的账本查询能力，以满足资产转移状态迁移的快速读写能力等，从而达到快速溯源和资产交易的目的。

（5）可视化智能合约区块链服务

通过拖拽的方式，让区块链联盟成员可以非常方便地设计相关参与者（人、机、机构）的身份权限和规则，并且自动转化为相应的智能合约部署在区块链网络上，快速生成协作工作的应用。

（6）新型工业区块链应用以及柔性监管入口

基于可信数据，相关参与方的数据、过程和规则通过智能合约入链后，默认就达到相关参与方的链上共享。除此以外，跨链相关参与方的共享更是达到可信共享、互惠互通的关键。同时，监管机构以区块链节点的身份参与到基于联盟区块链的工业互联网基础设施中，合规科技监管机制以"智能合约"的软件程序形式介入产业联盟的区块链系统中，负责获取企业的可信生产和交易数据并进行合规性审查，通过大数据分析技术进行分析以把握整体工业行业的动态，具体如图 12-2 所示。

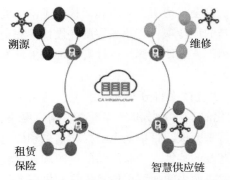

- 可信设备数据使得区块链应用数据来源可靠，达到全程可信
- 溯源覆盖交易溯源、资产转移溯源、资产（设备）状态溯源
- 更好的访问控制以便在保障隐私的情况下做数据交易共享，同时通过智能合约来锚定对数据共享使用的记录
- 在不丢失市场智能合约交易规则灵活度的前提下，进行柔性合规监管

注：这里每一个联盟都可以同时拥有智慧供应链、保险、维修、溯源等能力

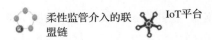 柔性监管介入的联盟链　　IoT平台

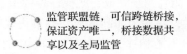 监管联盟链，可信跨链桥接，保证资产唯一，桥接数据共享以及全局监管

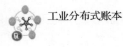 工业分布式账本

图 12-2　柔性监管在区块链中的作用

2. 工业区块链应用图谱

区块链使得相关参与方以更加安全、可信、准入的方式分享数据、流程和规则。工业应用和其他应用不同，其过程非常复杂，涉及行业众多，相关参与方除了包含人、机构以外，还包含工业设备。在整个链条中，除了人和机构的身份以外，更重要的是能够给工业设备分配一个区块链的身份，如此才可以让工业应用更为安全。于是，围绕着工业安全便衍生出设备身份管理、设备注册管理、设备访问控制和设备状态管理的应用场景。当设备、人、机构都有了身份以后，工业生产组织中就可以通过共识的智能合约（智能合约代表了集中式协调好的生产组织逻辑，通过分布式的共识来执行）以及分布式账本来刻画组织相应的生产过程，使其更加透明，从而提高生产组织的效率。其中典型的应用场景包括供应链可视化、工业品运输监控、分布式生产以及维修工单管理等，均可以借助区块链的透明性或者智能合约的集中式"大脑"协作性，提高工业生产过程的效率。

产业生态的复杂化及多样化，使得以往单一链条中某一家或两家巨头可以轻易解决的问题变得棘手。往往需要借助金融机构、科技机构来共同提供服务，同时从这个过程中构筑服务型联盟。工业企业以盟主的身份通过区块链来搭建这样的服务型联盟，提供供应链金融服务、融资租赁服务、二手交易服务、工业品回收服务，有助于制造业的服务型升级，除了带来传统生产制造以外的服务收入外，也增强了产品服务能力、用户黏性以及生态黏性。

区块链工业应用图谱如图 12-3 所示。

3. 区块链应用于工业制造过程的优势

一方面，区块链帮助工业设计快速发展。工业产品的设计涉及多个环节，这些环节之间由不同的参与主体组成。其间的协作关系可能通过系统集成完成，或者通过传统的手工文件的方式完成，这些方式都会有意或无意地导致一些错误和摩擦从而降低协作设计的效率。区块链智能合约刻画协作的过程，使得相关的文件上链，全程透明，可溯源而提高了协作效率。同时，对于一些可以由工业企业的外部设计者参与的设计项目，比如零配件设计，完全可以组建一个更加开放的设计联盟，通过一定的激励组织方式使外部的设计者更加积极地参与设计项目，从而提高整个项目的速率和质量。

另一方面，区块链使工业生产更加高效。利用区块链技术将分布式智能生产网络改造为一个云链混合的生产网络，有望比大部分采用中心化的工业云技术效率更高、响应更快、能耗更低。而生产中的跨组织数据互信全部通过区块链来完成，订单信息、操作信息和历史事务等全部记录在链上，使其具备分布式存储、不可篡改的特性，所有产品的溯源和管理将更加安全便捷。数字化工厂端采用中心化的工业云技术，而中间的订单信息传输和供应链清结算通过工业区块链和智能合约来完成，既保证了效率和成本，又兼顾了公平和安全。每一种商品由数字化工厂提供，每一个样品都有"数字化双胞胎"，并且这些数字化双胞胎全部通过智能合约与产业链上下游相连，终端用户的一个订单确认会触发整个产业链的迅速响应，可实现全流程数据流动自动化，有助于制造业的转型升级。

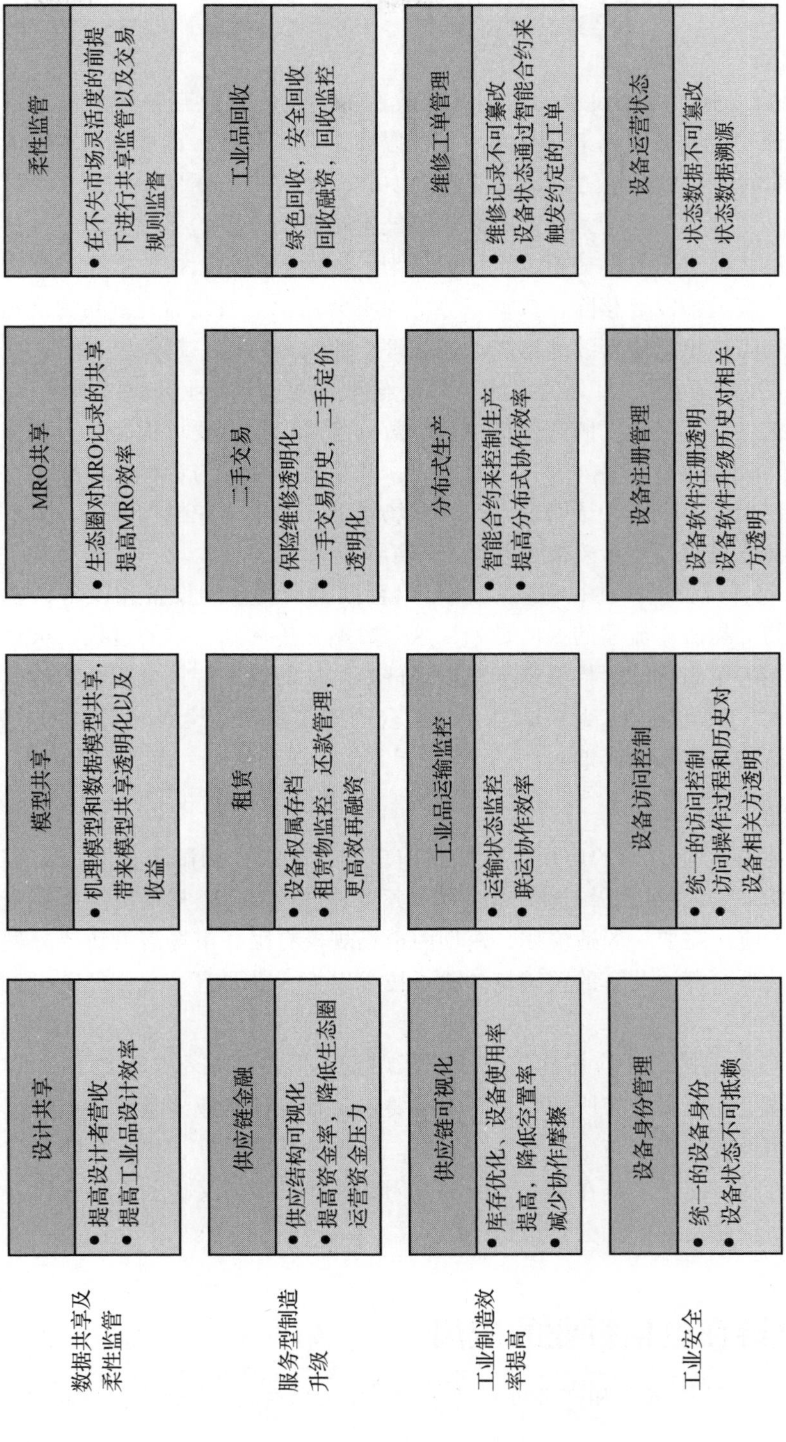

数据共享及柔性监管

- 设计共享
  - 提高设计者营收
  - 提高工业品设计效率
- 模型共享
  - 机理模型和数据模型共享，带来模型共享透明化以及收益
- MRO共享
  - 生态圈对MRO记录的共享，提高MRO效率
- 柔性监管
  - 在关乎市场灵话度的前提下进行共享监管以及交易规则监督

服务型制造升级

- 供应链金融
  - 供应结构可视化
  - 提高资金率，降低生态圈运营资金压力
- 租赁
  - 设备权属存档
  - 租赁物监控、还款管理，更高效再融资
- 二手交易
  - 保险维修透明化
  - 二手交易历史、二手定价透明化
- 工业品回收
  - 绿色回收、安全回收
  - 回收融资、回收监控

工业制造效率提高

- 供应链可视化
  - 库存优化、设备使用率提高，降低空置率
  - 减少协作摩擦
- 工业品运输监控
  - 运输状态监控
  - 联运协作效率
- 分布式生产
  - 智能合约来控制生产
  - 提高分布式协作效率
- 维修工单管理
  - 维修记录不可篡改
  - 设备状态通过智能合约来触发约定的工单

工业安全

- 设备身份管理
  - 统一的设备身份
  - 设备状态不可抵赖
- 设备访问控制
  - 统一的访问控制
  - 访问操作过程和历史对设备相关方方透明
- 设备软件注册管理
  - 设备软件注册透明
  - 设备软件升级历史对相关方方透明
- 设备运营状态
  - 状态数据不可篡改
  - 状态数据可溯源

图 12-3 区块链工业应用图谱

12.1.3 工业区块链的落地难点及挑战

1. 技术层面

当前大量的工业产品和设备的数据都存放在中心化的工业互联网平台上，工业互联网平台自身很难证明这些数据到工业互联网平台以后未被篡改过。直接应用现有的区块链技术进行存储（当前的大多数区块链技术只能支持 100 ～ 1000TPS 量级的写入能力）很难满足工业互联网的要求。更大的问题是现有的区块链技术对查询分析的支持非常差，往往只能把数据镜像在区块链之前进行查询分析，这样就带来一致性的问题。在数据存储能力方面，由于区块链的数据只有追加没有移除，数据只会增加不会减少，因此随着时间的推移，区块链对数据存储大小的需求也只能持续地增加，在处理企业数据时这一趋势更甚。

上链数据的隐私问题一直是值得研究的重点问题。由于工业区块链项目涉及交易信息、信用信息等敏感性商业信息，因此授信平台对数据隐私保护的要求很高，数据存储必须有很强的防截获、防破解能力。另外，在区块链中，几乎每一个参与者都能够获得完整的数据备份，所有交易数据都是公开和透明的，在很多场景下，对于商业机构而言，账户和交易信息是重要资产和商业机密，不希望被公开地分享给同行。

工业产品或者设备所产生的数据往往可以直接驱动后台的设备和设备、设备和人、设备和企业之间的交易协作流程的。但是如果这个数据在传输到云端的过程中被篡改，或者到了云端先由云端的中心化的分析引擎来提取事件之后才能触发相关智能合约的执行，那么就有一个"中间人"信任问题。此外，基于智能合约的大量规则流程的工业区块链应用编写，可能会阻碍可信共享应用的落地。

2. 推广层面

区块链技术在工业方面的应用，虽然目前市场上有初步测试床，但真正落地还是有难度。这是因为要加入区块链系统需要对原有业务系统进行改造，初期可能需要更大成本。客户对于新的技术应用需要一段适应期，短期内市场规模有限，市场潜力还待进一步挖掘。数据共享、机理共享、资源共享的关键是，除了技术以外，需要有一个合理的组织形态，使相关利益方愿意共享。

区块链在解决现代工业应用痛点方面前景广阔，但也面临不少问题和挑战：不仅需要在技术上、法律上、监管上有所配套，同时需要包括政府、工业链条各参与方、技术提供方等在内的利益相关方共同参与，推动平台建设。区块链标准设立、相关法律和政策制订及信息共享等系列行动，使区块链在工业方面的应用既风险可控，又达到支持实体经济和服务企业的目的，从而获得良好的社会效益和经济效益。

12.2 区块链在电信行业的应用

当前，新一轮科技革命和产业变革席卷全球，大数据、云计算、物联网、人工智能、区块链等新技术不断涌现，数字经济正深刻地改变着人类的生产和生活方式。区块链作为一项颠覆性技术，正在引领全球新一轮技术变革和产业变革，推动"信息互联网"向"价值互联网"变迁。区块链应用可以为实体经济"降成本""提效率"，助力传统产业高质量发展，加快产业转型升级。同时区块链应用正在衍生为新业态，成为经济发展的新动能。

区块链对于电信运营商来说，既是挑战，也是机遇。区块链的去中心化、防篡改以及多方共识机制等特点，决定了区块链在解决电信行业合作中需要多方共同决策并建立互信的问题、优化运营商间及与上下游产业链的合作协同等方面具有重要的价值。基于区块链的新商业模式可能改变现有的电信价值链，但其创造新的商业模式可能将革新现有商业模式，提升效率、降低成本并带来新的收入。

本节从区块链技术在国内外电信领域的发展现状、解决方案、发展策略三个方向入手，探讨了电信设备管理、动态频谱管理与共享等八个区块链电信行业应用。

12.2.1　电信领域的区块链发展现状

1. 国外电信领域布局区块链现状

正如互联网一样，区块链已经不仅仅是一项技术、一种工具，更是一种思维方式，区块链作为一种新型的技术组合，其去中心化、难以篡改、不可抵赖等特点不仅为电信行业带来了一种全新的信用模式，也使其数字服务更具竞争力，进而帮助电信行业降低成本，为该领域带来了全新的视角。目前，国外电信运营商布局区块链技术主要有三种方式，分别为直接投资、联盟合作和自主研究，并已在一些电信领域服务场景中取得一定的成果。

最早尝试电信运营领域的是美国电信巨头 AT&T，它申请了一项关于使用区块链技术创建家庭用户服务器的专利，该专利成为电信行业在区块链领域的首个应用探索；随后法国电信 Orange 也选择在金融服务领域尝试区块链，用于自动化和提高结算速度，从而在一定程度上减少了清算机构的成本。

2017 年 9 月，瑞士大型国有电信供应商 Swisscom 宣布成立 Swisscom Blockchain AG 公司，该公司专注于围绕区块链技术开展的一系列服务，包括面向企业的解决方案。

2017 年 9 月，美国电信运营商 Sprint、美国加州区块链初创公司 TBCASoft、日本软银集团合作成立运营商区块链联盟（Carrier Blockchain Study Group，CBSG），该联盟旨在共同构建跨运营商的全球区块链平台和生态，进而为电信成员及其客户提供跨运营商的各种服务，如在跨运营商的支付平台系统上完成充值、移动钱包漫游、国际汇款和物联网支付等。

2018 年 5 月，西班牙电信巨头 Telefonica 宣布，该公司正在和安全技术创业公司 Rivetz 合作，开发基于区块链交易和即时通信的智能手机解决方案。双方将把 Telefonica 公司的网络安全服务与 Rivetz 的区块链及可信计算技术（trusted-computing）结合到一起，以此探索去中心化的解决方案所具备的安全性和数据控制能力。该项工作将专门用于改进信息通信和加密货币钱包应用程序的安全性。

2. 国内电信领域区块链技术的发展现状

目前，国内电信行业的很多公司已在不同程度上涉足于区块链技术领域，并与有关方面达成了合作共识。它们不仅大力推动区块链标准的国际化，还不断深入探索、挖掘区块链的应用场景，切实结合行业特点，积极研发基于区块链技术的电信领域应用平台，用于解决电信行业现存难题，从而共同推动区块链在电信应用场景的真实落地，共同营造与建立电信领域新的行业生态。

中国电信打造的区块链可信基础溯源平台"镜链"，提供完备的区块链溯源基础能力，荣获2018年中国"双创"好项目奖；此外，其自研的基于区块链去中心化的 IoT 平台，整合了中国电信政企网关资源，构建了去中心化的共享经济平台，最大程度上保证了用户数据安全与设备控制安全。在标准方面，中国电信牵头在 ITU-T SG16 成立了首个分布式账本国际标准项目，即分布式账本业务需求与能力。

中国移动积极推动 ITU-T 成立"区块链（分布式账本技术）安全问题小组"并担任副组长，该小组致力于区块链安全方面的研究和标准化；此外，中国移动在 GSMA 的欺诈与安全工作组（Fraud And Security Group，FASG）立项研究区块链应用于运营商 PKI 领域的标准工作。中国联通联合中兴通信、信通院、中国移动在 ITU-T SG20 建立了全球首个物联网区块链国际标准项目——基于物联网区块链的去中心化业务平台框架；中国联通、中国电信和中国移动共同在 ITU-TSG13 发起"NGNe 中区块链场景及能力要求"，研究区块链在电信网络中的应用。

2017年5月，中兴在中国国际大数据产业博览会上推出了中兴 uSmartInsight 区块链解决方案，即下一代电子证照共享平台，为践行"互联网＋政务"提供完善可靠的政务信息系统整合共享方案。

2017年10月，中国信息通信研究院和中国人民银行数字货币研究所联合代表我国产业界向 ITU-T 分布式账本焦点组提交了"可信区块链：一个分布式账本技术评估框架"技术提案，这对于我国下一步在区块链国际标准制定中的作用意义重大。

2017年12月，浪潮集团推出了国内首家也是目前国内唯一一家基于区块链技术的质量提升服务平台——质量链。该质量链已经成为国内领先的质量提升线上服务基础设施，得到了各地方政府、企业、检测机构、消费者的认可。

2018年初，华为公司发布了华为云区块链服务 BaaS 平台，该服务是基于开源区块链技术和华为在分布式并行计算、PaaS、数据管理、安全加密等核心技术领域多年积累基础上推出的企业级区块链云服务产品，同年4月，在2018华为全球分析师大会上，华为发布了《华为区块链白皮书》，计划未来在远程医疗、食品溯源、车联网多个应用场景进军区块链领域。

综上所述，目前，国内外电信企业在区块链领域均积极展开布局，抢占区块链标准高地，加快区块链技术研发投入、加强应用试点示范，加大曝光率和影响力，并加强多方合作，建立行业生态。但各家并未盲目跟风，因为区块链对于电信运营商来说，既是挑战，也是机遇。各国运营商都期待在新一轮的技术革命浪潮中抓住战略机遇，掌握区块链技术发展的主动权。

12.2.2　区块链的意义和价值

区块链并非完全新兴的技术，它利用原有的技术体系，基于密码学体系构建的共享账本，给区块链各参与方协作提供了全局数据视图的基础，每个区块链参与方节点都能够信任本地的账本并更新账本的智能合约，通过技术的手段和机制，信任各个参与方共识的结果，进而信任链上节点的行为和数据，共同构建一个彼此信任的社会。

1. 信任能够让不能做的事情变得可能

对于资金的安全和数据的隐私保护是基本的需求，在没有确保这些基本保障的情况下，机构和个人都会倾向于保守的做法，规避未知的风险。区块链技术把原本隔离的交易方凝聚到一起，根据自己的利益诉求共同制定规则和遵守规则，创建一个安全可信的环境，在每个参与方都认为安全可控的状态下，更容易探索和尝试一些可能性，这种内生的安全感拉近了各方的距离，搭建了一座信任的桥梁。

2. 信任能够让高成本的事情降低门槛

在缺乏信任的体系下，需要参与协作的各个参与方通常都会各自设置自己的安全边界，定义安全边界内允许的行为，并制定各种不同级别的规则来保障交易的顺利进行，单纯为了信任就会付出高昂的成本，由此，信任成了一种奢侈品，有的时候可遇而不可求。在区块链的世界里，信任是底层基础设施内置的属性，所有的参与方只需要关注核心的业务功能，极大地简化了交易模式，降低了交易门槛。

3. 信任能够让长周期的事情变得高效

在信任交易模式下，不必要的一些流程就简化了，所有参与方都按照相同的规则运行，明确了各自的职责和期望的反馈，把人为参与的操作缩减到机器的自动执行，能够使人为共识延迟的量级减少到网络延迟的量级，运算速度的对比更是显而易见。

4. 信任能够让小范围的事情扩大规模

区块链制定的规则对所有的参与方都是透明清晰的，共同约定、共同遵守、共同执行，所有的潜在参与方都能依赖这样的规则，根据各自的需求参与到区块链建设中来，贡献或者获取都能得到认可，简单可扩展的模式才能快速复制，形成规模效应，覆盖和影响更多的机构和个人。

5. 信任能够让随意的事情变得有黏性

在面临众多的选择时，每个参与方一定是选择对自己有利的选项，区块链的简单可依赖会形成思维的惯性，影响到决策的行为，这会是一个思维模式的转变。当原本随意的选择趋同的时候，这种行为的黏性就体现出来了。

12.2.3 区块链在电信行业的应用场景及应用方案

为了进一步挖掘区块链在数字资产、电信资产、新一代网络建设等运营商相关领域的应用价值，《区块链电信行业应用白皮书》从业务管理（电信设备管理、动态频谱管理与共享）、业务服务（数字身份认证、国际漫游结算、数据流通及共享）、网络运营（物联网、云网融合、多接入边缘计算）三个方面筛选出八个相关应用场景，分析相关领域的发展现状，同时提出基于区块链实现的解决方案以及未来发展策略，如图 12-4 所示。

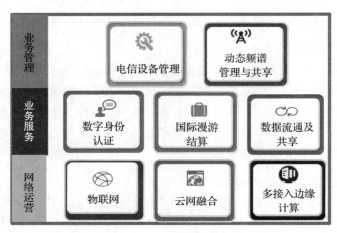

图 12-4　应用场景架构图

12.3　区块链赋能新型智慧城市

新型智慧城市是党中央、国务院立足于我国信息化和新型城镇化发展实际而做出的重大决策，是推进智慧社会发展的重要抓手，是贯彻落实创新、协调、绿色、开放、共享的发展理念。区块链是点对点网络、密码学、共识机制、智能合约等多种技术的集成创新，提供了一种进行信息与价值传递交换的可信通道，并具备不可篡改、可溯源等特性。

作为新兴技术，区块链在新型智慧城市诸多领域具有较大潜力。在基础设施方面，运用区块链技术可探索实现信息基础设备间数据信息的高效交换，提升信息基础设施协同能力。在数据资源方面，借助区块链自身数据不可篡改、可溯源等特性，有望打破原有数据流通共享壁垒，提供高质量数据共享保障。在智能应用方面，依托区块链提供的更加可信的合作环境已经涌现出一批"只需跑一次""数据多跑路""精准服务"等亮点应用。

12.3.1 我国新型智慧城市最新态势

集约融合成为新型智慧城市主旋律。新型智慧城市进一步强化统筹力度，提供业务融合、技术融合、数据融合于一体的跨层级、跨地域、跨系统、跨部门、跨业务的协同服务，具体包括基础设施的共建共享、数据资源的加速整合、核心平台的统筹谋划和应用服务的多合一。与此同时，新型智慧城市全面推动通信设施、局房管道、数据中心等共建共享，探索 2G、3G、4G 等频率授权综合利用。数据资源加速整合、核心平台统筹谋划。政务数据形成统采统存的数据资源池，部门间按照权限有序共享，并利用城市数据共享交换平台服务和第三方数据服务，实现涵盖政府、企业、行业的城市主数据资源体系，为各类智慧应用系统提供一体化的协同管理和服务能力。

数据驱动、有序治理成为新型智慧城市发展核心命题。传统智慧城市建设只关注城市自身内在系统发展，而未能实现上下联通、条块联动，逐步出现上下级系统难对接、横向数据资源无法打通等问题。新型智慧城市建设不仅要求城市内部系统、数据资源实现整合，也需要实现与国家、省级管理部门协同配合，在城市层面打通条块系统和信息资源壁垒，聚焦设施互联、资源共享、系统互通，实现垂直型"条"与水平型"块"互融互通，协同运作、共同推进城市层面智慧化建设。当前，我国地级市共享交换平台和基础数据库建设进展较快。

区块链等新技术的应用，正在大幅提升智慧城市的供给能力。区块链正重塑社会信任，成为维系智慧城市有序运转、正常活动的重要依托，其具备全网节点共同参与维护、数据不可篡改与伪造、过程执行透明自动化等特性，有助于全面升级基于信任的智慧城市应用与服务。智慧城市正在构建新的创新生态。在开放的体系中，创业者、企业、创新服务机构等创新主体围绕城市治理、公共服务、生产效能等方面的需求，提出各种创意，并通过创新创业过程将创意变成现实，随着区块链、人工智能、移动物联网等领域的重大技术突破，未来在智慧城市领域将出现更多的独角兽企业。

12.3.2　区块链技术可缓解的城市发展问题

新型智慧城市经过几年发展，已有长足进步，但仍存在一些根本性的问题，如发展路径不清、数据共享不足、应用体验不佳以及体制机制等。其中在技术层面，围绕数据的"可用""可享""可管""可信"等问题更为突出。

城市基础设施转型需求迫切。一是城市信息基础设施急需实现协同共用。随着我国城镇化的快速发展，城市人口和产业承载能力不断提升，城市信息基础设施将拥有超过百亿级传感终端。当前，单一传感终端获取的信息相对片面，而不同传感终端属于不同的提供商，设备间的信息协同需聚合到统一平台，信息协调效率低，且存在较高商务壁垒。此外，智慧城市发展遵循以人为本的原则，应面向自然人、法人、城市三大对象提供全方位服务。但当前，各地市仍缺乏"云、管、端"一体化协同发展的信息基础设施，导致针对不同对象、使用不同载体的信息交互协同能力薄弱。二是城市传统基础设施亟待加强运行管控。在能源方面，城市内、城市间能源传输网络已基本建成，以电力为例，随着城市用电量持续上升、城市峰值用电差日益显著，城市内、城市间电力运营调度及电力公司与民电供电交易管理等方面的矛盾日益突出，能源设施运行管理能力亟须提升。此外，在城市管网方面，供水、排水、燃气、热力、电力、通信、广播电视、工业等地下管线已成为保障城市健康运行的重要基础设施，而随着城市的快速发展，地下管线建设规模不足、管理水平不高等问题逐渐凸显。建成统一规划、统一建设、统一管理的地下综合管廊运营管理系统，同样面临参与主体多、数据规模大等挑战。

城市数据治理亟待攻坚克难。一是城市数据流通共享难。电子政务应用不断发展深化，从而产生大量的政务数据，数据资源的有效共享成为提升城市治理能力的关键，但目前政务数据面临着"纵强横弱"的局面。一方面，行政区划形成天然屏障。政府部门存储着个人、组织及活动等大量数据，这些数据被分散保存在不同部门的不同系统，条块打通困难。此外，政务系统重复性建设，缺乏标准统一的数据结构与访问接口，业务数据难以实现跨部门流通共享。另一方面，政务协同共享缺乏互信。在"谁主管、谁提供、谁负责"和"谁经手、谁使用、谁管理、谁负责"的政务信息共享原则下，当前技术手段难以清晰界定数据流通过程中的归属权、使用权和管理权，政府部门之间缺乏行之有效的互信共享机制。二是城市数据监督管控难。在城市治理中，对于政府重大投资项目、重点工程与社会公益服务等敏感事项，政府监管过程中若出现纰漏或政策约束力不足容易造成社会不良影响。一方面，伪造篡改导致监管乏力。例如，政府投资的重大项目建设过程中，建设主体出现违法违规操作，谎报或瞒报关键活动信息，如挪用资金、事后篡改文件或伪造证据。这些漏洞如不能及时发现，容易导致监管缺位。另一方面，存证不足造成追责困难。在现有政府信息资源管理框架下，业务监管的数据采集、校核、加工、存储及使用的全过程管理体制仍不完善，缺少基于数据信息的全流程可追溯手段。一旦发生违法违规事件，证据缺失将给调查取证带来困难。三是数据安全有效保障难。在智慧城市建设与发展进程中，人与人、物与物、人与物将加速联结，智能化产品和服务将不断涌入城市管理活动和人民日常生活，产生大量的公共数据和个人数据。城市数字化发展形势下的隐私保护，成为城市数据治理中不可规避的重要问题。当前，隐私数据泄露事件频发。用户作为数据的生产者，在本质上缺少数据所有权和掌控权，往往未经同意就被第三方平台采集和出售，导致用户隐私数据大规模泄露事件频频发生。此外，数据授权使用举步不前。数据授权使用尚无明确规范，数据安全使用缺乏保障措施，潜在风险难以评估，我国在推进政务数据授权使用方面进展缓慢。

城市智能应用亟须创新突破。一是多主体参与信用体系建设成本高。新型智慧城市是城市发展的高级阶段，城市智能应用要为不同主体提供跨层级、跨地域、跨系统、跨部门、跨业务的一体化协同服务。城市智能应用涉及政府、企业、市民等多个参与主体，各参与主体间相互协作建成信用体系的成本较高，创新智慧城市应用亟须建立良好的社会信用体系，解决多主体之间的信任问题。二是事故发生问责难。城市的正常运行涉及方方面面，大量日常事件与突发应急事件持续发生，相关事件具有所属类型多、来源渠道多、涉及部门多、处理流程长等特点，一旦发生事故，涉事多方各说其词，原因追溯与追责通常比较困难。因此，在智慧城市建设过程中，要实现从城市规划、城市建设到城市管理的全生命周期、全过程、全要素、全方位的数字化、在线化和智能化，做到事故原因可溯、责任可追。

12.3.3　区块链赋能智慧城市发展具备潜力

作为新兴技术，区块链在新型智慧城市诸多领域具有较大应用潜力。在基础设施方面，区块链与新型智慧城市建设相结合，探索在信息基础设施、智慧交通、能源电力等领域实现赋能，提升城市管理的智能化、精准化水平。在数据资源方面，区块链有望打破原有数据流通共享壁垒，提供高质量数据共享保障，提升数据管控能力，提高数据安全保护能力。在智能应用方面，区块链将围绕惠民服务、精准治理、生态宜居、产业经济等智慧城市应用场景，将催生新型智慧城市应用服务。区块链赋能新型智慧城市如图 12-5 所示。

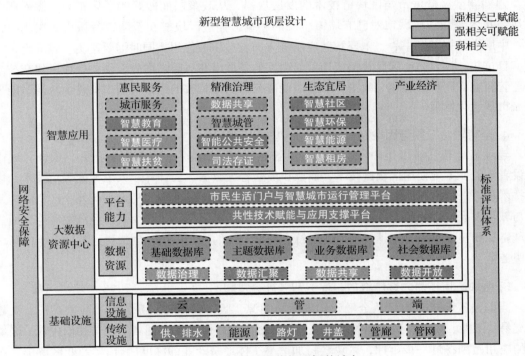

图 12-5　区块链赋能新型智慧城市

12.3.4　区块链赋能城市发展建议与展望

1. 坚持顶层设计与局部试点并举，凝聚发展共识

我国城市信息化发展历经数字化办公、垂直行业信息化、网络化服务等阶段，已进入攻坚克难的深水区，需加强跨部门、跨领域的顶层设计，明确各部门的工作任务，提升新型智慧城市建设的协调力度，避免信息系统自成体系。对于已形成的"信息孤岛"，鼓励局部试点，针对"信息孤岛"系统，探索引入区块链分布式账本，实现数据整合与共同维护，形成政务信息资源以"共享为原则，不共享为例外"的城市建设共识，全面提升政府治理与服务水平。

2. 坚持能力建设与标准制定并重，夯实基础内功

重视区块链技术的基础能力建设，推进包括共识机制、密码学算法、跨链技术、隐私保护等在内的区块链基础技术研发。开展产品开发和集成测试，支持和培育开源软件，打造自主开源社区，构建软硬件协同发展的生态体系，实现"产、学、研、用"有机结合。推进相关标准的制定，形成统一的区块链赋能智慧城市发展国家标准，并不断扩展至各地区与各行业，最终形成统一的数据标准与流程标准，加速产业发展。

3. 坚持防范风险与鼓励创新并行，稳步探索创新

遵循新型智慧城市与区块链技术的发展规律，从政策层面做好体系化布局，深入研究区块链技术赋能智慧城市对已有城市生态的影响，促进区块链在新型智慧城市底层基础设施、中层大数据资源中心、上层智慧应用等方面发挥积极作用。同时需要避免一哄而上，造成盲目过热，注意防范因区块链应用可能引发的各种潜在风险。此外，还要探讨区块链技术的监管问题，同步开展相关政策和法律法规研究，制定相关的监督机制，促进区块链赋能下的城市智慧化发展。

4. 坚持融合发展与因地制宜并进，加快发展应用

建设新型智慧城市是一项系统工程，需要融合多项技术，发挥互补优势。因此，城市建设者不能孤立地使用区块链技术，而要积极融合大数据、云计算、人工智能等新技术，探索技术融合下的城市应用场景，将城市管理与服务智慧化发展推向高点。此外，区块链应用要与城市发展规划相结合。围绕城市在精准治理、惠民服务、文化生活、经济发展等方面的地域特征和建设重点，有针对性地开展符合城市定位的特色应用，创造更好的城市生活环境与服务体验。

5. 区块链赋能潜力逐步释放，促进智慧社会发展

当前，区块链应用已从金融延伸到商品溯源、版权保护与交易、电子证据存证、大数据交易、工业、能源、医疗、物联网等领域。随着区块链技术的创新发展与逐步成熟，区块链的应用范围将进一步延伸，区块链将加速与实体经济产业的深度融合，"产业区块链"应用项目将逐步落地，迎来产业区块链"百花齐放"的大时代。同时，区块链助力跨主体应用模式将逐步落地，通过保持各主体间账本的安全、透明与一致，切实降低各参与方的信息不对称，适合应用于价值链条长、沟通环节复杂、节点间存在博弈行为的场景。此外，区块链中的智能合约在不需要第三方的情况下，自动执行可信交易，使社会变得更透明、更直接。新型契约形式或将极大释放社会生产力，带动生产关系的演变，并将加快智慧社会的到来。

12.4 司法存证

随着信息化的快速推进，诉讼中的大量证据以电子数据存证的形式呈现，电子证据在司法实践中的具体表现形式日益多样化，电子数据存证的使用频次和数据量都显著增长。不

同类型的电子证据的形成方式不同，但是普遍具有易消亡、易篡改、技术依赖性强等特点，与传统的实物证据相比，电子证据的真实性、合法性、关联性的司法审查认定难度更大。传统的存证方式面对日益增长的电子数据存证需求，逐渐显露出成本高、效率低、采信困难等缺陷。

2019 年 3 月 12 日，第十三届全国人民代表大会第二次会议在人民大会堂举行，最高人民法院院长周强做最高人民法院工作报告时明确表示要"推进司法改革与现代科技深度融合"。在数字化的浪潮下，在科技进步的支持下，司法和正义普惠化更容易实现，科技对于司法的作用和价值正不断提高，司法科技已势在必行。目前，电子证据在世界各国的司法证明活动中的作用日益突出，已成为证据体系中不可忽视的重要部分，社会开始步入"电子证据时代"。相对于物证时代的"科学证据"而言，电子证据的科技含量无论在广度还是深度上都大大超出了一般物证的水平。

12.4.1　基于区块链的电子数据存证

电子证据在我国立法中取得合法地位之后，开始大规模地正式介入案件，在越来越多的案件中发挥着前所未有的作用。然而，电子证据在司法实践（包括存证环节、取证环节、示证环节、举证责任和证据认定）中依然存在痛点。

在**存证过程**中，电子数据由于数据量大、实时性强，存在依赖电子介质、易篡改、易丢失、存储成本高等问题。

在**取证过程**中面临证据原件与设备不可分、原件可以被单方修改的问题。

在**示证过程**中，并非所有电子数据的内容都可以通过纸质方式展示和固定，例如电子数据的电子签名信息和时间信息；对电子数据原件的截图、录像、纸质打印、复制存储一般而言都由当事人自己完成，这为当事人提供了篡改数据的空间；示证的困难使得对电子数据公证的需求增加，这大大增加了当事人的举证负担，也严重浪费了社会司法资源。

在**举证过程**中，双方都会提交自己留存的电子数据作为证据。在当事人分别控制自己的数据的情况下，非常容易发生双方提交的证据有出入的情况。

在**证据认定**中，电子数据由于数据量大、数据实时性强、保存成本高、原件认定困难等原因，对证据真实性、合法性和关联性的认定依然较困难，电子数据经常因为难以认定而无法对案件起到支撑作用，这对法官和当事人都造成了较大压力。

区块链技术具有的不可篡改、不可抵赖、多方参与等特性，与电子数据存证的需求天然契合。电子数据存证是潜在的区块链技术重要应用落地领域。区块链与电子数据存证的结合，可以降低电子数据存证成本，方便电子数据的证据认定，提高司法存证领域的诉讼效率。利用区块链及其扩展技术可以在电子数据的生成、收集、传输、存储的全生命周期中，对电子数据进行安全防护、防止电子数据被篡改并进行数据操作的审计留痕，从而为相关机构的审查提供有效手段。

区块链以特殊的存储方式进行电子数据存证，以无利害关系的技术作为第三方身份（技术和算法充当虚拟第三方），将需要存证的电子数据以交易的形式打上时间戳，记录在区块中，从而完成存证的过程。在数据的存储过程中，多个参与方之间保持数据一致性，极大降低了数据丢失或被篡改的可能性。其使用的关键技术包括共识机制、可信存储、电子身份、可信时间等，以保障区块链的多方参与、难篡改、难丢失的特性。

对于传统取证方式表现出成本高、效率低、真实性难以保证等不足，区块链技术适合作为一个电子数据存证的补充，区块链时间戳标示出电子数据的发生时间，用户的私钥对数据的签名是用户真实意愿的表达，区块链不能篡改、可追溯的特点使其方便对电子数据进行提取和认定。在司法实践中，证据的存证、取证、示证、质证等过程对应着电子数据的存储、提取、出示、质询等动作流程。

12.4.2 区块链司法存证系统参考框架

区块链电子数据存证系统应用由节点管理层、区块链服务层、应用层三个层级组成，其中区块链服务层包含关键技术和应用服务两个子层级。区块链电子数据存证系统的参考架构如图 12-6 所示。

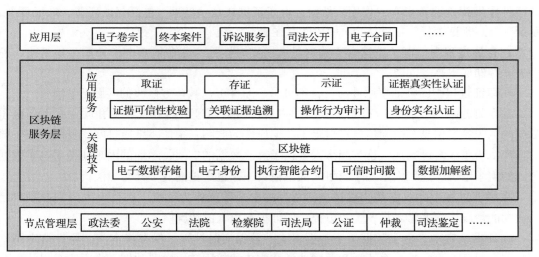

图 12-6　区块链电子数据存证系统参考架构

1. 参与方管理层

参与方以节点的方式加入区块链网络。司法机构节点、政务节点、企业节点、其他组织机构节点等共同参与组成电子数据存证联盟链。参与节点之间信息互通，共同确保存证载体和存证数据的真实性。

2. 区块链层

1）关键技术。该部分是应用服务部分各模块的基础支撑，包括网络结构、数据结构、共识机制、签名验证等，是系统运行的基础。

2）应用服务。应用服务在关键技术提供的支撑之上，针对各种服务模块进行实现和封装。该部分列举了电子数据存证全生命周期的相关服务。其中每个服务由一组相关的规范、流程和配套的交互接口构成。服务中的规范和流程依据司法行业相关规则和标准制定而成，以确保电子数据存证系统中固存的电子数据在司法行业应用中的质量和有效性。服务中的交互接口为司法行业专业系统高效、便利地使用本系统中的电子证据提供相应的支持。

3. 应用层

应用层通过调用区块链层的应用服务，经过二次开发对接特定业务场景。

目前，区块链电子数据存证在法院行业、司法协同、社会存证等场景中有如下一些应用：

- **法院行业应用**：诉讼服务、辅助审判、公示与送达、辅助执行。
- **司法协同应用**：基于区块链技术构建公安、检察院、法院、司法局等跨部门办案协同平台，各部门分别设立区块链节点，互相背书，实现跨部门批捕、公诉、减刑假释等案件业务数据、电子材料数据的全流程上链固证、全流程流转留痕，保障数据全生命周期安全可信和防篡改，并提供验真及可视化数据分析服务。通过数据互认的高透明度，有效消除各方信任疑虑，加强联系协作，大大提升协同办案效率。
- **社会存证应用**：电子合同、版权存证、遗嘱存证。

12.4.3　区块链司法存证存在的挑战

区块链司法存证的应用有光明的前景，但也存在一些挑战。

1. 法务与技术的对接不畅

区块链技术目前是处于时代前沿的新技术，从事区块链技术的人员大都是 IT 行业的一线工程师，与法务工作结合点较少，对法务现状和痛点的了解不够深入，对司法这个特殊领域的合法合规要求认识不足。

2. 区块链技术针对司法业务场景有待细化

区块链技术自 2008 年出现以来，虽然保持着相当高的技术热度，部分区块链项目已经有了一些简单的应用场景，但整体而言，区块链技术还处于非常早期、快速发展的阶段。区块链依旧存在技术门槛较高、使用成本较高、代码容易出现安全漏洞等问题，不能完全满足业务场景需求。

3. 电子证据司法认定规范有待明确

传统业务模式下，对电子证据的认证非常困难。区块链系统出现后，因其存储的数据是多方共有、多方维护的，中心化存证其数据原件的认定方式不再适用。区块链浏览器可以有效表现区块链系统中的数据存储，这种示证方式是否符合示证业务要求，暂无依据可循。

4. 民众接受程度有待提高

虽然电子证据已经广泛存在，但是民众还没有充分的电子证据意识，对于电子证据作为独立证据的司法效力没有确切的认识。区块链的技术和概念都比较新，区块链技术用于电子数据存证也是全新的尝试。因此基于区块链的电子数据司法存证，在民众电子证据意识的普及和民众对区块链电子存证系统的了解和接受程度上，存在一定的挑战。

　　总体而言，随着区块链的推广和普及，越来越多的垂直行业从业方认识到区块链的价值并开始探索将其应用到自身业务中。电子证据的发展适应信息化大潮，对于提升司法效率、降低司法成本具有重要意义，区块链技术对于提升电子数据认定效率有使用价值。区块链技术为电子数据存证提供结构化的采集过程，并借助于区块链技术不可篡改、不可抵赖等优良特性，使电子证据的认定过程变得非常简便，解决了电子证据在司法实践中易丢失、难认定的痛点，加快了电子证据的证据认定速度。因此区块链得到了法院和社会各界越来越多的重视，很多有实力的厂商也纷纷在此领域进行尝试。信息时代应强调电子证据的独特性质与内涵，改变对于电子证据不会用、不敢用、不能用的尴尬境地，从根本上推动电子证据制度的重构，让司法活动这一传统的社会化行为真正匹配人类进入信息化时代后的司法需求，让司法存证快速跨入信息化的时代。

12.5　区块链溯源应用

　　本节围绕溯源的现状和存在的问题，分析区块链技术如何与溯源深入契合，如何利用区块链技术，保障溯源的安全透明、高效可信，探索适合的应用落地模式，助力行业的茁壮发展。

12.5.1　溯源的背景

　　随着社会的进步和发展，食品安全和信息来源问题逐渐成为公众关注的焦点。"毒奶粉、地沟油、瘦肉精、假疫苗、侵权官司、产权归属"等事件令公众焦虑不已。食品安全关系到经济建设和社会稳定，关系到每个人的健康和幸福。产权归属和信息来源关系到人们的财产经济问题，也涉及社会的信任和监管运营问题。追本溯源，找到信息真正的根源是当下解决这些问题的有效措施。

1. 溯源的概念

　　溯源是一种追根溯源行为，通常是指物品或者信息在生产、流通的过程中，利用各种采集和留存方式，获得物品或者信息的关键数据，如流通和传输的起点／节点／终点、数据类别、数据详情、数据采集人和数据采集时间，并把数据按照一定的格式和方式进行存储。通过正向、逆向、定向方式查询存储的相关数据，就可以对物品信息进行追根溯源。

2. 溯源的目标

　　溯源可以实现所有批次产品从原料到成品、从成品到原料100%的双向追溯功能。溯源最大的特色就是数据的安全性，每个人工输入的环节均被软件实时备份。溯源系统建立后，一旦发生相关事故，监管人员就能够通过该系统判断企业是否存在过失行为，企业内部也可借助该系统查找是哪个环节、哪个步骤出现了问题及责任人是谁，避免了由于资料不全、责任不明等问题给事故处理带来的困难，使问题得到更快解决。

从内部管控的目标来看：

1）企业为维护自己的产品品质、树立品牌形象，需要严格管控企业内、产业链内产品的生产、包装、仓储、运输、经销过程，避免产品在流程中出现违规、造假行为，通过溯源可以追溯到全流程行为和数据，进行过程监控、安全问题责任追究，加强薄弱环节的监管。

2）企业根据溯源数据，不断优化生产流程，标准化生产规范，提高产品品质和产量。

从外部品牌维护的目标来看：

1）通过溯源系统，向用户展现产品的真实产业链流转行为和数据，达到溯源溯真的目标，实现产品安全消费，满足用户的知情权，提升用户的信任度，拒绝以假乱真，提升自己的品牌形象。

2）通过自己固化的产业链流程、特有的产品内部信息、严格的溯源数据采集环节，提升造假难度，打击假货，提高产品附加值和市场竞争力。

从社会监督、责任追究、事故控制来看：

1）通过溯源系统，企业向社会公开自己的生产、包装、仓储、运输、经销流程，并且提供可查询的数据，接受社会监督。

2）当产品发生问题时，社会、政府、执法机构可以通过溯源系统追溯产业链各环节数据，定位问题发生的环节和责任方，同时产业链参与方也可以通过溯源数据自证清白。

3）来源可追溯、去向可跟踪，通过溯源系统可以找到产品发生问题的环节，同时可以跟踪从出问题环节流转出去的产品去向，追踪产品以进行召回，避免事故进一步扩大。

从技术角度看，溯源系统具有如下目标：

1）溯源数据的采集，要求技术手段丰富、采集灵活、数据准确、效率高，对现有生产工艺的改造代价小，成本低。

2）溯源数据采集需要进行严格的权限控制，只有流程中必要的环节和授权角色才可以上传数据，控制数据的录入、修改、删除权限，但最好不提供修改、删除权限。

3）溯源数据在产业链参与角色之间进行维护，同时在产业链内外面向社会和消费者进行分享，所以需要控制数据记录和呈现范围。

4）由于溯源涉及数据共享、共同维护，因此数据的安全变得非常重要，一个是数据存储的安全性，一个是使用的安全性，需要严格的备份机制和访问权限控制。

12.5.2　新兴技术赋能溯源应用

如今，伴随着区块链的兴起与发展，人们开始更加了解区块链为各个领域带来的价值与前景。溯源通过结合区块链技术手段和区块链治理思想的方式，实现了区块链的重大价值，主要体现在：在技术方面，通过区块链为溯源平台提供了很好的技术基础，保障了数据的真实和可追溯；在应用方面，智能合约在应用层面会成为帮助解决溯源的关键问题，提供更加有价值的信息和服务；在生态层面，区块链技术可以真正打造多中心、按劳分配、价值共享、利益公平分配的自治价值溯源体系。

物联网通过智能感知、识别技术与普适计算等通信感知技术，广泛应用于网络的融合中，把物联网的分布式设备作为数据的来源地，只统计和验证它们所观测到的特征，并将这些特征综合起来加以利用。

边缘计算是指在靠近物或数据源头的一侧，采用网络、计算、存储、应用核心能力为一体的开放平台，就近提供最近端服务。在边缘节点上处理这些数据将会减少响应时间、减轻网络负载、保证用户数据的私密性。

大数据溯源需要对海量数据进行处理，精炼和抽象出关心的数据。与此同时，庞大的区块链数据集合包含溯源数据的全部历史。所以区块链溯源应用的迅速发展，会进一步扩大数据的规模和丰富性。大数据保障溯源，溯源产生大数据，推动行业的数字化和智能化发展。

人工智能利用人工智能技术对数据源的相似度进行识别，如图片版权，通过人工智能识图技术将目标图片与源图进行比对以判断图片是否被盗用是可行的。

除了以上一些技术应用外，溯源在发展过程中还有很多技术的开发和应用，例如：**分布式爬虫**技术有助于提升数据获取的效率，同时能够及时发现相关数据是否在别处被使用；由于区块链全节点保存了所有数据，涉及海量的数据存储，因此对区块链单个节点的存储能力有很大的需求，而**分布式存储**正好解决了海量数据的存储问题。

12.5.3 基于区块链的溯源应用架构

区块链技术为互联网深化发展带来了巨大的想象空间，引起互联网上传统信任机制的改变，区块链技术应用于溯源系统中的数据存储时，由于其本身的特征，存储的数据难以被删除和更改，这样提供了一种区别于原来溯源系统中心化数据存储的新信任机制，因此极大地提高了溯源系统的可信度。

根据数据溯源的产生和使用过程，要很好地管理数据溯源信息，首先需要有一个统领全局的架构。由于区块链技术的可追溯性和防篡改性与溯源需求正好契合，因此结合区块链的溯源架构能够满足实际生产的要求。

1. 溯源应用的数据建模

数据溯源技术的关键在于数据模型的构建，它决定了数据起源的获取、数据的存储以及后期的使用等各种操作。不同应用和不同业务具有的业务数据和业务字段千差万别，溯源平台该如何适应这种变化呢？这就需要对不同业务和不同应用的数据进行抽象建模，并对数据接入进行规范。对于溯源平台来说，可以把不同应用和业务的整个过程划分为不同的阶段，并对不同阶段的业务数据进行分组。这样就可以针对不同阶段、不同组的数据进行溯源。溯源方在查询数据的时候，通过数据特征标识获取数据的全链路历史版本。

2. 溯源应用的全生命周期管理

溯源应用的业务从开始到结束的整个过程就是该溯源应用的生命周期。要正确地对业务应用进行溯源追踪，需要对溯源应用的生命周期进行管理。在如今的供应链体系中，一个特定商品的供应链包括从原材料采购到制成中间产品及最终产品，最后由销售网络把产品送到消费者手中，将供应商、制造商、分销商、零售商和最终用户串成一个整体。

例如在大米溯源案例中，大米的整个过程包括选种、播种、收割，再到销售，最后到消费者食用，这些阶段的信息都会被记录在溯源的应用系统中，当需要进行查询或者追踪时，消费者或者其他人可以从其中任何一个阶段进行数据查询和追踪，消费者在拿到粮食时，可以根据粮食的身份证在区块链上查询是否存在相关的信息，真实存在的粮食身份证会展示出这袋粮食的品种信息、种植农户的信息、在田间详细的作业信息、每个关键生长阶段的数据信息、收割检验信息、加工过程信息、物流信息等，真正做到了信息的溯源和防伪。

3. 溯源应用的总体架构

溯源应用的总体架构如图 12-7 所示。

图 12-7　溯源应用的总体架构图

溯源应用总体架构分为五个层级，描述了溯源应用当中典型的功能模块。

- 应用层：应用层可以是溯源数据的来源端，也可以是溯源服务的接收端。将线下数据改为线上数据有一定的风险，需要物联网设备作为可信的信息化数据手段。同时还包括相应企业与个人涉及的前端应用。
- 服务层：服务层为溯源应用提供核心区块链相关服务，保证了服务的高可用性、高便捷性。可信的分布式身份服务（DID）作为物或人的认证标识、可靠的数据接入、精准的数据计算、安全的元数据管理，这些服务是溯源应用功能的保证。

- 核心层：核心层是区块链系统最重要的组成部分，将会影响整个系统的安全性和可靠性。共识机制与P2P网络传输是区块链的核心技术，保证了网络的安全性和分布式一致性。在溯源的场景中有许多企业商业数据，所以隐私保护也是溯源架构中必不可少的一环。

- 基础层：基础层提供了基本的互联网基础信息服务，主要是为上层架构组件提供基础设施，保证上层服务可靠运行，物联网（IoT）设备决定了数据来源的可靠性，区块链保证了数据的真实性，最后对数据进行安全的存储、分析和计算，提供高效、精准的数据服务。

- 管理层：管理层是溯源应用落地过程中必不可少的重要组件。权威质检中心为溯源应用数据提供了最权威的信用背书，认证了实物的可用性，也为对应的数据赋予相符的价值。溯源数据中心收集整个溯源信息流作为数据"原料"，监控中心监控数据在流转中的异常，提供了流转数据过程的可靠性。最后通过可视化展示的溯源信息即为全流程的、真实的、由区块链作为价值背书的数据。还有一些辅助功能，包括配置管理、权限管理、策略管理、监控中心等，保障了溯源应用的可用性。

12.6 区块链与供应链金融

供应链金融发展的目标是依托供应链核心企业，对产业上下游相关企业提供全面的金融服务，最终能够降低整个供应链的运作成本，并通过金融资本和实体经济的协作，构筑银行、企业和供应链互利共存、持续发展的产业生态。融资便利性和低成本是产业生态繁荣的内驱力。目前供应链金融在国内仍处于初级阶段，存在信息孤岛、核心企业的信任无法有效传递、融资难、融资贵等诸多痛点。而区块链以其数据难以篡改、数据可溯源等技术特性，在融资的便利性与融资成本方面具有创新突破的潜力。区块链技术的特性与供应链金融的特性具有天然的匹配性。本节围绕供应链金融的现状和存在的问题，分析区块链技术与供应链金融深入契合的场景，利用区块链技术，切实解决"小微融资难、小微融资贵""优化供给侧""去库存"等难题，保证处于供应链上的中小企业资金链的稳定性和资金流动的高效性，助力中小企业的茁壮发展并提高供应链的竞争力。

12.6.1 供应链金融发展现状

近年来，随着赊销贸易在国际及国内的盛行，处于供应链上游的企业普遍面临资金短缺的压力及账期延长的困境。与此同时，随着市场竞争的日趋激烈，单一企业间的竞争正在向供应链之间的竞争转化，同一供应链内部各方相互依存的程度加深。在此背景下，旨在增强供应链生存能力、提高供应链资金运作效率、降低供应链整体管理成本的供应链金融业务得到了迅速发展。

供应链金融是指以核心客户为依托，以真实贸易背景为前提，运用自偿性贸易融资的方式，通过应收账款质押登记、第三方监管等专业手段封闭资金流或控制物权，对供应链上下游企业提供的综合性金融产品和服务。

这种定义被概括为 "M + 1 + N" 模式，即围绕供应链上的核心企业（1），基于交易过程向核心企业及其上游供应商（M）和下游分销商或客户（N）提供的综合金融服务。

根据定义，供应链金融有如下特点：

1）现代化供应链管理是供应链金融服务的基本理念。没有实际的供应链做支撑，就不可能产生供应链金融，而且供应链运行的质量和稳定性直接决定了供应链金融的规模和风险。

2）大数据对客户企业的整体评价是供应链金融服务的前提。整体评价是指供应链服务平台分别从行业、供应链和企业自身三个角度对客户企业进行系统的分析和评判，然后根据分析结果判断其是否符合服务的条件。

3）闭合式资金运作是供应链金融服务的刚性要求。供应链金融是对资金流、贸易流和物流的有效控制，使注入企业内的融通资金的运用限制在可控范围之内，按照具体业务逐笔审核放款，并通过对融通资产形成的确定的未来现金流进行及时回收与监管，达到过程风险控制的目的。

4）构建供应链商业生态系统是供应链金融的必要手段。在供应链金融运作中，存在商业生态的建立，包括管理部门、供应链参与者、金融服务的直接提供者以及各类相关的经济组织，这些组织和企业共同构成了供应链金融的生态圈，如果不能有效地构建这一商业生态系统，供应链金融就很难开展。

5）企业、渠道和供应链，特别是成长型的中小企业是供应链金融服务的主要对象。供应链中的中小企业，尤其是成长型的中小企业往往是供应链金融服务的主体，通过供应链金融服务，这些企业的资金流得到优化，经营管理能力得以提高。

6）流动性较差的资产是供应链金融服务的针对目标。在供应链的运作过程中，企业会由于生产和贸易形成存货、预付款项或应收款项等众多资金沉淀环节，并因此产生对供应链金融的迫切需求。

综上，在供应链金融活动中，金融服务提供者通过对供应链参与企业的整体评价（行业、供应链和基本信息），针对供应链各渠道运作过程中企业拥有的流动性较差的资产，以资产所产生的确定的未来现金流作为直接还款来源，运用丰富的金融产品，采用闭合性资金运作的模式，并借助中介企业的渠道优势，来提供个性化的金融服务方案，为企业、渠道以及供应链提供全面的金融服务，提升供应链的协同性，降低其运作成本。

供应链金融的主要形态

从国际经验来看，供应链金融包含在贸易金融中，其包含三种传统的供应链金融形态，即应收账款融资、库存融资和预付款融资，以及一种新兴的供应链金融形态——战略关系融资。下面对涉及的各种融资形态进行简要分析。

（1）应收账款融资

供应链应收账款融资模式是指企业为取得运营资金，以卖方与买方签订真实贸易合同产生的应收账款为基础，为卖方提供的，并以合同项下的应收账款作为还款来源的融资业务。供应商首先与供应链下游达成交易，下游厂商发出应收账款单据。供应商将应收账款单据转让给金融机构，同时供应链下游厂商对金融机构做出付款承诺。金融机构此时给供应商提供信用贷款，缓解供应商的资金流压力。一段时间后，下游厂商销货得到资金以后再将应付账款支付给金融机构。应收账款融资的主要方式有保理、保理池融资、反向保理、票据池授信、出口应收账款池融资和出口信用险项下的贸易融资。

（2）库存融资

库存成本是供应链成本的重要组成部分。库存融资又称为存货融资。库存融资与应收账款融资在西方统称为 ARIF（Accounts Receivable and Inventory Financing），是以资产控制为基础的商业贷款的基础。库存融资能有助于加快库存中占用资金的周转速度，降低库存资金的占用成本。目前我国库存融资的主要方式有静态抵质押授信、动态抵质押授信和仓单质押授信。

（3）预付款融资

预付款融资模式是指在上游企业承诺回购的前提下，由第三方物流企业提供信用担保，中小企业以金融机构指定仓库的既定仓单向银行等金融机构申请质押贷款来缓解预付货款压力，同时由金融机构控制其提货权的融资业务。预付款融资的主要类型有先票/款后货授信、担保提货（保兑仓）授信、进口信用证项下未来货权质押授信、国内信用证和附保贴函的商业承兑汇票。

（4）战略关系融资

上面介绍的三种融资方式都属于有抵押物前提下的融资行为，因而与原有的企业融资方式存在一定的相似性。然而在供应链中存在着基于相互之间的战略伙伴关系、基于长期合作产生的信任而进行的融资，我们将其称为战略关系融资。这种融资方式的独特之处在于要求资金的供给方与需求方相互非常信任，通常发生在具有多年合作关系的战略合作伙伴之间。战略关系融资更多意义上代表了供需双方之间不仅要依靠契约进行治理，还要关系进行治理。

12.6.2 区块链针对供应链金融痛点的解决方案

传统场景下的业务痛点，正是区块链等新兴技术施展能力之处。区块链是点对点通信、数字加密、分布式账本、多方协同共识算法等多个领域的融合技术，具有不可篡改、链上数据可溯源的特性，非常适用于多方参与的供应链金融业务场景。通过区块链技术，能确保数据可信、互认流转，传递核心企业信用，防范履约风险，提高操作层面的效率，降低业务成本。区块链技术对供应链金融业务的助益具体表现如下。

（1）解决信息孤岛问题

区块链作为分布式账本技术中的一种，集体维护一个分布式共享账本，使得非商业机密数据在所有节点间存储、共享，让数据在链上实现可信流转，有效地解决了供应链金融业务中的信息孤岛问题。

（2）传递核心企业信用

登记在区块链上的可流转、可融资的确权凭证，使核心企业信用能沿着可信的贸易链路传递，解决了核心企业信用不能向多级供应商传递的问题。一级供应商对核心企业签发的凭证进行签收之后，可根据真实贸易背景，将其拆分、流转给上一级供应商。而在拆分、流转过程中，核心企业的背书效用不变。整个凭证的拆分、流转过程可溯源。

（3）丰富可信的贸易场景

在区块链架构下，系统可对供应链中贸易参与方的行为进行约束，进而对相关的交易数据整合及上链，形成线上化的基础合同、单证、支付等结构严密、完整的记录，以证明贸易行为的真实性。银行的融资服务可以覆盖到核心企业及其一级供应商之外供应链上的其他中小企业。在获得丰富可信的贸易场景的同时，大大降低了银行的参与成本。

（4）智能合约防范履约风险

智能合约是一个区块链上合约条款的计算机程序，在满足执行条件时可自动执行。智能合约的加入，确保了贸易行为中交易双方或多方能够如约履行义务，使交易顺利可靠地进行。机器信用的效率和可靠性，极大地提高了交易双方的信任度和交易效率，并能有效地管控履约风险，是一种交易制度上的创新。

（5）实现融资降本增效

在目前的赊销模式下，上游供应商存在较大的资金缺口，对资金的渴求度较高，往往以较高的利息、较短的贷款周期从民间等途径获得融资。在区块链技术与供应链金融的结合下，上下游的中小企业可以更高效地证明贸易行为的真实性，并共享核心企业信用，可以在积极响应市场需求的同时满足对融资的需求，从根本上解决了供应链上"小微融资难、融资贵"的问题，实现核心企业"去库存"的目的，并达到"优化供给侧"的目标，从而提高整个供应链上的资金运转效率。综上所述，可以得到传统供应链金融与区块链供应链金融的对比表，如表 12-1 所示。

表 12-1 传统供应链金融与区块链供应链金融对比

类型	区块链供应链金融	传统供应链金融
信息流转	全链条贯通	信息孤岛明显
信用传递	可达多级供应商	仅到一级供应商
业务场景	全链条渗透	核心企业与一级供应商
回款控制	封闭可控	不可控
中小企业融资	更便捷、更低价	融资难、融资贵

综上所述，区块链技术能释放并传递核心企业信用到整个供应链条的多级供应商，提升全链条的融资效率，丰富金融机构的业务场景，从而提高整个供应链上的资金运转效率。

12.6.3 区块链赋能供应链金融的主要应用

如上所述，供应链金融的痛点问题包括如何保障交易的真实性、化解高额的操作成本、提升市场覆盖率等。供应链金融的发展恰好赶上区块链发展的风口，二者的结合成为目前区块链技术应用的热点领域之一。区块链在供应链金融中的运用主要包括以下方面：基于加密数据的交易确权、基于存证的真实性证明、基于共享账本的信用拆解、基于智能合约的合约执行。最终，可以满足供应链上多元信息来源的相互印证与匹配，解决资金方对交易数据不信任的痛点。

（1）基于加密数据的交易确权

区块链应用对供应链的信息化提出了更高的要求。目前，不少行业的核心企业和一级供应商/经销商都具有较高的信息化水平，但链条上其他层级的中小企业信息化程度都难以达到银行的数据标准。同时，如果链条上不同主体采用不同类型的信息管理系统，则信息传递缺乏一致性、连续性，容易形成信息孤岛，难以获得有效的数据进行风险判断及管理，也难以核实交易的真实性。可见，区块链应用的前提之一是全链的信息化。

区块链在资产管理领域开始显现出重要的应用价值，可实现各类资产的确权、授权和交易监管的实时性。在网络环境下难以监管、保护的无形资产，区块链基于时间戳技术和难以篡改等特点，成为虚拟环境下保护知识产权的新方法。而对于有形资产，如存证、应收账款和数字智能资产，可以在虚拟环境下实现现实世界中的资产交易，例如对资产的授权和使用控制、产品溯源等应用。

区块链为供应链上各参与方实现动产权利的自动确认，形成难以篡改的权利账本，解决现有权利登记、权利实现中的痛点。以应收账款权利为例，通过核心企业 ERP 系统数据上链实现实时的数字化确权，避免了现实中确权的延时性，对于提高交易的安全性和可追溯性具有重要的意义。一是可以实现确权凭证信息的分布式存储和传播，有助于提升市场数据信息的安全性和可容错性。二是可以不需要借助第三方机构进行交易背书或者担保验证，而只需要信任共同的算法就可以建立互信。三是可以将价值交换中的摩擦边界降到最低，在实现数据透明的前提下确保交易双方的匿名性、保护个人隐私。

（2）基于存证的交易真实性证明

交易真实性的证明要求记录在虚拟世界的债权信息中，必须保证虚拟信息与真实信息的一致性，这是开展金融服务、风险控制的基础。供应链金融需要确保参与人、交易结果、单证等是以真实的资产交易为基础的。交易真实性采用人工的手段进行验证，存在成本高、效率低下等缺陷。大型企业供应链在快速运作中难以实施人工验证。要解决供应链金融的核心问题之一，即交易的真实性问题，需要在虚拟环境下从交易网络中动态实时取得各类信息，进行信息的"交叉验证"来检验交易真实性，这成为供应链金融目前的关键技术之一。

信息交叉验证通过算法来遍历并验证交易网络中的各级数据，其中各级数据包括各节点的计算机系统、操作现场、社会信用系统（税务、电力部门等）等截取的数据，以及中间件、硬件（如 GPS、RFID 等）等获取的节点数据。验证的方式包括：链上交易节点数据遍历，检验链上交易数据的合理性；交易网络中数据遍历，验证数据的逻辑合理性；时序关系的数据遍历，验证数据的逻辑合理性。通过以上三重数据交叉验证，形成由点到线再到网络的交易证明系统，可全面检验交易真实性，最终获得可信度极高的计算信用结果。

应收账款的真实性形成涉及主体、合同、交易等要素，其真实性的逻辑关系解释包括三点：一是主体的真实性，交易双方是真实、合法的主体；二是合同的真实性，即基础合同真实、合法，如果签名、公章为伪造，则属于虚假合同；三是交易的真实性，即发生实质上的资产交易，如果合同是真实的，但没有发生真实的交易，目的在于获取银行资金，则为虚假交易。

但是真实的合同，也可能产生虚假的应收账款。例如，虚开交易单证或虚报交易金额以获得更多的贷款。所以，以应收账款为信用管理的最小单元具有合理性。开展线下业务时，需要对主体身份进行确认、对合同进行确认、对交易进行验证等。但签章的真实性、单证的真实性等受技术条件的限制，是产生风险的环节。

通过区块链、物联网、互联网与供应链场景的结合，基于交易网络中实时动态取得的各类信息，多维度地印证数据，提高主体数据的可靠性，如采购数据与物流数据匹配、库存数据与销售数据印证、核心企业数据与下游链条数据的可靠性，以降低信息不对称所造成的流程摩擦。

（3）基于共享账本的信用拆解

供应链金融的目标是对中小企业融资的全面覆盖，但目前大量的二级、三级等供应商 / 经销商的融资需求仍然难以得到满足。比如，某汽车制造商有十几万家供应商，但一级供应商只有 100 家，上游层层划分的十几万家供应商很难享受到供应链金融的服务。中小企业融资难、融资贵问题在供应链金融中只得到部分缓解。

一般来说，一个核心企业的上下游会聚集成百上千家中小供应商和经销商。区块链技术可以将核心企业的信用拆解后，通过共享账本传递给整个链条上的供应商及经销商。核心企业可在该区块链平台登记其与供应商之间的债权债务关系，并将相关记账凭证逐级传递。该记账凭证的原始债务人就是核心企业，那么在银行或保理公司的融资场景中，原本需要去审核贸易背景的过程在平台上就能一目了然，信用传递的问题可迎刃而解。

（4）基于智能合约的合约执行

智能合约为供应链金融业务执行提供自动化操作工具，通过高效、准确、自动地执行合约，可缓解现实中合约执行难的问题。以物权融资为例，完成交货即可通过智能合约向银行发送支付指令，从而自动完成资金支付、清算和财务对账，提高业务运转效率，在一定程度上降低人为操作带来的潜在风险与损失。目前智能合约开发平台主要有区块链智能合约系统（IBM）、Corda 智能合约平台（R3 联盟）、超级账本（Linux）、以太坊智能合约平台等。

12.6.4 区块链 + 供应链金融应用政策建议

1. 加强技术创新，构建完善的产业生态体系

加快推进共识机制、密码学算法、跨链技术、隐私保护等区块链核心关键技术的创新，开展产品研发和行业标准测试，构建软硬件协同发展的生态体系。积极与高校、研究机构等开展合作，建设供应链金融研究中心或实验室，推广应用供应链金融新技术、新模式，促进整个产业的数字化和智能化。核心企业发挥带动作用，加强商业银行、区块链平台企业、供应链上下游企业的协同和整合，创建供应链金融业务新模式，优化供应链资金流，构建完善的产业生态体系，促进产业的降本增效、节能环保、绿色发展和创新转型。

2. 规范服务实体经济，促进供应链金融市场健康发展

推动供应链金融服务模式创新，发挥票据交易所、融资服务平台和动产融资统一登记公示系统等金融基础设施的作用，在有效防范风险的基础上，积极稳妥地开展供应链金融业务，为资金进入实体经济提供安全通道，为符合条件的中小微企业提供成本相对较低、高效快捷的金融服务。推动政府、银行与核心企业之间的系统互联互通和数据共享，加强供应链金融监管，打击融资性贸易、恶意重复抵质押、恶意转让质物等违法行为，建立失信企业惩戒机制，推动供应链金融市场规范运行，确保资金流向实体经济。

3. 积极培育开源生态，提升产业影响力

发挥产业联盟在团体标准、行业标准的"抢跑"优势，针对区块链实现语言不一致、智能合约标准不统一等问题，先行先试联盟标准，引导产业集群优化升级，提高企业竞争力。积极培育中国特色的区块链开源生态，构建区块链开源社区，汇集国内精英和全球智慧，提高我国在区块链开源项目中的代码贡献量，增强我国在区块链领域的话语权和影响力。建立区块链技术研发的公共服务平台，提升产品研发及产业化能级和水平，构建"双创"良好格局，鼓励区块链和"互联网 +"深度融合，打造新的经济增长极。积极引导企业进行专利布局，预防专利"陷阱"，做好知识产权保护，维护企业的合法权益，提升企业的国际竞争力，加快实现企业的"走出去"。

4. 完善监管合规机制，推动行业自律

遵循技术发展规律，从政策层面做好体系化布局。深入研究区块链对个人信息保护、数据跨境流动等方面的影响，探讨区块链在底层核心技术、中层应用逻辑和上层信息管控等方面的监管问题。积极促进区块链系统中参与主体的信息披露，构建智能合约的合规审查和审计机制，推动行业自律。同步开展区块链相关政策和法律法规研究，探索制定区块链技术和应用的监督机制及认证体系，为产业健康发展营造良好环境。加快完善区块链的相关法律法规，通过立法将区块链技术纳入合适的监管框架之内，加强金融等行业的市场监管，防范系统性风险。尽可能在维护系统参与者利益与维护更广泛的社会利益之间达到平衡，避免固化的架构阻碍技术创新。

12.7　区块链赋能新金融

金融的本质在于实现时间和空间的价值交换，而区块链的一个核心目标是建立一个价值网络。由此可见，区块链和金融的结合有其必然性。一方面，区块链技术从"比特币"的概念中分离出来，其发展主要借助金融行业的应用推动。另一方面，区块链技术的发展必然会改造甚至颠覆金融行业中的一些传统流程和商业模式，引导开放式金融（OpenFinance）和去中心化金融（DeFi）。

以金融中的核心银行业为例，银行在交易中起一个中介（中间商）的作用，在全球范围内都是价值的存储和转移枢纽。而区块链恰恰是一项去中心化的技术，必然会对传统银行业务（如支付、汇兑、存贷、投资、证券等）带来直接冲击。这也正是目前各类银行在加速投入区块链应用的一个直接原因。表 12-2 总结了金融的核心功能，列举了区块链赋能改变金融的一些功能，以及一些直接的利益相关者（Tapscott, 2020）。

表 12-2　金融业核心功能的区块链赋能

核心功能	区块链赋能（举例）	受影响者（举例）
价值验证	提供安全、加密、验证、确权等保证	评级分析等机构
价值转移	去中心化、去中介、降低支付中间费用、提高速度	银行业、零售业、支付卡、转账服务、监管部门
价值存储	货币、商品、金融资产都能存储价值。区块链提供数字货币，安全的分布存储平台，改变支付机制，减少传统金融服务，如储蓄账户需求	商业银行、投资银行、资产管理、支付平台、监管部门
价值贷款	链上发债、交易结算、贸易金融、票据贷款、供应链金融等	商业银行、公共财政、小额贷款、众筹、信用评级机构、监管部门
价值交换	区块链资产匹配、清算、抵押、估价、保管、结算、普惠金融	投行、外汇交易、对冲基金、经纪人、票据交易、股票、期货、期权、交易所、央行、监管部门
投融资	区块链资产投资，融资，公司融资后行为追踪、记录、认证、奖惩（用智能合约）	投行、风投、法律、审计、产权管理、证券交易、众筹、监管部门
价值保险及风险管理	保险科技、去中心化保险、精算、区块链资产管理	保险、风控、资管、监管
价值核算与审计	分布式账本、透明审计等	审计、资产管理、监管

具体来讲，区块链技术在金融服务中有助于：

1）增强信息存储。在区块链体系中，每个区块都携带了上一段交易的信息并在链条上存储共享，减少了传统交易过程中复杂的流通程序，比如区块链解决方案使得一些跨境支付中的中转银行不再被需要。

2）提高金融服务效率。金融服务业是中心化程度最高的产业之一。传统的金融服务模式存在信息传输效率低下、金融服务成本较高等问题。区块链技术的分布式存储、不可篡改、时间戳验证等属性，可以帮助金融机构优化金融基础结构、降低信息不对称的程度、提高金融服务效率并降低成本。

3）加强数据安全与保护。在金融业务中，金融机构需要耗费大量人力、财力维持信息流与资金流之间的对接工作，但仍无法保持交易主体之间的交易平衡。而利用区块链技术可以实现无须第三方中介参与即可直接交易，通过链上的不同区块完成溯源工作，流通资金经过的每个环节、每个经手人都将被实时记录，区块链技术的分布式记账与不可篡改性，能够加强数据安全与防范金融风险。

区块链目前在金融业的应用只是初始阶段。从 2015 年开始，全球各大金融机构纷纷成立区块链实验室进行区块链技术的探索，基于区块链技术的汇款转账、支付结算、数字票据、股权众筹及场外交易、抵押贷款、保险、资产管理等大量应用案例涌现出来，掀起了全球范围内讨论区块链内涵和意义的热潮。2015 年 9 月，由区块链科技初创企业 R3CEV 发起的 R3 区块链联盟正式成立，致力于为区块链技术在银行业中的使用制定行业标准和协议，吸引了包括富国银行、美国银行、纽约梅隆银行、花旗银行等在内的多个国家主流银行加入，拉开了金融机构探索区块链技术的序幕。2016 年 10 月 18 日，我国工信部发布的《中国区块链技术和应用发展白皮书（2016）》中，明确将金融定为区块链技术的第一个应用领域。

下面着重从区块链在金融领域的数字货币、支付结算、证券、信贷、筹融资及新金融等场景展开论述。

12.7.1　数字货币

数字货币具备安全、便利、低交易成本的特性，更适合基于网络的商业行为，将来有可能取代物理货币。数字货币的应用可以分为企业层级和国家层级。

在企业层级上，摩根大通（JP Morgan）在 2019 年 2 月 14 日宣布成为第一家创建并成功测试代表法定货币的数字货币的美国银行，每个摩根币（JPM Coin）可以兑换一美元。该数字货币将主要用于实时结算批发支付业务，银行会在客户将在银行存入美元后发行摩根币作为代币，在客户使用代币在区块链上进行支付或安全购买之后，银行销毁代币并向商户返还相应数量的美元。摩根币是一种旨在加速摩根大通系统内资金流动的数字机制，通过即时汇款和减少需要持有的资金来帮助降低客户的成本和风险，提高交易效率。

更引人注目的是 Facebook 高调宣传的 Libra。Libra 的初始设想（2019 年初）基于一篮子货币的合成货币单位（其中美元占 50%、欧元占 18%、日元占 14%、英镑占 11%、新加坡元占 7%），Libra 的价格与这一篮子货币的加权平均汇率挂钩。Libra 会对现有金融体系带来多方面的影响，例如，Libra 扮演了“中央银行”的作用，因为在其发行和管理体系中，Libra 的资产储备将实际承担最后的买家角色；为降低合规难度，Libra 考虑与当地的商业银行合作，后者成为其授权经销商，而这类似于公开市场操作；部分小国和极端通货膨胀国家或地区（如委内瑞拉），当地居民如果选择 Libra 进行交换和保值储蓄，则会在一定程度上替代本国主权货币。从货币政策方面看，Libra 的规模一旦做得比较大，就可能从支付环节延伸到贷款业务，形成新的信用创造的功能，而这会对美元体系和货币政策产生直接的影响。

而对其他的小经济体来说，不同大小经济体的货币政策，可能会和 Libra 的供给目标不一致。货币政策要平衡很多的目标，如 GDP 的增长、CPI、国际收支的平衡等，但是 Libra 本身的目标就是维持它的系统运转和稳定，这和不同国家在不同阶段的政策目标可能会不一致或者冲突。随着 Libra 在一些经济体中的扩张，会对现有的不同国家法定货币形成一部分的替代，政府的货币发行权受到相应的限制，从而对货币政策形成制约，使得这些经济体可能越来越依赖财政政策。这些经济体发行货币的能力受到约束，这种财政赤字化的手段也相应受到约束，可能有一部分经济体的债务会有显著的上升。由于受到各方压力，2020 年 4 月，Libra 白皮书 2.0 中宣布支持单一货币的数字货币。

在国家层级上，中国的数字货币研究处于领先地位。中国人民银行（以下简称央行）最早在 2014 年就成立了数字货币研究所，来研究央行发行法定数字货币的可行性、数字货币发行和业务运行框架、数字货币的关键技术、数字货币发行流通环境、数字货币面临的法律问题、数字货币对经济金融体系的影响、法定数字货币与私人发行数字货币的关系、国际上数字货币的发行等一系列问题。2020 年 4 月已经先行开展试点，在深圳、雄安、成都和苏州进行央行数字货币 DCEP（DC 即具有法定主权的数字货币，EP 即电子支付）钱包的测试。DCEP 钱包可以支持兑换、查询、扫码、汇款等常见功能，用户可以直接用银行卡兑换成 DCEP 存储在钱包内。

从目前的公开信息看，央行数字货币的可能构成要素如下。

1）技术原理。央行前行长周小川提出，分布式记账技术对于数字货币是一项可选的技术，但分布式记账占用资源还是太多，不管是计算资源还是存储资源，都无法应对现在的交易规模，未来能不能解决，还要观察。除了分布式记账技术之外，中国人民银行数字货币研究团队还深入研究了数字货币涉及的其他相关技术，如移动支付、云计算（可信可控）、密码算法、安全芯片等。央行发行数字货币将会综合采取各种成功的技术，而不仅仅是分布式记账技术。

2）货币性质。目前的基本定调是：由央行主导，在保持实物现金发行的同时发行以加密算法为基础的数字货币。谁参与发行和回笼货币呢？前数字货币研究所所长姚前认为，应该继续坚持中央银行 – 商业银行二元货币供给体系，也就是说，整个数字货币的流通体系将是封闭的，央行完全可控。

3）实现路径。无现金社会是数字货币发展必经的初级阶段，数字货币首先会终结纸币等有形货币的使用，推动无现金社会的实现。最近几年的支付技术创新，使得非现金交易数突飞猛进，在推动无现金社会实现的同时，极大地提高了数字货币应用的可能性。中国人口众多，体量巨大，实现无现金社会对于中国而言，将要经历一个漫长的时期。因此，现在并不能确定央行数字货币的时间表。可能的情况是，即便发行了央行数字货币，其与现金在相当长时间内都可能是并行使用、逐步替代的关系。

4）发行规则，即发行数量的确定。数字货币如何利用可靠的算法技术来实现比纸币更加有效的数量调控，是数字货币优越性的最重要体现之一。理想的状态是，在保持币值稳定的前提下，数字货币发行能逐步形成适应宏观经济变量环境变化的智能规则，增强货币供给的内生性，提高央行货币政策的调控效率。

伴随着分布式账本技术的发展和成熟，其他各国央行也在积极开展对数字货币的研究和探索。

1. 英国的 RSCoin

2016 年，英格兰银行联合伦敦大学研发了央行数字货币——RSCoin。RSCoin 采用了分布式记账与传统中心化结合的技术，整个记账体系是透明的，中央银行是唯一的发行机构，直接控制央行数字货币账簿和系统公钥，同时，央行授权部分商业银行协助维护账簿。RSCoin 将实行狭义银行业制度，即 20 世纪 30 年代芝加哥学派提出的 100% 存款准备金制度，这意味着 RSCoin 账户没有信用创造的能力，只是普通的支付结算中介，力求避免不恰当的信用创造带来的金融周期风险。与 RSCoin 设计机制类似的还有加拿大央行的 CAD-Coin、新加坡央行的 Ubin 等。

2. 欧洲央行数字货币

目前，欧洲央行并没有推出数字货币项目，与数字货币可能相关的进展是，其与日本央行联合开展研究了分布式记账技术在金融基础设施领域的应用前景，即 Stella 项目，大致结论包括：肯定了分布式记账技术在大额实时结算领域的作用，但实际效果取决于网络规模和节点距离；在此基础上，分布式记账技术有可能强化支付清算体系的稳健性和可靠性。

欧洲央行对数字货币的理解有着较为深厚的历史渊源，其早期对电子货币的法律监管制度非常完善，位于全球前列，近年来其对数字货币、虚拟货币的研究报告也具有较高的参考价值。具体而言，欧洲央行在 2012 年首次发布虚拟货币报告，并于 2015 年再次发布关于虚拟货币的深入分析报告，阐释了虚拟货币的本质及其局限性。

3. 新加坡数字货币

新加坡是较早宣布探索法定数字货币的国家，其法定数字货币项目名为"Ubin 项目"，该项目计划实现全球各国央行通过区块链技术实时处理汇款交易功能。2018 年，"Ubin 项目"开始与加拿大银行合作，使用两家中央银行发行的加密通证测试和开发跨境解决方案。

4. 其他国家

2018 年 4 月，印度储备银行 RBI（印度央行）开始研究发行央行数字货币（Central Bank Digital Currency，CBDC）。2018 年 8 月，泰国中央银行（BOT）宣布了名为 Inthanon 的中央银行数字货币（CBDC）项目，各方将会在 R3 的 Corda 平台上，通过大规模发行其数字货币 CBDC 来共同设计和开发各银行间资金转账系统的原型。2018 年 4 月，瑞典央行与 IOTA 合作，在两年内推出国家数字货币 E-Krona，可以用于消费者、企业和政府机构之间的小额交易。在具体操作上，资金将会被存储在数据库中，可以通过应用程序或银行卡获取。此外，反洗钱、KYC 规则、安全和匿名性也必须予以重点考虑。2015 年，厄瓜多尔率先推出国家版数字货币，减少发行成本及增加便利性，还能让偏远地区无法拥有银行资源的民众也能通过数字化平台获得金融服务。突尼斯也根据区块链的技术发行国家版数字货币，除了让民众通过数字货币买卖商品之外，还能缴付水电费账单等，并将交易记录保存在区块链中，方便管理。

国际经验表明，数个国家央行构思的数字货币有一些共同特征：一是利用并改造现有的分布式记账技术等，构建中心化货币发行机制，中央银行是法定数字货币的唯一发行机构；二是商业银行在未来的央行数字货币体系中的角色将被灵活决定，或与央行共同充当货币发行机构，不改变目前的"支付结算中介 + 信用创造中介"的现状，或被收缩至仅仅充当支付结算中介，最终取决于各国央行数字货币设计机制。

总体来看，中国央行构思的法定数字货币的核心是：用数字化技术完善当前的法定货币，推动货币智能化，并不改变原法定货币以国家信用为价值支撑、有价值锚定、能有效发挥货币功能、有信用创造功能、对经济有实质作用的经济功能，也不改变中央银行 – 商业银行的二元货币供给体系。法定货币的内在价值支撑不会有任何改变，变化的地方在于部分货币形态的数字化。利用并改造私人数字货币所利用的分布式记账技术，是央行数字货币创新的前提和核心内容之一。比较难的一点是，目前私人数字货币的技术具有内在合理性，匿名的点对点网络和完全公开的网络软件，使得这一技术的使用和数量的局限最终达到一种均衡，能保持数字货币价值一直为正。改造过的技术或难以保证这一点，主要是因为在货币发行数量上存在分歧，如果依然由央行主导发行数量，分布式记账的核心技术优势将无法得到完全体现。

12.7.2　支付结算

根据国际支付结算体系委员会（Committee on Payment and Settlement Systems，CPSS）的定义，支付包括三个标准化过程：交易、清算和结算。

- 交易：交易过程包括支付指令的产生、确认和发送，特别是对交易各方身份的确认、对支付工具的确认以及对支付能力的确认。
- 清算：清算过程包含在收付款人开户机构之间交换支付指令以及计算待结算的债权债务。支付指令的交换包括交易撮合、交易清分、数据收集等，债权债务计算可以分为全额和净额两种计算方式。
- 结算：结算过程是完成货币债权最终转移的过程，包括收集待结算的债权并进行完整性检查、保证结算资金具有可用性、结清金融机构间的债权债务以及记录和通知有关各方。

支付清算系统（Payment and Clearing System），也称为支付系统（Payment System），是一个国家或地区对交易者之间的债权债务关系进行清偿的系统。支付系统是指包含一套支付工具和制度办法，为系统参与者实现自己转账的系统。具体来讲，它是由提供支付服务的中介机构、管理货币转移的制度（规则）、实现支付指令传递及资金清算的专业技术手段共同组成的，用以实现债权债务清偿及资金转移的一系列组织和安排。图 12-8 比较清晰地说明了目前我国支付清算系统的整体框架。

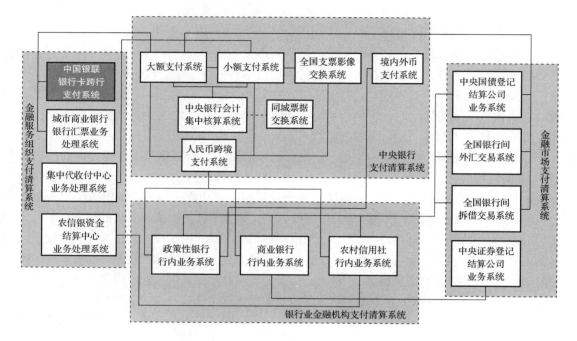

图 12-8　我国支付清算系统整体架构

随着电子商务和互联网金融的迅猛发展，支付产业逐步渗透到普通民众生活的各个环节，人们对支付便利所带来的效率提升有了切身和具体的感受，而银行卡支付是其中的重要部分。此外，随着近几年支付宝、财付通等第三方支付平台大力拓展线上支付，国内消费者的移动支付习惯被不断增强，从而推动商业银行及支付主流机构也积极投入竞争，各类移动支付产品在全球范围内加速扩张，用户规模和交易规模快速增长，由此带动了我国银行卡国际化程度的进一步提高。

与此同时，除线下 POS、ATM 等传统支付渠道外，二维码作为一种简单、便捷的交互方式，在消费者、商户、商业银行中的接受程度不断提高，成为目前移动支付小额高频领域的重要工具。

国际上大的跨境支付信息传递系统包括 Visa、Master、银联（Unionpay）、JCB、America Express 等卡组织，以及 SWIFT 组织等。SWIFT（Society for Worldwide Interbank Financial Telecommunication，环球银行金融电信协会）是国际上最重要的金融通信网络之一，通过该系统可在全球范围内把原本互不往来的金融机构串联起来进行信息交换。SWIFT 组织的总部位于比利时，成立于 1973 年 5 月，其创始会员为欧洲和北美洲 15 个国家的 239 个大银行，之后，其成员银行数逐年增加。从 1987 年开始，非银行金融机构，包括经纪人、投资公司、证券公司和证券交易所等，也开始使用 SWIFT 网络系统。SWIFT 网络系统提供 240 多种电文标准，其电文标准格式已经成为国际银行间数据交换的标准语言。

2016 年，卡片上带有由 Visa、银联、万事达、美国运通、JCB 和大莱等全球六大主要卡组织所拥有的品牌标识的信用卡、借记卡和预付卡（合称为通用卡）的交易金额总计达 26 万亿美元（当时折合近 175 万亿元人民币），接近 2016 年中美两国 GDP 的总和。

此外，近几年新兴的移动支付受到越来越多的关注，特别是手机电子钱包发展迅速。电子钱包（eWallet）是电子商务购物活动中常用的支付工具，是帮助消费者进行电子交易与存储交易记录的计算机软件或移动应用。从广义上来讲，电子钱包能够存放电子现金、信用卡和借记卡号（俗称"绑卡"）、电子零钱（存入"虚拟账户"）、个人信息等，适合于个体的、小额网上消费的电子商务活动。随着云计算、近场通信、智能硬件等跨行业前沿技术向支付领域的加速渗透，互联网支付、移动支付等新兴支付方式获得了高速发展。互联网和移动互联网的普及也推动了电子商务的蓬勃发展，为新兴支付方式构建了强大的应用场景。此外，年轻人作为主力消费人群，对电商购物的偏好正在改变传统的消费习惯，使新兴支付拥有了雄厚的用户基础。而电子钱包作为新兴支付机构的主要支付工具，发展潜力巨大，成为产业各方竞相涉足的热门领域。

目前，全球提供电子钱包服务的商业机构既有 Google、Paypal、亚马逊等互联网公司，也有 Visa、万事达等卡组织以及与其合作的商业银行，甚至包括手机厂商如 Apple、SAMSUNG 等，传统零售商如沃尔玛、家乐福等也推出了自己的移动支付钱包。到 2019 年，电子商务的市场规模（总收入）进一步增加至 2.4 万亿美元，来自移动端的电商交易占比达到 23%，而电子钱包在全球电子商务交易额中的占比达到 28%，超过信用卡支付的 25%，成为全球电商交易最主要的支付方式。目前，在亚太及欧洲、中东和非洲（EMEA）地区，电子钱包在电商交易中的占比已超过信用卡，成为这些地区使用比例最高的电商支付方式。

区块链技术出现以前，境内外交易都需要依靠中介机构来完成交易主体间的具体清算事宜。以银行业为例，在银行作为第三方中介的结构体系中，每发生一笔业务都需要银行与消费者、银行与商家、银行与央行之间进行信息衔接才可完成全部的支付程序，这种复杂的流程使得银行需要多次核对账目、结算清查才能保证交易过程不发生纠漏。由于每个国家的清算程序不同，因此可能导致一笔汇款需要 2 ～ 3 天才能到账。如图 12-9 所示，支付行业存在中间环节多、操作成本和费用高、支付不方便、不安全、结算流程慢、时间周期长、风险高等痛点。这些正是区块链能发挥作用的地方。

区块链技术的基础是去分布式中心化，应用于支付场景时，交易双方不再需要依赖一个中央系统来负责资金清算并存储相关的交易信息，而是可以基于一个不需要进行信任协调的共识机制直接进行价值转移。目前的支付行为都基于一个可靠的、中心化的第三方机构建立的系统（一般是各国中央银行），需要庞大的硬件成本、运营成本和维护成本，并且一旦受到攻击就可能影响整个系统的安全。而去中心化方式在省去了这些成本的同时，其系统的每个节点均存储了一套完整的数据拷贝，即便多个节点受到攻击也很难影响整体系统的安全。因此对去中心化模式而言，其本身的价值转移成本及安全维护成本都相对较低。尤其对于跨境汇款场景，由于目前在全球范围内仍缺乏一个低成本的解决方案，不同国家之间还存在文化、政治、宗教等因素的差异，因此类似区块链技术这一去中心化、去信任化的模式就成为一个极具吸引力的解决方案。

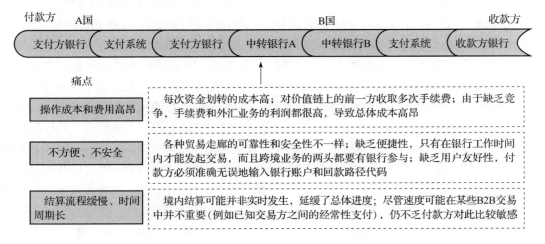

图 12-9 跨境支付

目前全球一些大型电子支付企业将区块链应用于跨境支付、汇款、对账等，并进行了一些积极的探索。

1）支付宝将区块链运用于跨境汇款。2018 年 6 月 25 日，全球首个基于区块链的电子钱包跨境汇款服务在中国香港上线。港版支付宝 AlipayHK 的用户可以通过区块链技术向菲律宾钱包 Gcash 汇款。此后，2019 年 1 月 8 日，巴基斯坦中央银行行长在伊斯兰堡宣布该国首个区块链跨境汇款项目上线。此技术解决方案也由支付宝提供，这项技术的应用意味着今后在马来西亚工作的巴基斯坦人，可以通过汇款服务商更快、更安全地将资金汇至巴基斯坦"支付宝" Easypaisa 上，也标志着南亚首个区块链跨境汇款项目落地。

2）SWIFT 用区块链实现实时对账。SWIFT 在 2017 年 1 月宣布正在进行一项区块链技术计划，以测试如何利用区块链技术让银行为外汇及贸易交易在境外银行设立往账能实时对账。在此区块链技术概念证明阶段，与其合作的大型银行包括法国巴黎银行、纽约梅隆银行、加拿大皇家银行、澳盛银行集团、星展银行和富国银行。SWIFT 发布了 Hyperledger Fabric v1 技术，并将其与关键的 SWIFT 资产相结合，以确保与往账 / 来账（vostro）账户所有的相关信息都能受到保护，且仅账户所有者和其银行合作伙伴可见。

3）前身为软银投资集团的 SBI 集团与 Ripple 公司合作成立了 SBIRippleAsia，共同推动跨境金融解决方案。2017 年 6 月，SBIRippleAsia 与暹罗商业银行合作，完成了日本到泰国的汇款实时入账，并希望扩展到其他市场。

　　4）Stellar 为南太平洋岛国提供货币服务。2017 年 10 月，Stellar 宣布与 IBM 和 KlickEx 合作开发基于区块链的跨境付款解决方案，显著降低了交易成本并提高了交易速度。南太平洋岛国之间存在多种货币，之前的货币结算相对复杂，而 Stellar 可以提高交易的清结算效率，降低用于合规的成本。

　　5）2019 年 5 月，巴克莱投资了 Crowdz——一家基于区块链的 B2B 支付初创公司，用来帮助公司收取付款并自动执行数字发票。区块链公司 Ripple 与桑坦德银行和 Western Union 等金融机构合作，旨在提高跨境支付效率。区块链初创公司 BanQu 正在与 AB InBev 合作，以便利向赞比亚的木薯种植者付款。BanQu 的平台通过供应链跟踪农民的产品，然后通过农民的手机向农民提供数字付款，即使他们没有银行账户也可便捷地操作。

　　客观地讲，区块链技术虽长期来看适应网络技术、数字世界的不断升级，一定程度上代表了未来的发展趋势，但其运用于金融交易，特别是成为一种支付结算手段，其具体的技术路线、实践效果，以及如何保证交易安全并满足各国监管要求等仍然有待观察和检验。目前国内金融机构，包括招商银行、微众银行、腾讯科技、蚂蚁金服、中国平安、中国银联等都积极参与区块链技术的研发和应用，国外 Visa、SWIFT、高盛集团、纽交所等机构也都开始布局区块链。

12.7.3　区块链筹融资

　　传统证券的发行（如 IPO）与交易的流程手续繁杂且效率低下。一般公司的证券融资，必须先找到一家券商，公司与证券发行中介机构签订委托募集合同，完成烦琐的申请流程后，才能寻求投资者认购。区块链技术使得筹融资市场的参与者享用平等的数据来源，让交易流程更加公开、透明、有效率。共享的网络系统参与证券交易，使得原本高度依赖中介的传统交易模式变为分散的点对点（P2P）模式，从而大幅减少了融资成本。区块链融资有三种通行方式：ICO、STO 和 IEO（Voshmgir，2019）。

1. ICO（Intial Coin Offerings）——首次代币发行

　　ICO 和传统严监管的 IPO 不同，是一种 P2P 的融资方式。最常见的方式是通过智能合约按照以太坊 ERC20 标准直接对签证投资者进行融资，从而绕过了承销商、律师、审计师、会计、监管部门等中介。这也带来了隐患，这种融资方式一度成为投机者和不法分子肆行的天堂。ICO 更接近于众筹。第一个 ICO 项目始于 2013 年，Mastercoin 成功筹得价值 50 万美元的比特币，一举激发了 ICO 热度。在最狂热的 2015 ～ 2017 年，ICO 项目层出不穷。比较成功的有：以太坊于 2014 年 7 月募资 1800 万美元；DAO 项目于 2016 年四月募资 1.5 亿美元；Waves 项目于 2016 年 6 月融资 1600 万美元；Gnosis 在 2017 年 3 月筹得 1300 万美元；Tezos 于 2017 年 6 月融得 2.32 亿美元；EOS 在 2017 年 7 月募得创纪录的 42 亿美元（此金额放在所有 IPO 中可以名列第三位，仅次于 Alibaba 和 Facebook 的 IPO 金额）；Telegram 在 2018 年融得 17 亿美元。中国在 2017 年 9 月禁止了 ICO，定性为非法融资，从而使 ICO 强行刹车。2018 年以后，虽然 ICO 还在海外流行，但绝大多数估值已跌破发行价。

总结起来，ICO 有多个缺点，给不法分子提供了可乘之机。ICO 给予投资者的代币经济内涵不清楚，多数 ICO 在经济内涵没有得到充分揭示或讨论的情况下，就直接进入炒作。ICO 后的代币投机问题严重，通常在只有一份白皮书的情况下就进入融资炒作，被诟病为"想象力经济"。ICO 也扭曲了区块链创业团队的激励机制，许多真心实意的创业人员也不免被卷入炒作，失去了创业的初心。ICO 缺乏监管，基本的 KYC、AML 等要求也被放过。2018 年年初，以太坊创始人 Vitalik 提出 DAICO 模式，希望在数字资产众筹中引入社区监管，对项目方予以约束。DAICO 在传统的 ICO 基础上融合了去中心化自治组织（DAO）的特点，赋予通证持有者以投票权，来监管募集资金，由智能合约实现资金释放，通证持有者也有机会要求退回资金。但这些举措已无法改变 ICO 人心已失的事实。

2. STO（Security Token Offerings）——证券化通证发行

鉴于 ICO 的弊病，从 2018 年开始，一种称为 STO 的融资方式出现了。在 STO 中，投资者收到资产支持代币，可以将其视为公司的一股股份。STO 主动舍弃了 ICO 去中心化性质，政府实体参与审批 STO 的发起。比如 Overstock 发行的 tZERO 就成功募集到 1.34 亿美元，电动踏板车公司 SPIN 也通过 STO 募集到 1.25 亿美元。

但 STO 通证的本质是什么还没有达成共识，目前看来，STO 会被纳入证券监管。美国"通证分类法案"将数字资产归类为数字通证并免于作为证券而被监管，必须满足四个要素：被创建，不得由同一控制主体下的一个人或一组人改变；有一个交易历史，记录在分布式的数字账本或数字数据结构中，它通过数学上可验证的过程达成共识，达成共识后，不得由同一控制主体下的一个人或一组人进行重大更改；在没有中间保管人的情况下，能够在人与人之间进行交易转移；代表公司的财务利益，包括所有权或债务利益或收益分成。STO 满足以上条件。

STO 通常步骤如下：首先想发 STO 的发行企业需要阐明希望通证化的通证载体（如商业房产），通证发行需要内建智能合约的定制区块链，例如基于以太坊、Hyperledger 或 Stella；然后根据证券所有权进行管辖区校验（例如信用评级和所有人规定的其他参数）；之后成立特殊目的载体/实体（SPV/SPE），尤其是用于交易证券化通证时；这些证券的估值由审计机构详细审核；也需要通过 KYC/AML 认证投资者以及为投资者和项目所有人内建表决权；STO 可供投资者在法律要求的框架下买入合法通证；STO 完成后，通证将在证券化通证交易所上市，供投资者在二级市场中交易。

3. IEO（Initial Exchange Offerings）——首次交易所发行

IEO 也是鉴于 ICO 弊病而相应出现的一种新型融资模式。IEO 规避了 ICO 的点对点融资特性，直接通过有资质、受监管的正规交易所来发行。这些交易所需要获得 2 个执照：MSB（货币服务业务）执照，最低要求为 50 万～100 万美元；货币转移商（MT）执照。并且需要遵守反洗钱（AML），打击恐怖主义融资（CFT），充分了解你的客户（KYC），充分了解解你的数据（KYD）等各项监管法规。IEO 还处于初步开展阶段，目前成规模的 IEO 成功发行还不多，但值得关注。

12.7.4　通证经济

资产数字化、证券化、通证化是未来的长期趋势；未来经济的一个形态是通证经济。加密通证代表了可编程的资产拥有权或使用权，在区块链世界通过智能合约和分布式账本来管理。通证背后可以代表以任何形式存储的价值（如实物资产）；或者在物理、数字或法律世界应具有的权利（如知识产权部分拥有权）。通证可以用来激励一群人为一个共同目标做出贡献。

通证可以分为同质化（Fungible）和非同质化（Non-fungible）两种。同质化通证间可以互换，只有量的不同而质相同。比如大家耳熟目详的比特币、以太币都属于同质化通证范畴。比特币间可以互换，每一个比特币属性都一样（质相同），其价值以不同的量来体现（如 10 个比特币和 1 个比特币价值不同）。此类通证最常用的发行机制是依托以太坊的 ERC20 标准来发行。非同质化通证首先由 Cryptokittie 在 2017 年发行，其特点是每一个通证都是唯一的（在 Cryptokittie 中代表每一只加密猫都是独一无二的），通证间不可互换。以太坊专门为此类通证开发了 ERC721 标准。这类通证对收藏品（如古玩字画）、身份标识等尤其适用。

在区块链项目中，通证经济代表（有前景的）区块链应用项目的价值。这些项目中，存在真实需求、价值和交易行为，但这些交易行为原先受制于激励机制、交易成本或支付等而难以有效进行。通过通证，这些项目不仅解决了自身融资问题，更缓解了交易行为面临的激励机制、交易成本和支付等约束。通证在区块链项目中有三种可能的经济内涵：作为交易媒介，这是其货币属性；权益凭证，这是其证券属性，发行这种通证，接近股权众筹；商品属性，用来获取商品或服务的凭证，发行这种通证，接近商品众筹。很多代币具有多重内涵，很难对其进行估值，也使相应的通证发行兼具商品众筹和股权众筹的特点。

下面介绍通证经济模型的十个基本要素。

1. 适用行业

并不是每一个行业中各种类型的公司都适合采用通证经济模型。目前而言，一个面对零售客户的、分散割裂的市场比较适合通证经济模型。而在那些已经高度发展、市场集中度非常高的行业中，通证经济模型需要一段时间才能被接纳。通证经济模型比较适用的一个行业是服务行业，这个行业中的服务机构通常比较分散。

2. 组织形式

实施通证经济模型的最理想的组织形式当然是完全自治和自动运行的组织模式，也就是通常所说的 DAO（Distributed Autonomous Organization）。但在目前的商业社会中，这种组织形式实际上很难实现。在绝大多数情况下，还是由一个经营团队独立开始这项业务。通证经济模型在这种情况下依然适用。通证经济模型支持的最可行的商业组织形式应该是一个联盟制或会员制的组织。这个组织形式由最简单的组织规则支持运行，而且其中主要的商业逻辑由区块链技术来保证。各参与的机构节点按照其实际贡献获得相应的收益。目前这方面一个类似的应用就是 IBM 的 World Wire。参与这个项目的各国的金融机构都按照其产生的业务量而获得相应的收益，Stellar 的技术底层保证了交易公平的完成。

3. 通证设计

在以往采用通证经济模型的项目中，通证的设计也是一个不断摸索的过程。采用三种通证的典型代表就是 Steemit。这个项目中三种类型的通证基本上是对应于股权、分红权和货币。此后的很多项目中采用了两种通证的方式。一种用于激励，另一种用于体系内的支付。在通证的证券属性设计方面，通证本身提供了非常强的灵活性，它可以把不同的证券属性定制在同一个通证中，而且各种属性的比例也可以不同。EOS 在方面拥有创造性的设计：一个 EOS 代币包含一份分红权和 30 份投票权。而在现有的证券设计中，每股普通股票包含一份投票权、一份分红权和一份所有权，优先股类型的股票包括一份分红权和一份所有权。为了尽量避免合规方面的麻烦，采用通证经济模型的项目最好按照现有的股票类型来设计其证券型通证，譬如 tZERO 就采用了优先股的类型。

4. 通证总量

在通证总量设计方面，现在的项目不能参照实用型通证，而是设计一个巨大的通证总量，譬如 Stellar 就设计了 1000 亿的通证总量；但也不能参照现有的证券的方式设计通证总量。在应用通证经济模型的情况下，通证的持有者是经营团队、投资者和用户，而不是传统融资情况下的经营团队和投资者。因此通证持有者的数量要远远大于现有的证券的持有者。通证总量的设计应该是一个科学方法和经验相结合的结果。决定通证总量的一些关键变量包括分配给用户的通证比例、潜在的用户数量、用户使用产品的频率和支付的费用、对每次行为采用多少通证进行激励、激励型通证的释放机制和计划实施通证经济模型的总时间长度等。

5. 发行时间

按照美国目前的监管制度，能够实施通证经济模型的监管条例应该是 Reg A+。但这条监管条例要求融资公司必须要有两年的经过审计的财务数据。这也就意味着融资企业至少要经营两年才能开始实施通证经济模型。尽管这个要求对融资企业带来了一些不便，但对一个产品来说，确实需要两年以上的时间来检验该产品的市场接受程度。如果在两年内市场对该产品的接受程度良好，那么在第三年之后开始应用通证经济模型就会大幅加快该产品被市场接受的速度。

6. 发行对象

传统的采用通证经济模型的项目，通证的发行对象就是零售用户，没有任何中间机构。当然这种模式在一些应用场景中同样适用。但是在更多的情况下，在发行方和零售客户之间通常是有中介服务机构的，譬如券商和各种类型的商店。零售客户通常在中介机构的帮助下才能使用产品。通证的发行方因此就需要考虑如何把通证在这两种类型用户之间进行分配，而这种分配机制又取决于两种类型用户各自的贡献。

7. 分配机制

在通证的各个持有者类型的分配中，决定分配给用户的数量与其他因素有关。最主要的一个因素就是融资阶段。项目越是早期，分配给用户的比例就应该越高。这是因为项目需要用户更早、更多地参与，这样才能迅速把业务做起来，才容易获得资本的支持。相反，如果项目已经发展到一定阶段，通常都是由资金来支持这个项目发展到这个阶段，因此在此之前的投资者自然就应该获得更多的份额，留给用户的比例自然会小。

8. 释放机制

在通证释放给用户的机制方面，需要设计一个合理的机制以便能够长期公平地激励用户。此方面一个基本的原则是越早期的参与者获得通证的概率就越大，因此获得未来基于通证的收益自然也会更高。在这个基本原则的基础上，可以在其他维度上做更精准的设计，譬如各个阶段释放通证的数量和通证释放完毕的周期。

9. 分红周期

在现行的证券制度中，没有条款禁止公司以比季度更短的周期来分配其收益，所以通证经济模型可以用更短的周期将收益分配给通证持有者。事实上，采用更短的周期分配收益是通证经济模型的有力武器之一。当用户被更频繁地激励时候，他们参与购买产品的积极性也就越高。但分配周期越短，经营方为此付出的各种经营成本就越高，出错的概率也就越大，所以经营方必须对此做出权衡。

10. 技术标准

现在行业中的证券型通证的默认标准是以太坊的 ERC20 标准。如果一个项目的业务重点不是金融领域，只是将证券型通证作为一个证券工具，那么 ERC20 标准就是这个项目最合理的选择。对于一般的证券型通证项目来说，其通证的有效性在很大程度上取决于其在二级市场中的价格。而决定价格的一个重要因素是这个通证的交易量，也就是流动性。采用行业默认的标准，会使得这个通证能在很多交易所流通交易，因此能获得很好的流动性，也就能充分发挥通证的激励效果。

对于涉及数字资产的流通使用的项目来说，它采用的证券型通证的标准未必一定是 ERC20 标准。相反，采用该标准会限制项目的发展。很有可能出现第三者稳定币的技术标准。当然，采用其他标准的风险很大，项目方需要权衡做出取舍。

尽管通证经济模型前景广阔，但它同时是一把锋利的双刃剑。迄今为止的一些应用案例已经充分表明了这一点。以上所提到的这些基本要素会决定所设计的通证经济模型是否有效，或者是否会伤到发行方本身，或者是否按照发行方期望的那样加快所销售的产品在市场中的接受速度。计划采用通证经济模型的公司需要慎重考虑。

12.8　小结

1. 区块链的三大难题

1）"自行车"级的性能，目前公链网络（也适用于大部分私链）的吞吐量极其有限，而且不具备向外扩容性。这样的性能显然无法支撑起"世界计算机"所需要的大型计算能力。

2）链无法自主进化，而必须依赖"硬分叉"。区块链平台像一个生命体，它需要不断地自我适应和升级。然而大部分区块链没有任何自我变更的能力，唯一的方式是硬分叉，也就是启用一个全新的网络并让所有人大规模迁移。

3）由于效率低下，中心化能够完美解决的场景很难用区块链技术去颠覆。

2. 区块链应用中存在的问题

1）概念误解。区块链概念由于其复杂性和特殊性，仍然被市场所误解。企业对于技术本身、技术的能力、技术未来的可能性都有误解，这些误解造成了不当的投入。

2）应用误区。区块链技术在实际应用中无法落地到所有企业的实际业务，许多企业只应用区块链的部分特性，而区块链真正的核心价值（去中心化和通证化）则很少被应用。

3）技术短板。区块链技术正在蓬勃发展、不断改进，意味着这项技术在实际应用并不成熟，虽然有先驱企业在不断探索，但是这项技术仍然难以完美契合产业需求。

4）思想固化。区块链技术由于其先进性，可能颠覆现存商业模式，目前企业管理者难以摒弃传统的企业管理思想，只采用区块链技术优化现有流程，导致技术在应用层难以有所突破。

5）信心不足。由于区块链技术在实际的产业应用中缺少成功案例，导致企业家对此项技术望而却步。

3. 区块链未来发展的判断

1）当数字货币普及、价值载体被顺畅地搬迁到线上时，区块链应用就会大规模爆发。

2）区块链需要一个杀手级应用（版权、共享经济……），数字货币才能普及。

3）区块链突破点是中心化服务做不好的地方。人们通过各种解决方案产生很多完整的落地，通过不断地优化已完成的方案形成突破。

4）继互联网＋、人工智能＋等之后，区块链＋已经进入人们视线，人们需要具备区块链思维。

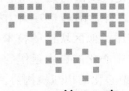

第 13 章 *Chapter 13*

区块链未来发展趋势

本章首先介绍大公司如何布局区块链的最新动向，然后讨论一些应用新动向，最后探究区块链技术新动向（如量子计算），从中了解未来趋势。

13.1 巨头们都在做什么

区块链已成为中国新基建的重要基石，也是世界各国各大公司抢占的未来科技制高点。要了解区块链未来的发展趋势，最简单的方法是先了解全世界各大公司布局区块链的最新动向。下面先考察巨头们如何入手区块链业务，然后总结一些趋势。

Google 将其 BigQuery 数据分析平台与 Chainlink 整合，允许来自外部的源数据用于直接构建在区块链上的应用程序，用以实现期货合约的自动执行。2019 年早些时候，谷歌在 BigQuery 上推出了一套工具，使得包括 Bitcoin 等在内的其他 7 种主要加密货币的交易数据可以完全搜索。它还为一个区块链初创公司 Algorithmia 投资了 1050 万美元。

Facebook 在推行数字货币 Libra，它为此开发了自己的区块链语言 Move 及基于 Hotstuff 的共识机制 LibraBFT。目前进展还不明确，许多最初的 Libra 计划支持者，包括 Visa 和 Mastercard 在内，已经退出了 Libra 计划。不过 Libra 计划相关负责人表示，如果能获得监管部门的批准，它将推出这种加密货币。

Amazon 用 Hyperledger Fabric 技术在澳大利亚和雀巢合作，借助亚马逊区块链产品推出了一个新的咖啡品牌"原产地链"（Chain of Origin），消费者通过扫描产品的二维码信息，就可以查看咖啡豆的供应链管理流程，对于咖啡豆的农场种植和烘焙信息等一目了然，使用亚马逊区块链平台的客户还包括索尼音乐（日本）、宝马、埃森哲以及韩国手工精酿酒厂等。

IBM 一直是区块链的强力拥趸，Hyperledger Fabric 就是 IBM 的鼎力之作。除了区块链底层基础设施之外，IBM 也在大力拓展应用开发。IBM 和三星合作开发了一个概念性项目 ADEPT，其使用类似区块链的技术构建一个物联网设备所形成的去中心化网络的基础。有了 ADEPT（去中心化的自主运作的点对点遥测），区块链可以成为大量物联网设备的公共账本，不再需要中心化的枢纽机构协调设备之间的通信。没有了中心化控制系统，设备彼此间能够自主地进行通信，管理软件更新、漏洞或进行能源管理。

蚂蚁金服自主开发了蚂蚁区块链技术，侧重于支付和借贷。蚂蚁金服使用自有的区块链系统查验、核对应收账款流程并进行支付，其金融平台已为现金紧张的供应商提供了 15 亿美元的快速贷款和其他平台交易，这些供应商包括四川的冠洋计算机等。其系统同时兼用 Hyperledger Fabric、企业以太坊（Quorum）和 Duo-Chain。

百度的小满金融于 2018 年 2 月模仿 Cryptokittie 项目开发了"莱茨狗"，涉足区块链，而后开发了区块链学生贷款服务，资金只有在用区块链技术核实学生成绩后才会支付。百度还有许多其他项目，如 XuperChain，使用区块链 + 人工智能来分析版权盗版侵权指控，能将判决时间从三个月缩短到一周。

在保险领域，美国医疗保险公司 Anthem 用 Hyperledger Fabric 系统在 2019 年底推出一项基于区块链技术的服务功能，允许病人安全地访问和分享他们的医疗数据。英国怡安 Aon 正在建立一个区块链平台，以加快保险业务的数据共享。它利用 R3 Corda 平台为 Coinbase 提供 2.55 亿美元的保险，以防止遭受的黑客攻击。怡安集团正在建立一个保险数据共享服务平台，大型再保险公司可以在这个平台上实现业务数据交互。

区块链在制造业也已被广泛应用。BMW 与供应商在欧洲、墨西哥和美国的工厂进行一个试点项目，使用区块链跟踪其供应链中的材料、组件和零件。宝马还是移动开放区块链计划（MOBI）的成员，该计划由包括本田和福特在内的汽车制造商组成。2019 年 7 月，Mobi 推出了汽车行业的第一个区块链车辆身份标准，该标准为新车提供了数字身份。该技术最终可以跟踪汽车整个生命周期中的事件，并用于连接车辆以共享信息，跟踪速度、位置、行进方向、制动甚至驾驶员意图（例如改变车道）。其区块链体系兼容 Fabric、Ethereum、Quorum、Corda、Tezos 等。

Broadridge 从数据处理巨头 ADP（Automatic Data Processing）中剥离出来，收购了金融服务公司 Northern Trust 来开发区块链软件，该软件旨在帮助管理私募股权投资的整个生命周期。该工具使私募股权交易的办公应用程序自动化，比如管理法律协议，并简化数据收集和与投资者沟通的过程。目前，位于根西岛和特拉华州的基金公司都可以使用。2020 年下半年，Broadridge 在区块链上实施双边回购协议，其体系兼容 Fabric、Quorum、Corda、DAML。

Cargill 利用 Hyperledger Sawtooth 和 HyperledgerGrid 在 2019 年推出了一个名为 Splinter 的开源隐私平台，该平台使其庞大的供应链成员能够使用分布式应用程序进行通信和交易。嘉吉公司在 2017 年感恩节之前就开始测试英特尔的 Hyperledger Sawtooth，以追踪火鸡从农场到超市的信息流转状态，还以此建立了一个名为 Hyperledger Grid 的定制区块链项目。

Citigroup 利用贸易融资数字化的区块链项目 Komgo 发行了首张信用证，联合高盛（Goldman Sachs）与其他 13 家交易公司开展相关合作，并使用企业级区块链初创公司 Axoni 的 Axcore 底层技术架构，实现自动匹配与核对股权掉期等衍生品合约。通过将整个工作流程转移到区块链，花旗希望减少操作错误和运营成本，并将资产估值争议最小化。其体系基于 Axcore、Symbiont Assembly 和 Quorum。

Foxconn 开发了基于 Ethereum 的区块链贸易融资企业——连锁金融公司（Chained Finance），使用 Ethereum 加密货币技术向 20 多家电子产品供应商支付货款，融资成本已从每年高达 24% 的费率骤降至 10%，融资所需时间也从 7 天缩短至同一天。富士康使用以太坊的区块链底层架构创新智能合约应用而闻名，该合约能够实现金融交易自动化。

中国银行界也广泛布局区块链。中国工商银行早在 2018 年就把区块链作为核心技术自主创新突破口，率先成立区块链实验室，不断加快推动区块链技术研究和产业创新融合发展，在政务、产业、民生等多个领域构建了服务实体经济的区块链服务体系。2019 年 11 月 8 日，中国工商银行在北京发布智慧银行生态系统 ECOS，这是该行全面布局人工智能、智能生物识别、物联网服务、区块链技术等领域的最新成果。

中国农业银行在 2019 年 11 月与京东数字科技集团正式签署了托管业务《框架合作协议》，并启动双方联合打造的"智能托管平台"，平台上线首周交易量达到 1.038 亿元。后续京东数科将向农业银行全面提供"JT² 智管有方"的服务能力，利用区块链、云计算等数字科技与创新场景功能为客户提供更多智能增值服务。此外，中国农业银行与国内专业区块链电子签约平台君子签达成合作，全面引入君子签区块链电子合同服务，解决目前银行借贷面临的业务效率低、存证举证难等困扰，实现银行在线借贷业务的电子合同签订、全流程存证举证服务及签约后的司法配套服务，从而构造更高效、智能、安全、放心的银行借贷服务。

交通银行积极开展区块链关键技术研究，并探索区块链技术在金融场景中的应用，上线了国内信用证区块链平台，使业务处理时间平均缩短 3 ～ 5 天。同时，推出了国内首个区块链资产证券化系统——"链交融"平台，加入了中国人民银行贸易融资区块链平台，作为核心节点加入了中银协组织的"中国贸易金融跨行交易区块链平台"。此外，交通银行还对外发布支持粤港澳大湾区综合金融服务方案。方案指出，交行将加强与中国人民银行贸易金融区块链平台合作，助力大湾区贸易融资区块链发展。未来大湾区的金融创新将是交行重点着力点，交行将依托人行区块链平台，推进票据、保理、不良资产等跨境资产转让试点。目前正在建设基于区块链的再保理业务平台，将以科技赋能金融、以共享构建生态，以贸易金融为切入点，不断拓展住房租赁、资产托管、精准扶贫等领域，进一步打通创新链、应用链、价值链，探索更多的区块链应用场景。

中国建设银行有 9 个区块链项目正在运行，包括追踪药品来源、跟踪碳信用额度和显示政府拨款的支出方式等领域。BCTrade2.0 区块链贸易金融平台的参与方包括中国邮政储蓄银行、上海银行和交通银行在内的 60 家金融机构与 3000 家制造商和进出口贸易公司。如今，一个现金短缺的出口商在等待确认发货的情况下，可以通过共享区块链分布式账本上应收账款的记录，在几分钟内获得贷款。其系统基于 Hyperchain 和 Hyperledger Fabric。

中国银行已于 2019 年 12 月在境内完成第一期 200 亿元小型微型企业贷款专项金融债券发行定价，募集资金专项用于发放小微企业贷款。值得一提的是，在此次发行中，中行同步使用了自主研发的区块链债券发行系统，这也是国内首个基于区块链技术的债券发行簿记系统。中国银行表示，运用区块链技术发行债券，其主要价值体现在三个方面：第一，降低债券发行过程中的信息不对称风险；第二，降低债券发行成本，提高债券发行效率；第三，有助于后续审计和管理。

从上述大量案例可以看出，大公司们正争先恐后地进入区块链行业。世界巨头几乎无一例外地开始布局区块链。从这些公司开发的项目看，大多还是在应用层面，只有少数公司（如 IBM、Facebook）开发了底层技术。应用方面也主要是自身业务的区块链延伸，而且大多在已成熟的领域，比如蚂蚁金服用区块链进行支付、富士康用区块链进行票据交易、各银行用区块链来做借贷等。耳目一新的应用还是少见。下面就探讨一些区块链可能适用的未来应用场景。

13.2　区块链未来应用场景

13.2.1　数据交易

我们先介绍一个作者团队自主开发的基于区块链的数据交易应用场景。数据已成为数字经济的一个新型生产要素，也是一种生产资料。相应的所有权、产权、使用权怎么界定，以及如何交换交易还没有达成共识。我们认为，在不久的未来数据是像实物资产（如房产）一样可以证券化、通证化的资产。将来必定会需要类似于上交所的数据交易平台。下面具体以供应链中上下游企业数据共享交易为例来阐明我们的设计。供应链上下游企业会通过分享自己的数据来提升供应链效率。例如，供应商会建立库存优化系统（如管理学中经典的报童模型）来优化订货批量，此类模型需要估计需求的分布来平衡库存积压与库存不足的困境。由于零售商更接近市场，对产品需求有着更准确的估计，它会向供应商提供自己的需求预测。供应链数据分享能够防止需求信息由于信息共享不充分，但随着下游的终端零售商向上游的原材料供应商逐级放大需求的现象（牛鞭效应）；还能够防止供应链上、下游企业为了谋求各自收益的最大化，在独立决策的过程中确定的产品价格高于其生产边际成本（双重边际化），使整体供应链效用蒙受损失。然而，即便供应链中的成员有意识地进行数据共享，其数据共享过程仍旧存在以下三个问题。

首先，数据交易的过程不够透明，下游可能会为了自身的利益分享虚假的信息，例如零售商可能会为了使自己免受缺货的损失而夸大自己的需求。其次，现有的信息共享方几乎都是无偿的，目前并没有弥补数据拥有者的实践案例。最后，如何分配数据产生的额外增值和额外损失是供应链数据分享的重大挑战，由于供应链活动的不确定性，数据带来的价值往往具有一定的随机性，因此需要有价值再分配的过程。我们自主开发的数据算法交易中心能够很好地契合供应链数据分享的使用场景，并且能够在极大程度上解决上述提到的三个关键问题。

图 13-1 是以供应链数据分享作为数据算法交易平台的一个演示应用，它基于哈希图区块链平台，包含用户操作界面、智能合约的编写以及价值分配可视化等核心功能。图 13-1 展示了我们开发的交易平台的界面，其中：

1）设计了不同使用场景的数据交易模块，根据使用场景需求的不同，交易平台的功能也会随之调整，例如在此展示的使用场景是供应链中的上下游数据共享场景。

2）交易平台配备了匹配、众包、预测市场和拍卖等多种交易机制，用户可以根据自己的需求选择合适的交易机制。

3）交易平台会根据买卖双方的使用场景计算预期平均使用价值，并通过概率分布的形式直观地展现。

4）交易平台会根据上一步骤的预期使用价值，来匹配最优的买卖组合。

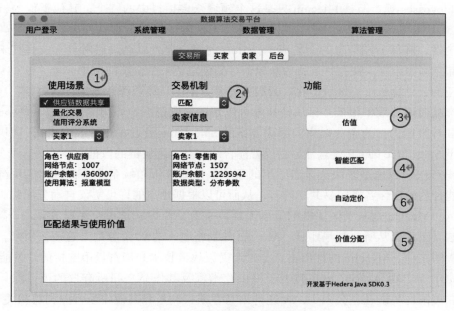

图 13-1　供应链用户的操作界面

13.2.2　共享经济新应用

目前流行的共享经济模式还是网约车这样的平台模式，其实质上并不是真正意义上的共享。简单而言，车主只提供出车服务，并不拥有公司的股份。区块链可以打造出真正意义的共享经济，并帮助公司从轻资产的平台模式转化为零资产的区块链服务模式。

像 Uber 和 Lyft 这样的共享租车应用程序其实代表了去中心化的反面，因为它们本质上作为调度中心运行，并使用算法来控制其驾驶员车队（并规定其收费）。区块链可以为这种模式注入新的选择：借助分布式账本，驾驶员和乘客可以创建一个由用户驱动的、价值导向的市场平台。创业企业 Arcade City 可以通过区块链系统促成所有交易。Arcade City 的运营方式与其他共享租车公司类似，但允许驾驶员通过区块链记录所有互动来确定其费率（收取乘车者费用的一部分）。这使 Arcade City 能够吸引专业的驾驶员，他们宁愿建立自己的运输业务，而不受公司总部控制：Arcade City 上的驾驶员可以自由设定自己的价格，建立自己的经常性客户群并提供其他服务，例如送货或路边援助。

云存储也可以使共享区块链化。提供云存储服务的企业通常通过中心化服务器来确保客户数据的安全，这种中心化服务器意味着容易受到来自黑客的网络攻击。区块链云存储解决方案可以实现存储的去中心化，因此更不容易受到引发系统崩溃和广泛数据泄露的攻击行为。被称为"存储领域的 Airbnb"，Filecoin 是一个非常知名的项目，可以对存储文件的用户给予代币奖励。这可以创造出一个去中心化的 AWS。该公司背后的支持者是 Protocol Labs，已经获得了来自大型机构的投资，如 Union Square Ventures、Naval Ravikant 以及 TheWinklevosses 等。但是 Filecoin 只是这个领域众多项目中的一个，其他类似的云存储项目还有 Storj 和 Siacoin。Storj 是一个正在进行测试的区块链云存储网络，可以提高云端信息的安全性，降低云端信息的交易成本。Storj 的用户还可以通过点对点方式将其未使用的数据存储空间租给别人使用，这就为众包云存储创造了一个全新的市场。

相应的云计算也可以区块链化。云服务需要大量的计算资源和数据存储容量，这在启动物联网产品时可能效率很低。区块链技术可以帮助促成更去中心化的云服务，增强连接性、安全性和计算能力。为企业提供云解决方案的 Salesforce 最近宣布了 Salesforce 区块链。该产品基于 Salesforce 的 CRM 软件，它以智能合约和基于区块链的数据共享而为人所知。

知识产权领域也是区块链天然适用的领域。比如娱乐领域企业正在转向区块链，以使使用智能合约的创作者更容易共享内容，从而可以根据预定的许可协议自动分配购买创意作品的收入。Muzika 是基于区块链的音乐流媒体平台，与加密货币交易所 Binance 合作，试图帮助独立艺术家从听众那里赚钱。Muzika 计划将收入的 90% 分配给这些艺术家。在涉足娱乐智囊团之前，Mycelia 的推出重点是生产受区块链技术和加密货币支持的"智能歌曲"。BigchainDB 的产品 Ascribe.io 也致力于提供艺术家及其作品之间所有权的可追踪且可验证的记录。英国区块链初创公司 JAAK 还计划与音乐权利人和其他娱乐行业利益相关者合作。提供内容操作系统的 JAAK 正在开发一个平台，该平台允许媒体所有者将其媒体、元数据和权利存储库转换为可以在以太坊区块链上自动执行许可交易的"智能内容"。

互联网广告业也经历了区块链化，来分享终端用户的注意力。我们所知道的互联网是专门为广告解决方案而出现的。总体而言，广告在加载网页时会增加大量的移动数据使用量，而广告商和消费者都会遭受协议缺失的困扰。2017 年，Brave 在其基本注意力代币（BAT）ICO 期间，在 30 秒内众筹了 3500 万美元，旨在补偿广告商和用户。广告商将直接在 Brave 基于区块链的浏览器上列出，而不是依靠 Google 或 Facebook 之类的中间平台。选择加入的用户会收到更少但针对性更强的广告，而没有恶意软件。广告客户可以从他们的支出中获得更好的数据。Snovio 采用了与个人交易并获得 SNOV 代币的一种选择。

人们的预测能力也可以共享。随着越来越多的行业全面拥抱区块链，研究、分析、咨询和预测行业也可能被该技术所撼动：凭借稳定可靠的交易记录支持其数据分析，预测操作将使用机器提供更坚实的基础学习算法以培养有针对性的预测和见解。即使现在，区块链仍在创造一个新的"预测市场"。Augur 建立在以太坊区块链上，使用户能够预测事件并因正确预测而获得奖励。

13.2.3　各种新型通证和代币

1. 稳定代币

货币价值的稳定是货币作为交换媒介的最重要特征之一。因此，稳定代币的目的是提供一种由加密通证代表的稳定的价值存储、交换单位和测度单位。该代币相对于目标货币（例如美元或欧元）保持稳定的价值。这些稳定的代币旨在替代或补充当前的法定货币，因此被设计为可替代的并且可以通过循环代币流通进行转让。稳定代币的成功有助于解决大规模采用代币作为交换媒介的瓶颈。因此要使代币发挥交换媒介的作用，就必须保持其购买力稳定或略有通货膨胀，从而激励代币持有者花钱而不是持有代币。多年来，为了获得稳定的代币，人们进行了各种尝试：

- 法定抵押或商品抵押的稳定代币，例如 Tether、TrueUSD、Circle 和 Digix。
- 加密抵押的稳定代币，例如 Maker（DAI）、Sweetbridge、Augmint 和 Synthetix（以前称为 Havven）。
- 算法稳定的代币，例如 Carbon、Kowala 和 Steem Dollar。
- 中央银行数字货币（CBDC）。

2. 注意力币

注意力币（BAT）的想法是使用代币创建一个更加透明和高效的广告市场，在该市场中，可以通过代币来奖励用户的关注，这种情况发生在注意力币和启用 Web 3.0 的浏览器上。BAT 项目希望重塑用户、发布者和广告商之间的互动方式（Voshmgir 2019）。BAT 项目是关于去中心化广告交易的提案，可通过去中心化应用程序——Web 3.0 兼容的浏览器进行访问，该浏览器是名为 Brave 的浏览器，带有集成钱包，可用于以下两种通证：BAT，用于价值转移；基础注意力指标（BAM），可确保准确跟踪和报告用户的注意力。BAT 代币可以用作发布者、广告商和用户之间的价值转移。在这种设置下，用户由于使用 BAT 以隐私保护的方式查看广告而得到补偿；发布商获得的广告收入更多；广告客户可以获得更好的投资回报率和更准确的用户行为数据。

BAT 改变了广告业中参与者的角色，并重新定义了谁拥有您的关注和您的网络浏览经验，以及谁从谁那里得到报酬的问题。BAT 被设计为可替代和可转让的支付代币，以补偿用户的关注。这意味着它具有特定于在线广告网络的货币属性，但没有内置的稳定性机制。在最初的代币销售中，代币供应受到限制。用户可以选择查看他们真正感兴趣的公司的某些广告，也可以选择付费以完全不看任何广告。广告在浏览器中本地执行。这种模式的价值主张是，BAT 通证将所有个人数据存储在本地，而不是将数据发送到第三方的服务器。BAT 应该消除对第三方跟踪的需求，使公司可以直接访问能提高目标广告效果的指标。因此，大大减少了无源跟踪和漫游。BAT 项目处于开发的早期阶段，但 BAT 是这种新代币经济所提供的有趣的应用场景之一。

3. 社交媒体代币——Steemit

Steemit 是一种具有与 Facebook 或 Reddit 相似功能的去中心化应用程序，在 Steemit 中，网络贡献者可以获得网络代币。Steemit 运行在 Steem 区块链上，Steem 区块链是一种为去中心化社交网络提供公共基础设施的专用区块链网络。与 Web 2.0 社交媒体应用程序相反，Steemit 没有广告；所有数据在区块链上都是公开的，这意味着没有一个单独的机构拥有您的数据；网络的贡献者将获得不同类型的 Steem 代币奖励。截至 2020 年，该网络每天在 Steem 区块链上拥有超过一百万的注册用户、25000 个帖子和 100000 条评论，以及每天 140 万笔交易。因此，它是加密社区中较为成熟的项目之一。网络用户拥有三种具有不同功能的通证，即基础区块链的本地通证 Steem（STEEM）和两种智能合约通证：具有稳定代币功能的 Steem Dollar（SBD）和具有信誉代币功能的 Steem Power（SP）。在这样的设置中，用户将获得对网络贡献的网络代币奖励。内容创建者将内容发布到社交网络，如果其他人对该内容进行投票，那么创建者和策展人都将获得网络通证奖励。任何人都可以对内容进行投票，这有助于内容的集体策划。获得奖励的金额取决于对社交网络的贡献度和受欢迎程度。所有这三种通证都设计为可互换和可转让类型。在某些情况下，可转移性是有限的或有条件的。设计上的最大缺陷似乎是信誉通证是可互换和可转让的，这意味着信誉可以被购买，给欺诈带来了空间。

4. 资产代币和部分所有权

NFT（Non-fungible Token）允许与实物相关的独特投资，例如独特的艺术品、房地产或任何其他现实世界的资产和证券。此外，它们还允许对以前不易分割的商品进行部分所有权归属，例如房地产、艺术品或其他纪念品。例如，资产所有者可能希望清算某项商品的某些价值，但仍控制有形资产本身。不可分割的实物商品可以进行标记，然后分为不同的部分进行出售。通证越容易被分割，就越容易被替代。可分割性是指可以将通证的一部分发送给其他人。在现实世界中，许多真实资产无法分割，这使得它们不易交易。相比原先难以分割的情况，现在可以对代表商品的加密通证进行分割，而交易费用较低。

但是，兑现通证所代表的资产（例如艺术品）存在实际限制。而且，即使对将通证整除为 100 个小数没有限制，但这样做在经济上也不可行。处理数万亿个含剩余价值的"微尘"

的地址时，开销非常大。"微尘"是指极少量的未用通证，由于交易费用可能超过微尘的价值，因此通常不值得转让。在某个点上，额外可拆分的边际效用被额外的计算工作（存储和带宽）所抵消。

可拆分代币化所有权可能允许新的资产类别阵列，例如房地产或艺术品，并使这些资产更具流动性和可替代性。对实物进行代币化为投资者提供了扩展其投资组合的机会，并允许轻松编程，从而实现更灵活的投资类别。可以代币化建筑物，其中一些代币可以授予一部分房地产的简单所有权，而其他代币可以授予访问权限等特权。绘画的所有者可以出售艺术品中的少数股份，占有所有权的一部分，但可以对其进行物理控制。NFT 还可以将复杂的访问权和投票权编程到代币中。可以对代币进行编程，以赋予持有者进行不同程度投资的机会或对对象实行不同级别的控制。例如，博物馆可以允许公众购买艺术品的股份，以筹集资金购买新艺术品。在这种情况下，博物馆将不会移交对艺术品的控制，但会给代币持有人提供投资的机会，并为他们提供有关艺术品的使用权。NFT 还可以通过帮助证明物品来源、真实性和所有权来发现其在数字艺术中的潜在用途。

5. 身份通证和证书

NFT 也可以代表身份证或证书，例如学校成绩单、大学学位、软件许可证或会员资格。唯一的可用来代表一个人的任何事物都可以表示为不可替代的通证。文凭可以在区块链上发行，可以得到世界各地的普遍认可，而无须翻译、公证或验证。类似电子钱包的软件可以管理所有个人数据，而无须中央机构来存储我们的数据。通证由此表示为用于存储与特定人有关的身份信息的容器，而没有给出特定人的信息。这些身份通证允许身份声明与通证（信息容器）相关联。在 Web 3.0 中，可以从数据的验证过程中分离核心个人数据（有关特定人员的客观信息，例如该人员的姓名、地址和学历），这些数据可以来自诸如政府或其他受信任的机构。身份通证可以改变互联网的工作方式，并将对个人数据的控制权交还给用户。

身份通证还可以带有附加的交易历史记录、附加的内容和附加的信誉通证。如果设计得当，信誉通证可能能够解决或有助于解决社交媒体网站的"虚假新闻"问题。如果其他人可以证明新闻来源是伪造的，则新闻提供者可能会丢失信誉通证。但是，此类信誉通证的设计很复杂，并取决于应用场景。

6. 访问通证和访问转移通证

NFT 还可以用于创建访问通证，以替换现有的密钥或授予对物理资源的访问权的通行证。在物理世界中，我们一直在使用钥匙打开房屋或保险箱的门，这项技术已经存在了数百年。就像一把钥匙代表您对房屋的访问一样，NFT 可以用于管理与特定人员、特定财产或特定事件相关的任何类型的访问权限。软件世界使用密码管理访问权限，这些权限包括打开邮箱、访问服务器、访问付费服务等权限。区块链技术使用公钥加密技术来管理资产或访问权限，因此可以提供更多可公开验证的访问权限管理基础架构。一个用户的密钥对不能被其他任何人的密钥对替代，就像一个人的护照不能被其他人的护照替代一样。

考虑这样的场景：某人过世，在遗嘱中注明多人继承相关实物并要求在多个人之间拆分的物理对象时，往往会需要烦琐冗长的程序来进行资产分割。通常需要耗时的流程来管理资产的拆分。受益人可能会被迫出售财产相关实物来分割遗赠的财产，并在他们之间分配资金。部分所有权通证与遗嘱功能相关的多个智能合约相结合，可以解决遗嘱管理程序中许多耗时费力的问题。

7. 目的驱动的代币：一种新型的价值创造

比特币网络向我们展示了，如果人们为网络安全做出了贡献，通过奖励网络通证来建立公共基础设施是可能的。自那以来，这启发了许多项目，以这种激励行为的原则为基础，我们称之为目的驱动的代币。对此类由目的驱动的通证进行编程，以激励个人行为，实现集体目标。这个集体目标可能是公共物品（例如，像比特币网络这样的 P2P 支付网络）或减少公共物品的负面影响（例如，CO_2 排放量）。比特币的"工作量证明"引入了一种超越经典经济价值创造的新颖方法。该协议为可以超越国家和个体组织的新型经济体提供了一个操作系统。在工作量证明区块链中，通过发放网络通证来激励矿工使用其计算能力保护网络，从而在节点之间达成共识。这样做的目的是在不受信任的网络参与者之间就网络状态（分类账）达成分布式共识。奖励机制基于所有网络参与者都可能作恶的假设；因此，故意将交易写入区块链的过程变得困难且效率低下，使得恶意参与者攻击网络的成本变高。

8. 通证会取代法定货币吗

如果我们考虑货币的功能特性——流动性、可替代性、耐用性、便携性、可识别性、稳定性和不可伪造性，则代币可以满足其中许多但并非全部属性。截至现在，大多数代币都没有实现货币最重要的属性：价值的稳定性或某种程度上的可替代性。此外，由于区块链基础设施的可扩展性和钱包的可用性仍然存在许多问题，因此代币的可用性是其被大量采用的潜在障碍。代币如果没有更好的可用性，将无法发挥其作为被广泛接受的交换媒介的作用。至少到目前为止，代币尚有许多功能无法实现，因此代币和法定货币共存的情况将长期存在。

13.2.4 其他行业的新应用

教育与学术：从本质上讲，学位证书必须得到普遍认可和验证。在小学 / 中学教育和大学环境中，学历证书验证在很大程度上仍然是手动过程（繁重的纸质文档和逐案检查）。在教育中部署区块链解决方案可以简化验证程序，从而减少对未获得的教育学分的欺诈性索赔。例如，索尼全球教育与 IBM 合作开发了一个新的教育平台，该平台使用区块链来保护和共享学生记录。已有十几年历史的软件初创企业 Learning Machine 与 MIT Media Lab 合作推出了 Blockcerts 工具集，该工具集为区块链上的学位证书提供了开放的基础设施。教育组织 KnowledgeWorks 发布了一份关于区块链如何在 k-12 小学中应用的报告。该报告描述了如何使用区块链技术来简化管理任务、分发学习材料以使其更易于访问、创建供父母共享经验的网络以及存储与学习相关的数据的网络。

房地产：买卖物业的痛点包括交易期间和交易后缺乏透明度、大量文书工作、可能的欺诈行为以及公共记录中的错误。区块链提供了一种减少对纸质记录的需求并加快交易速度的方法，以帮助利益相关者提高效率并降低交易各方的交易成本。房地产区块链应用程序可以帮助记录、跟踪和转移土地所有权、财产契据、留置权等，并可以帮助确保所有文档都是准确可验证的。Propy 寻求通过基于区块链的智能合约平台提供安全的房屋购买。所有文件均已签名并安全地在线存储，同时使用区块链技术以及在纸上记录契约和其他合同。科技初创公司 Ubitquity 为金融、产权和抵押公司提供了软件即服务（SaaS）区块链平台。该公司目前正在与巴西的土地局以及其他隐形客户合作，以通过区块链记录财产信息和记录文件。

保险科技（Insurtech）：类似 Airbnb、Tujia、Wimdu 这些公司为人们短期利用资产赚钱提供了一种方式。问题在于，在没有公开记录的情况下，几乎不可能在这些平台上确保资产的安全。专业服务公司德勤（Deloitte）和支付服务提供商 Lemon Way 与区块链初创公司 Stratumn 一起帮助开发人员构建由区块链功能支持的可信赖应用程序，推出了一个称为 LenderBot 的基于区块链的解决方案。LenderBot 是共享经济的小额保险概念证明，展示了行业中区块链应用程序和服务的潜力。LenderBot 允许人们通过 Facebook Messenger 聊天来注册自定义的小额保险，它使区块链在个人之间通过共享经济交换高价值项目时，可以作为个人之间合同中的第三方。整个行业对区块链的兴趣越来越浓厚。艾特集团（Aite Group）2019 年的一份报告采访了多家大型保险公司的 40 位区块链专业人士，反映出对致力于理解和实施区块链的保险员工的需求不断增长。

医疗保健：医疗保健机构无法跨平台安全地共享数据。提供者之间更好的数据协作可能最终意味着更高的准确诊断概率、更高的有效治疗可能性以及医疗保健系统提供具有成本效益的护理的整体能力的增强。使用区块链技术可以使医疗保健价值链中的医院、付款人和其他各方共享对网络的访问权限，而不会损害数据安全性和完整性。Tierion 是一家区块链初创公司，已经建立了医疗保健数据存储和验证平台。它与飞利浦医疗保健公司于 2018 年在飞利浦区块链实验室合作。另一家初创公司 Hu-manity 与 IBM 合作开发了一个电子账本，该账本旨在使患者对其数据进行更多控制。Hu-manity 的既定任务是创建"公平贸易数据惯例"，使患者能够从同意共享数据中受益。

监管科技（RegTech）：随着科技的发展，金融机构开发了大量金融业务创新产品，为防范金融风险，各国监管机构又不得不对金融机构每天数以百万、千万甚至亿级的业务进行筛查，如此巨大的工作量单靠人力已经远远不能满足需求，也不现实。反过来，对金融机构而言，由于创新产品需要满足监管要求，因此为控制成本投入，金融机构普遍开始运用技术手段进行自动化内部控制与合规审查。与此相适应，监管科技（RegTech）应运而生。监管科技最初产生在英国，英国政府在受到金融危机带来的系统性冲击后，下决心调整金融监管体系，专门设置了监管金融行为的金融行为监管局。FCA 在成立后就在监管科技方面积极开展了一系列探索，推动英国成为全球监管科技创新的源头。从产生的背景可以看出，监管科技旨在利用现代科技成果优化金融监管模式、提升金融监管效率、降低机构合规成本。所以监管科技有两方面的意义：一是为金融机构提供的自动化解决方案，利用新技术更有效地解决监管合规问题，减少不断上升的合规费；二是为更加高效地解决监管与合规要求而使用新技术。这两方面的意义相辅相成。

区块链在监管科技的应用目前还在发展初期，包括利用分布式账本、数字加密以及云计算等，可提升监管效能、降低机构合规成本和政府监管成本。尤其是数字加密技术，有利于保护信息的保密性、完整性和可用性，可有效用于跨境支付结算中的报文认证、数字签名等环节。此外，监管科技还可有效监控资金在国际间的非正常流动以及洗钱行为，在一定程度上防止国际国内投机者的违法违规行为，维护金融与贸易稳定。例如，北京市金融工作局在 2016 年开始构建以区块链为底层技术的网贷风险监控系统，可以使监管部门有能力记录所有网贷平台上报的数据，对异常支付交易进行快速识别并做出反应；人民银行正在建设反洗钱监测分析二代系统大数据综合分析平台；通过对数据进行智能化处理、分析，监控异常交易。

银行的客户征信及法律合规的成本不断增加。过去几年，各国商业银行为了满足日趋严格的监管要求，不断投入资源加强信用审核及客户征信，以提升反欺诈、反洗钱抵御复杂金融衍生品过度交易导致的系统性风险的成效。为提高交易的安全性及符合法规要求，银行投入了相当多的金钱与人力，已经承受了极大的成本负担。记载于区块链中的客户信息与交易记录有助于银行识别异常交易并有效防止欺诈。区块链的技术特性可以改变现有的征信体系，在银行进行"认识你的客户"（KYC）时，将不良记录客户的数据存储在区块链中。客户信息及交易记录不仅可以随时更新，同时，在客户信息保护法规的框架下，如果能实现客户信息和交易记录的自动化加密关联共享，银行之间能省去许多 KYC 的重复工作。银行也可以通过分析和监测在共享的分布式账本内客户交易行为的异常状态，及时发现并消除欺诈行为。

对冲基金：在包括 First Round Capital 和 Union Square Ventures 这样知名企业的支持下，Numerai 正在采用对冲基金模型（雇用大量交易员和量化专家）并将其去中心化。Numerai 发送了成千上万个不同位置的量子加密数据集，并要求它们建立预测模型，而最佳的贡献者将获得 Numerai 的代币 Numeraire 奖励。然后，Numerai 应用该策略并创建一个模型进行交易。在某些方面，它是基于 Quantopian 模型的基于区块链的方式，用于奖励数据科学家，这不是竞争，而是无形的协作。

股票交易：多年来，很多公司一直致力于简化买卖股票的过程，如今，以区块链为中心的新兴初创公司寻求比以往任何解决方案更有效的方案确保交易过程的安全，并实现自动化。例如，荷兰银行 ABN AMRO 的投资部门正在与投资平台 BUX 合作，创建一个名为 STOCKS 的区块链应用程序。该应用程序会将用户的 ABN AMRO 资金保留在区块链银行账户中，用于股票交易。私有区块链的使用旨在为用户和银行节省资金。Overstock 的子公司 Tzero.com 希望使用区块链技术实现在线股票交易。tZero 平台将加密安全的分布式账本与现有交易流程集成在一起，以减少结算时间和成本，并提高透明度和可审计性。区块链初创公司 Chain 协调了实时的区块链集成，成功地将纳斯达克的证券交易所和花旗的银行基础设施连接在一起。

13.3　区块链未来技术展望

13.3.1　量子计算

量子计算涉及使用算法来利用量子力学对象的特殊属性（例如叠加、纠缠和干涉）来执行计算（Swan、Dos-Santos 和 Witte，2020）。量子计算通过量子力学的规则来利用量子信息解决问题。量子信息是有关量子系统状态的信息，可以使用量子信息算法和其他处理技术来对量子信息进行操作，长期目标是构建通用的容错量子计算机。

量子计算始于获得诺贝尔奖的物理学家理查德·费曼（Richard Feynman）的理论，他觉得可以通过使用量子作为构建块来执行非常强大的计算。就量子级测度而言，纳米为 10^{-9}m，原子尺度（玻尔半径，从原子核到电子的可能距离）为 10^{-11}m，电子尺度为 10^{-15}m。费曼于 1982 年提出量子模拟器的想法。他提出了两种用计算机模拟量子力学的方法：重新构想计算机的概念，并利用服从量子力学定律的量子力学元素构建计算机；尝试用经典系统模仿量子力学系统。在 2000 年，查理·本内特（Charlie Bennett）证明了使用量子计算机可以有效地模拟任何经典计算。

20 世纪 90 年代，量子误差校正被发现。与经典比特（传统计算机的基本单位）始终保持在 1 或 0 状态不同，量子比特对环境噪声极为敏感，可能在用于执行计算之前先进行分解。自 2012 年以来，室温超导材料的发展导致制造量子位的激增，从 1 ～ 2 量子位增加到 50 ～ 100 量子位。

下面简单介绍比特和量子比特。一个比特位始终处于 0 或 1 的状态。一个 qubit（量子位）同时处于 1 和 0 的状态，直到在计算结束时将其折叠为 1 或 0 为止。量子位是一种量子物体（原子、光子或电子），在三维空间中以不同的概率在三维球体中的任何特定空间中反弹，这样的空间称为 Hilbert 空间（在 X、Y 和 Z 方向上有向量坐标）。当经典比特位打开或关闭（状态为 1 或 0）时，量子位可以同时打开和关闭（1 和 0），此属性称为叠加。

量子计算的特征是所谓的 SEI 属性：叠加、纠缠和干涉。叠加意味着粒子可以同时存在于所有可能的状态中。纠缠是指这样一种状态：在这种状态下粒子组是相关的，并且即使粒子之间的距离较大，它们也可能以其他状态相互作用。如果粒子之间距离较大，这称为贝尔对纠缠或非局部性。干扰与粒子的波状行为有关。干扰可能是正面的，也可能是负面的，因为当两个波聚在一起时，它们要么增强，要么减弱。

经典计算基于电导率，使用布尔代数来操纵比特位。量子计算基于量子力学，使用矢量和线性代数来操作复数矩阵。针对一个通用的量子计算模型，其思想是使用量子力学矩阵，以便运行量子状态，这些状态由一组提供与经典计算中相同布尔逻辑的门执行。

量子统计可直接应用于区块链。量子统计的一种相关解释是波特 – 托马斯分布，其中概率本身是呈指数分布的随机变量。量子统计已用于建模多体系统。一个实际的应用是量子统计可以被用来产生可预测的模式或随机性。特别是许多应用程序需要保证随机性的来源，例如区块链中的加密技术，以确保系统不会被开后门或被黑。真正的随机性很重要，使人们相信事件已经被公平确定。基于量子统计的算法已经在密码学中提出。例如，预计到 2030 年，Shor 的分解算法将突破 248 位 RSA 标准，到 2027 年将突破 SHA256 算法（比特币使用）。Grover 的搜索算法可用于在大型数据库中进行更快的搜索。

在量子电路中，输出状态的每个振幅都是许多可能贡献的总和。最终的振幅是复数大部分崩溃并相互抵消后剩下的余数。

量子纠缠属性对于区块链特别有用。量子粒子不是相互隔离和离散的，而是相互关联以及与系统的历史相关的。因此，量子纠错是通过利用量子位的纠缠特性而实现的。这一发现表明，由于量子纠缠，可以在不测量子比特本身存储的值的情况下测量量子比特之间的关系。如果两个粒子纠缠在一起，则可以通过测量另一个粒子的状态来知道一个粒子的状态。有一些应用（如 Shor 算法）使用量子纠错技术，通过纠缠特性将 1 个量子比特的信息涂抹到 9 个纠缠量子比特上。

在不久的将来，量子区块链可能首先出现在以下领域：量子密钥分配（QKD）、量子签名、可证明的随机性、快速拜占庭协议（可伸缩共识）、内置的零知识证明技术（QSZK、量子统计 ZK）、无克隆资产定理（不能复制，双花）、无量度规则（无法查看量子信息或窃听）。

QKD 是产生和分配由量子计算机生成的密钥的任务，Qulogicoin 和时序 Greenberger-Horne-Zeilinger（GHZ）区块链就是两个这种应用程序，其中区块时间戳功能和链接它们的哈希函数被在时间上纠缠的时序 GHZ 状态所取代。一个名为 qBitcoin 的新项目试图使用量子计算来重建比特币。在比特币中，全球时间戳系统（比特币实质上是一个时钟）和始终在线的全球网络可防止比特币的双花问题。在 qBitcoin 中，通过使用量子隐形传态技术防止了双花问题，这种技术可以防止拥有者在花完钱后保留代币。

量子共识是另一个有前景的领域。Grover 的算法、量子退火、光共识是在重新设计共识机制中应用量子计算的三种新技术。量子退火机通过哈密顿优化器实现 PoW 机制，用于三轮共识过程中：身份验证、挖掘和共识。

量子计算可以应用于量子资产的数字货币。无克隆定理旨在防止量子信息被复制。无法复制量子信息，这表明不可能进行双花操作并且资产是唯一的，这是数字资产的关键特性。该领域的一个应用是量子钞票。

量子区块链的支持者们正在设想未来的量子智能网络，将人工智能注入量子区块链中。为此，必须采取以下步骤：

1）受信任节点网络：终端用户可以接收量子生成的代码，但不能发送或接收量子状态，并且两个终端用户可以共享一个加密密钥。

2）准备和度量：终端用户可以接收和度量量子状态（不涉及纠缠），终端用户的密码会经过保密验证。

3）纠缠分布式网络：任何两个终端用户都可以获得纠缠状态（但不能存储纠缠状态），从而提供可能的最强量子加密。

4）量子存储网络：任何两个终端用户都可以获取并存储纠缠的量子比特，并且可以相互发送量子信息。

5）量子计算网络：网络上的设备是成熟的量子计算机（能够证明数据传输中的纠错）；分布式量子计算和量子传感器可用于科学实验。

量子区块链仍然是一个非常新颖的想法，只有时间才能证明它将来会如何发展。

13.3.2　零知识证明

我们认为，零知识证明（ZPK）在区块链的未来设计中将具有巨大潜力的领域之一。ZKP = PrivacyTech（隐私技术）+ ProofTech（证明技术），其可提供有效性的证明而不会泄露本源信息。ZPK 可以使互联网世界更加私密和安全，从而获得信任。ZKP 将数据验证与数据本身分开。一方（证明者）向另一方（验证者）证明某些信息的拥有权或存在与否，而不会泄露私人信息。ZKP 可以防止黑客攻击和窃听，它提供了语句正确性的证明，而不会泄露其他信息。ZKP 是为 Internet 设计的隐私覆盖，它基于公钥基础结构（PKI）。通过 PKI，可以在公共通道上安全地交换加密密钥，PKI 始于 Merkle 的工作，Merkle 实施了 Diffie-Hellman 密钥交换协议。

ZKP 的一种特殊设计是交互式证明：它需要交互式证明来排除某人因偶然或作弊而正确地猜中信息。一种设计如下：A 将公钥发送给 B，B 使用公钥对其进行加密并将加密后的消息发送回 A；然后，A 使用他的私钥解密该消息，作为对 A 身份的证明。A 需要多次（交互地）进行操作，以确保 A 不会偶然猜对它。

ZKP 的一个著名示例是某人（A）向一个色盲（B）证明 A 不是色盲。B 的两只手握有一个绿色的球和一个红色的球。然后，他将两个球隐藏在自己的背部，并切换（或不切换）球，然后让 A 回答两个球是否已被换手。该过程进行了多个回合，因此 A 不会蒙对。A 不需要告诉 B 知识（即哪个球是红色或绿色），但是可以证明 A 不是色盲。

ZKP 对于业务非常重要，例如对于杂货店中的个人交易而言，需要私密地购买而无须透露实际的信用卡号和实际的金额。一种解决方案是使用所谓的范围证明，即证明交易金额为正且在一定的范围内，而无须透露确切金额。清华大学教授姚期智提出了 ZKP 的一个著名挑战：假设有两个百万富翁，如何在不透露他们拥有的实际金额的情况下证明其中哪一个更富有？范围证明思想也适用于这种情况。

设计下一代区块链的一个主要挑战是共识机制（例如，比特币的使用 PoW 的采矿操作），如何验证交易并防止加密金额的代币被双花呢？

在这里，我们需要了解区块链钱包的两个基本模型：UTXO 与账户模型。比特币使用

UTXO，而以太坊使用账户模型。UTXO（未花费的交易输出）意味着可以追溯到自货币系统上线以来每个比特币的历史。在比特币挖矿中，一个全节点的矿工检查签名是否正确（验证所有权），验证输入是否未使用，验证输入的总和是否等于输出的总和加上交易费，其中所有输出均为正数。

ZKP 方式通过范围证明，其中交易可以是隐私的，并且仍然允许外部验证，这通常基于 Sigma 协议，Sigma 协议是用于小规模非交互式零知识证明的协议。关键思想是可以对输入和输出中的值进行加密，并应用证明表明它们可以相互抵消。第一步是用承诺代替交易金额。下面使用一个名为 Pedersen 承诺的加密构建块。

1）提交者（或发送者）决定（或被给予）在某个公共消息空间至少包含两个元素的秘密消息 mm；

2）决定一个随机秘密 rr；

3）通过使用方案定义的一些公共方法（承诺算法 CC），从该 mm 和 rr 产生一个承诺 $c = C(m, r) c = C(m, r)$；

4）公开 cc；

5）之后揭示 mm 和 rr；

6）验证者（或接收者）被赋予 cc、mm、rr 并可以检查是否确实 $C(m, r) = cC(m, r) = c$。如果按照规定执行 1）、2）、3）、4）、5），这将始终成立。

在私下里，交易发行人仍会承诺确切的金额，但在公开场合，只会看到存在承诺，而不是承诺的金额。

ZKP 的最新进展是 Zcash 采用的 SNARK（简洁的非交互式知识论证）技术。在区块链中，证明者证明自己知道区块链总账中未使用的特定硬币的默克尔树路径，从而证明钱包中有 UTXO 可用于当前交易。

交易证明包括确认输入的默克尔树路径等于输出的默克尔树路径。著名的 IPFS 项目结合了交互式时间证明和空间证明，这与 SNARK 相似。

ZKP 具有三种最新技术：SNARK、Bullet 证明和 STARK（可扩展的透明知识论证）。SNARK 需要事先建立信任关系，而 Bullet 证明和 STARK 则不需要。只有 STARK 是后量子证明，理论上可以抵御未来的量子计算攻击。STARK 用于"企业证明市场"，而 SNARK 用于"消费者证明市场"。STARK 可以用于去中心化交换，用于结算订单管理、欺诈预防（例如，抢先交易）。相比于 SNARK，STARK 的主要优点是可伸缩性，STARK 的验证速度非常快，并且不需要建立信任关系。Bullet 证明，一方打开承诺，然后证明该承诺具有一定价值（在较小范围内为正值）。Bullet 证明无法直接应用于基于账户模型的区块链，因为它用承诺代替了金额。因此，Bullet 证明可为基于 UTXO 的模型启用机密交易。斯坦福大学有团队在 2019 年提出代表了适用于账户模型的最新的方法 Zether。因此，Zether 适用于智能合约，并已用于基于 Zether 的拍卖设计中，该拍卖可以保护竞标金额的隐私。中标者仅需证明自己的出价高于第二高的出价即可。

下面总结了最新 ZKP 技术在区块链中的应用，如表 13-1 所示。

表 13-1　最新 ZKP 技术在区块链中的应用

交易系统类型	应用	机密（金额盾）	匿名（地址屏蔽）
UTXO	Bitcoin	No	No
UTXO	Monero	Yes	No
UTXO	MimbleWimble、Grin、BEAM	Yes	No
UTXO	Zcash	Yes	Yes
账户模型	Ethereum (Smart Contract)	N/A	N/A
账户模型	Zether	Yes	Yes

13.3.3　区块链与物联网

物联网之所以强大，是因为它通过感知来收集数据的深度和广度，并不断迭代和触发后续的事件。Zscaler 报告分析了来自 1051 个企业网络的 5600 万笔 IoT 设备交易，其中有 91.5% 的交易是未加密的。由于 DDOS 攻击，Miral Botnet 在 2016 年中断了一半的互联网服务。TCP/IP 协议的发明者之一 Vint Cerf 概述了 IoT 安全原则：IoT 设备必须可信任、安全、可靠、隐私受到保护、可互操作和自治。高通公司预计，到 2035 年，5G 上将发生价值 12.3 万亿美元的商业交易。

物联网简单来讲就是"物物相连的互联网"，使用信息传感物理设备按照约定的协议把任何物品与互联网连接起来进行信息交换的网络，以实现物理生产环境的智能化识别、定位、跟踪、监控和管理（Tate 和 Knapp，2019）。

物联网是未来数字经济得以发展的最底层信息基础设施，为数字经济的发展提供精准的、实时的数据，当前物联网基础设施并没有得到大规模部署和应用，导致数据的录入和采集由于人的参与而出现系统误差、人为错误、低时效等问题，源头数据的错误致使后续计算分析不能实际指导业务开展与生产规划，缺少真实数据支撑的数字经济也成了空中楼阁。

区块链技术可以为物联网提供点对点直接互联的方式来传输数据，而不是通过中央处理器，这样分布式的计算就可以处理数以亿计的交易了。同时，还可以充分利用分布在不同位置的数以亿计的闲置设备的计算力、存储容量和带宽进行交易处理，大幅度降低计算和存储的成本。

另外，区块链技术叠加智能合约可将每个智能设备变成可以自我维护调节的独立的网络节点，这些节点可在事先规定或植入的规则基础上执行与其他节点交换信息或核实身份等功能。这样无论设备生命周期有多长，物联网产品都不会过时，节省了大量的设备维护成本。

物联网安全性的核心缺陷，就是缺乏设备与设备之间相互的信任机制，所有的设备都需要和物联网中心的数据进行核对，一旦数据库崩塌，会对整个物联网造成很大的影响。而区块链分布式的网络结构提供一种机制，使得设备之间保持共识，无须与中心进行验证，这样即使一个或多个节点被攻破，整体网络体系的数据依然是可靠的、安全的。

13.3.4 区块链与云计算

从定义上来看，云计算是按需分配的，区块链则构建了一个信任体系，两者好像并没有直接关系。但是区块链本身就是一种资源，有按需供给的需求，是云计算的一个组成部分，云计算的技术和区块链的技术之间是可以相互融合的。

云计算与区块链技术的结合将加速区块链技术的成熟，推动区块链从金融业向更多领域拓展，进一步加强无中心管理、提高可用性和安全性等。

区块链与云计算两项技术的结合，一方面，利用云计算已有的基础服务设施或根据实际需求做相应改变，实现开发应用流程加速，满足未来区块链生态系统中初创企业、学术机构、开源机构、联盟和金融等机构对区块链应用的需求。另一方面，对于云计算来说，"可信、可靠、可控制"被认为是云计算发展必须要翻越的"三座山"，而区块链技术以去中心化、匿名性，以及数据不可篡改为主要特征，这与云计算的长期发展目标不谋而合。

从存储方面来看，云计算内的存储和区块链内的存储都由普通存储介质组成。而区块链里的存储是作为链里各节点的存储空间，区块链里存储的价值不在于存储本身，而在于相互链接的不可更改的块，是一种特殊的存储服务。云计算里确实也需要这样的存储服务。

从安全性方面来说，云计算里的安全主要是确保应用能够安全、稳定、可靠地运行。而区块链内的安全是确保每个数据块不被篡改、数据块的记录内容不被没有私钥的用户读取。利用这一点，如果把云计算和基于区块链的安全存储产品结合，就能设计出加密存储设备。

与云计算技术不同的是，区块链不仅是一种技术，还是一个包含服务、解决方案的产业，技术和商业是区块链发展中不可或缺的两只手。

区块链技术和应用的发展需要云计算、大数据、物联网等新一代信息技术作为基础设施支撑，同时区块链技术和应用发展对推动新一代信息技术产业发展具有重要的促进作用。

13.3.5 区块链与大数据

大数据需要应对海量化和快增长的存储，这要求底层硬件架构和文件系统在性价比上要大大高于传统技术，能够弹性扩张存储容量，这种情况下出现了数据组织技术。数据组织技术数字化初级阶段数据少，形式单一，所以主要采取集中式结构化存储，实体关系就成了这一时期的数据组织的关键点，包括开发语言的面向对象技术其实也是受到这种数据组织形式影响而产生的。

大数据形成的数据组织技术必须能够将没有价值的数据有效剔除，同时还要将结构化数据、非结构化数据、业务系统实时采集数据等以分布式数据库、关系数据库、非关系数据库等数据存储计算技术进行分类存储与处理，使得数据研发计算与应用能够真正服务于企业内部决策与生产指导，支撑企业数字化转型。

区块链是底层技术，大数据则是对数据集合及处理方式的称呼。区块链上的数据是会形成链条的，它具有真实、顺序、可追溯的特性，相当于已经从大数据中抽取了有用数据并进行了分类整理。所以区块链降低了企业对大数据处理的门槛，而且能够让企业提取更多有利数据。

另外，大数据中涉及用户的隐私数据问题，这在区块链技术的加持下也不会出现。用户完全不用担心自己的私人信息被偷偷收集，也不用担心自己的隐私被公之于众，更不用担心自己被杀熟。隐私数据的使用决定权完全在用户自己手里，甚至可能出现企业会通过一定的付费手段获取隐私信息且用户从中能够盈利的情况。

另外，区块链运行中也产生了大量数据。如何对区块链大数据进行分析也是一个新问题，其中催生了专门的区块链大数据分析公司，如 Chainalysis 和 Elliptic。Chainalysis 在 2017 年通过分析区块链交易数据和背后转账数据，成功地破解释了一个跨国案件，准确定位了位于韩国的 Welcome to Video 网络公司。用于分析的数据包括 130 万个公钥，总共 8TB 的 25 万个视频数据，缴获总价 35.3 万美元的比特币，抓捕了 337 名非法从业人员，解救了 23 位未成年人。另一个成功的例子是 Chainalysis 通过追踪分析 38 个国家间的加密币交易轨迹，于 2017 年成功解密 AlphaBay 和 Dream 上的非法交易，破获非法药品芬太尼的交易渠道。

Elliptic 也通过分析交易数据成功定位祸首 Alexander Vinnik，确认了 21 项洗钱罪、敲诈罪，包括著名的 Mt. Gox 盗币事件。追踪发现他也是 BTC-e 交易所创始人之一，此交易所一度是犯罪天堂。

从上例可知，区块链的大数据分析大有前景。

13.3.6　区块链与人工智能

组织好数据后，接下来就需要深度挖掘数据了。就像人类发明语言和文字一样，最终目的是要帮助人类进行大规模分工协作来完成人类认为有意义的事情。而面对这样的海量数据，人类的大脑已经处理不过来了，于是人类将各种意义转化为算法交给机器，让机器自行决策，最终为我们提供一个收敛的结果，就有了有效信息。

我们很少关心数据，真正关心的是数据背后的信息。人工智能帮助人类在海量数据中找到了有用的信息，于是便有了各种意义的存在，这为我们在进行数字新经济建设的过程中指明了出路和方向。

对于任何被广泛接受的技术的进步，没有比缺乏信任更具有威胁性了，也不排除人工智能和区块链。为了使机器间的通信更加方便，需要有一个预期的信任级别。要想在区块链网络上执行某些交易，信任是一个必要条件。

区块链有助于人工智能实现契约管理，并提高人工智能的友好性。例如，通过区块链对用户访问进行分层注册，让使用者共同设定设备的状态，并根据智能合约做决策，不仅可以防止设备被滥用，还能防止用户受到伤害，可以更好地实现对设备的共同拥有权和共同使用权。

人工智能与区块链技术结合最大的意义在于，区块链技术能够为人工智能提供核心技能——贡献区块链技术的"链"功能，让人工智能的每一步"自主"运行和发展都得到记录和公开，从而确保人工智能功能的安全和稳定。

13.3.7 区块链 TPS 瓶颈问题

一个制约区块链广泛应用的瓶颈是区块链运行效率，即低 TPS 问题。比特币每秒可以承载约 7 笔交易。下面简单介绍提高 TPS 的两项新技术：IOTA 的 DAG 技术和 Hedera 的 Hashgraph 技术。DAG（有向无环图）是使用拓扑排序的有向图形数据结构。Microsoft 团队开发的 IOTA 项目是基于数据结构 DAG 设计的网状结构 Tangle。该项目用 Tangle 取代了传统区块链中由矿工处理交易、建立共识的机制，因此不再需要"挖矿"，从而实现了零费用，吞吐量大，满足物联网中 M2M（Machine-to-Machine）小额大量交易的需求，解决了矿工权力集中的隐患，但其也有协调员带来的中心化嫌疑和三进制编码问题。

最新一代的技术——哈希图（Hashgraph）从某种程度上解决了以上问题。哈希图是一种数据结构和共识算法，通过非链式结构，无须竞争即可同步出块，实现大规模的低成本共识，大大提高了工作效率。它利用八卦和虚拟投票协议，保证银行级别安全（完全异步的拜占庭容错）。该功能使得它能够抵御 DDoS 攻击、僵尸网络和防火墙。哈希图可以每秒实现超过 25 万笔交易，是更好的低交易费、去中心化、无须挖矿的互联网底层信任网络。因此在金融服务和供应链管理等领域得到广泛推广和应用。区块链、有向无环图和哈希图的比较如表 13-2 所示。

表 13-2 区块链、有向无环图和哈希图的比较

比较项	区块链	DAG	哈希图
结构	链状	拓扑排序的有向图形数据结构	非链式结构
性质	公有或私有	公有或私有	私有
开源性	开源	开源	专利
记账单位	区块	交易单元	事件
共识机制	PoW 等	PoW 等	八卦协议 + 虚拟投票
区别	先共识再出块	先出块再共识	
同步 / 异步	同步，要等一个区块的交易完成再共识确认	异步，交易一发生就可以直接写入	
代表项目	Bitcoin	IOTA（物联网）	Swirlds
TPS	—	—	>250000TPS
缺点	速度、公平性、成本和安全性都有严格限制	零费用，吞吐量大，但是有协调员带来的中心化嫌疑和三进制编码问题	性能较高，安全性达到银行级别安全（完全异步的拜占庭容错）

13.3.8 基于区块链的数据隐私保护和溯源

区块链的安全可信机制使区块链技术与隐私保护问题存在很好的结合点，还能让数据

拥有者切实管理数据的透明性与访问权限。比如，如何结合链上和链下来构建关注隐私的个人数据管理平台，如何利用分布式哈希表技术来加密数据，如何保证高可用性，如何通过合理的合约设计来保证隐私保护，如何进行可信计算都是重要新命题。

对于来源不明的数据，数据使用者可能在不知情的情况下发生侵权或者侵犯隐私的行为。近年来，世界各国正尝试修订或增加法律法规中关于个人信息的保护范围及强化保护力度，如欧盟在 2016 年出台的《通用数据保护条例》，旨在加强公司对用户数据使用的管理。相应地，我国在 2017 年 6 月设立了《网络安全法》和侵犯公民个人信息法规。然而，目前还没有专门针对数据共享和交易行为的法规。数据水印、数据指纹以及数据加密等可以在技术上一定程度地保护数据隐私与所有权，并且为未来的监管法规做好准备。

类似于数据库日志，区块链维护了区块链上所有操作和处理的记录。但区块链所提供的数据查询及分析处理功能较为简单。作为一种可信数据管理系统，对区块链上的数据进行溯源，是一个重要的问题。虽然理论上，在比特币这样的区块链平台上，每一笔交易都能够回溯到"挖矿"所获得的原始比特币，但是在引入更为复杂的智能合约以后，随着应用的增多和规模的扩大，区块链平台所管理的数据也会越来越多，如何高效处理数据溯源查询是区块链技术发展及在更多应用中推广使用所面临的研究题目。

数据溯源是指对于数据处理流程的管理，回答数据为什么是该状态（why）、数据从哪儿来（where）以及如何获得数据（how）的问题。数据溯源的研究在科学数据管理、数据仓库、数据资产管理的背景下进行。

13.4 小结

区块链在蹒跚发展中有不少反对声音，很多人都担心其泡沫化。我们认为过度聚焦于加密货币，其实不利于区块链的健康发展，甚至给很多人带来误解，掩盖了区块链技术为产业带来的根本变革。我们认为区块链的历史意义将不亚于互联网革命，区块链必然是未来产业的新基石。从上述大量案例可以看出，世界巨头无一例外地争先恐后布局区块链；从各种新型应用来看，区块链应用处于起步阶段，未来还有很大发展空间，各行各业将会产生各种颠覆性应用，为创新创业提供了广阔的空间和市场；从技术角度来看，区块链技术还远未成熟，还有许多问题等待解决。可以看出，区块链热潮刚刚开始，未来必将高潮迭起。这个时候正是大家学习区块链的最佳时机。

参 考 文 献

［ 1 ］ 朱建明，高胜，段美姣，等. 区块链技术与应用［M］. 北京：机械工业出版社，2018.

［ 2 ］ NAKAMOTO S. Bitcoin: a peer-to-peer electronic cash system［EB/OL］.［2014-04-28］. https://bitcoin.org/bitcoin.pdf.

［ 3 ］ 范凌杰. 自学区块链原理、技术及应用［M］. 北京：机械工业出版社，2018.

［ 4 ］ 徐明星，刘勇，段新星，等. 区块链重塑经济与世界［M］. 北京：中信出版集团，2016.

［ 5 ］ 华为区块链技术开发团队. 区块链技术及应用［M］. 北京：清华大学出版社，2019.

［ 6 ］ 陈人通. 区块链开发从入门到精通：以太坊 + 超级账本［M］. 北京：中国水利水电出版社，2019.

［ 7 ］ 塔普斯科特 D，塔普斯科特 A. 区块链革命：比特币底层技术如何改变货币、商业和世界［M］. 北京：中信出版集团，2016.

［ 8 ］ 马卡利. 极简区块链［M］. 有道 AI 翻译，译. 北京：中国工信出版集团，2018.

［ 9 ］ 谈毅. 区块链 + 实体经济应用［M］. 北京：中国商业出版社，2019.

［10］ 可信区块链推进计划. 工业区块链应用白皮书［R］. 北京：中国信息通信研究院，2019.

［11］ 可信区块链推进计划. 区块链白皮书［R］. 北京：中国信息通信研究院，2018.

［12］ 可信区块链推进计划. BaaS 区块链即服务白皮书［R］. 北京：中国信息通信研究院，2019.

［13］ 可信区块链推进计划. 区块链安全白皮书［R］. 北京：中国信息通信研究院，2018.

［14］ 可信区块链推进计划. 公有链白皮书［R］. 北京：中国信息通信研究院，2019.

［15］ 可信区块链推进计划. 区块链电信应用白皮书［R］. 北京：中国信息通信研究院，2019.

［16］ 可信区块链推进计划. 区块链溯源应用白皮书［R］. 北京：中国信息通信研究院，2019.

［17］ 可信区块链推进计划. 区块链赋能智慧城市［R］. 北京：中国信息通信研究院，2018.

［18］ 可信区块链推进计划. 区块链司法存证应用白皮书［R］. 北京：中国信息通信研究院，2018.

［19］ 可信区块链推进计划. 区块链与供应链金融［R］. 北京：中国信息通信研究院，2018.

［20］ 杨保华，陈昌. 区块链原理. 设计与应用［M］. 北京：机械工业出版社，2018.

［21］ 蔡亮，李启雷，梁秀波. 区块链技术进阶与实战［M］. 北京：人民邮电出版社，2018.

［22］ 袁勇，王飞跃. 区块链理论与方法［M］. 北京：清华大学出版社，2019.

［23］ AMMOUS S. Blockchain technology: what is it good for?［J］. Social Science Electronic Publishing, 2016.

［24］ PORRU S, PINNA A, MARCHESI M, et al. Blockchain-oriented software engineering: challenges and new directions ［C］//Droceedings of IEEE/ACM International Conference on Software Engineering: Companion. New York: IEEE/ACM, 2017.

［25］ MEI X P，ASHRAF I，JIANG B, et al. A fuzz testing service for assuring smart contracts ［C］//19th IEEE International Conference on Software Quality, Reliability and Security. New York: IEEE, 2019.

［26］ CHAPMAN P, XU D X, DENG L, et al. Deviant: A mutation testing tool for solidity smart contracts ［C］//IEEE International Conference on Blockchain. New York: IEEE, 2019.

［27］ GAO J B, LIU H, LI Y, et al. Towards automated testing of blockchain-based decentralized applications ［C］. ICPC. New York: ACM, 2019.

［28］ GAO J B. Guided, automated testing of blockchain-based decentralized applications ［C］. //ICSE. New York: IEEE/ACM, 2019.

［29］ SWAN M, DOS-SANTOS R, WITTE F. Quantum computing: physics, blockchain and deep learning smart networks ［M］. London: World Scientific Publishing Europe Ltd, 2020.

［30］ VOSHMGIR S. Token economy: how blockchain and smart contracts revolutionize the economy ［M］. Berlin: BlockchainHub Berlin Publisher, 2019.

［31］ 刘权. 区块链与人工智能：构建智能化数字经济世界 ［M］. 北京：人民邮电出版社，2019.

［32］ 德雷舍. 区块链基础知识25讲 ［M］. 马丹，王扶桑，张初阳，译. 北京：人民邮电出版社，2018.

［33］ 马小峰. 区块链技术原理与实践 ［M］. 北京：机械工业出版社，2020.

［34］ 汤道生，徐思彦，孟岩，等. 产业区块链 ［M］. 北京：中信出版集团，2020.

［35］ 姜晖. 区块链的核心功能及全参与方 ［M］. 北京：电子工业出版社，2020.

［36］ 袁煜明. 区块链技术进阶指南 ［M］. 北京：机械工业出版社，2020.

［37］ 凌力. 解构区块链 ［M］. 北京：清华大学出版社，2020.

［38］ 黄振东. 区块链2.0实战 ［M］. 北京：电子工业出版社，2018.

［39］ 徐明星，李霁月，王沫凝. 通证经济 ［M］. 北京：中信出版集团，2019.

［40］ 斯万. 区块链：新经济蓝图及导读 ［M］. 龚鸣，译. 北京：新星出版社，2016.

［41］ Leader-us，李艳军，赵锴，等. 区块链轻松上手：原理、源码、搭建与应用 ［M］. 北京：电子工业出版社，2018.

［42］ 杜均. 区块链+：从全球50个案例看区块链的应用与未来 ［M］. 北京：机械工业出版社，2018.

［43］ WATTENHOFER R. 区块链核心算法解析 ［M］. 陈晋川，薛云志，林强，等译. 北京：电子工业出版社，2017.

［44］ 赵光辉，朱谷生. 区块链交通开创未来交通新局面 ［M］. 北京：人民邮电出版社，2018.

［45］ 魏翼飞，李晓东，于飞. 区块链原理、架构与应用 ［M］. 北京：清华大学出版社，2019.

［46］ 哈耶克. 货币的非国家化 ［M］. 姚中秋，译. 修订本. 海口：海南出版社，2019.

［47］ 曹源，张翀，丁兆云，等. DAG区块链技术：原理与实践 ［M］. 北京：机械工业出版社，2018.

［48］ 李鑫. Hyperledger Fabric技术内幕：架构设计与实现原理 ［M］. 北京：机械工业出版社，2019.

区块链启示录:中本聪文集

书号: 978-7-111-60924-7 作者: Phil Champagne 定价: 79.00元

走进比特币之父中本聪的文字世界, 洞悉区块链技术的核心

中国人民银行科技司前司长陈静、国家技术监督局标准化司副司长姚世全、中国信息大学校长余晓芒、易观国际共同创始人楊彬、磁云科技创始人李大学、阳光保险总裁助理苏文力、Trias创始人阮安邦、车库咖啡创始人苏菂 联袂力荐

比特币之父中本聪的身份只存在于网络空间, 就像他所创建的货币一样也是虚拟的。中本聪可能是一个人, 也可能是一群人。

本书整理了中本聪所发表的比特币白皮书、在几个网络论坛的对话精选以及部分相关的私人往来邮件, 翔实地记录了比特币和区块链的孕育、创立和发展过程, 以及围绕着理念、逻辑、原理、实施、安全、设计和普及所进行的深入讨论。